U0260054

"十三五"国家重点图书出版规划项目

中国特色畜禽遗传资源保护与利用丛书

南 江 黄 羊

张国俊　主编

中国农业出版社

北 京

丛书编委会

本书编写人员

主　编　张国俊

副主编　陈　瑜　谭玉祥　吴　韬

编　者　张国俊　陈　瑜　谭玉祥　吴　韬　岳美智

　　　　苗　斌　何林芳　冯　莉　刘春梅　张　敬

　　　　杨雪峰　陈　勇　胡劲松　黄　丽

审　稿　刘宗慧

出版说明

　　我国是世界上畜禽遗传资源最为丰富的国家之一。多样化的地理生态环境、长期的自然选择和人工选育，造就了众多体型外貌各异、经济性状各具特色的畜禽遗传资源。入选《中国畜禽遗传资源志》的地方畜禽品种达500多个、自主培育品种达100多个，保护、利用好我国畜禽遗传资源是一项宏伟的事业。

　　国以农为本，农以种为先。习近平总书记高度重视种业的安全与发展问题，曾在多个场合反复强调，"要下决心把民族种业搞上去，抓紧培育具有自主知识产权的优良品种，从源头上保障国家粮食安全"。近年来，我国畜禽遗传资源保护与利用工作加快推进，成效斐然：完成了新中国成立以来第二次全国畜禽遗传资源调查；颁布实施了《中华人民共和国畜牧法》及配套规章；发布了国家级、省级畜禽遗传资源保护名录；资源保护条件能力建设不断提升，支持建设了一大批保种场、保护区和基因库；种质创制推陈出新，培育出一批生产性能优越、市场广泛认可的畜禽新品种和配套系，取得了显著的经济效益和社会效益，为畜牧业发展和农牧民脱贫增收作出了重要贡献。然而，目前我国系统、全面地介绍单一地方畜禽遗传资源的出版物极少，这与我国作为世界畜禽遗传资源大

1

国的地位极不相称，不利于优良地方畜禽遗传资源的合理保护和科学开发利用，也不利于加快推进现代畜禽种业建设。

为普及对畜禽遗传资源保护与开发利用的技术指导，助力做大做强优势特色畜牧产业，抢占种质科技的战略制高点，在农业农村部种业管理司领导下，由全国畜牧总站策划、中国农业出版社出版了这套"中国特色畜禽遗传资源保护与利用丛书"。该丛书立足于全国畜禽遗传资源保护与利用工作的宏观布局，组织以国家畜禽遗传资源委员会专家、各地方畜禽品种保护与利用从业专家为主体的作者队伍，以每个畜禽品种作为独立分册，收集汇编了各品种在管、产、学、研、用等相关行业中积累形成的数据和资料，集中展现了畜禽遗传资源领域最新的科技知识、实践经验、技术进展与成果。该丛书覆盖面广、内容丰富、权威性高、实用性强，既可为加强畜禽遗传资源保护、促进资源开发利用、制定产业发展相关规划等提供科学依据，也可作为广大畜牧从业者、科研教学工作者的作业指导书和参考工具书，学术与实用价值兼备。

丛书编委会

2019 年 12 月

序言

　　我国是世界畜禽遗传资源大国，具有数量众多、各具特色的畜禽遗传资源。这些丰富的畜禽遗传资源是畜禽育种事业和畜牧业持续健康发展的物质基础，是国家食物安全和经济产业安全的重要保障。

　　随着经济社会的发展，人们对畜禽遗传资源认识的深入，特色畜禽遗传资源的保护与开发利用日益受到国家重视和全社会关注。切实做好畜禽遗传资源保护与利用，进一步发挥我国特色畜禽遗传资源在育种事业和畜牧业生产中的作用，还需要科学系统的技术支持。

　　"中国特色畜禽遗传资源保护与利用丛书"是一套系统总结、翔实阐述我国优良畜禽遗传资源的科技著作。丛书选取一批特性突出、研究深入、开发成效明显、对促进地方经济发展意义重大的地方畜禽品种和自主培育品种，以每个品种作为独立分册，系统全面地介绍了品种的历史渊源、特征特性、保种选育、营养需要、饲养管理、疫病防治、利用开发、品牌建设等内容，有些品种还附录了相关标准与技术规范、产业化开发模式等资料。丛书可为大专院校、科研单位和畜牧从业者提供有益学习和参考，对于进一步加强畜禽遗

1

传资源保护，促进资源可持续利用，加快现代畜禽种业建设，助力特色畜牧业发展等都具有重要价值。

中国科学院院士
中国农业大学教授

2019 年 12 月

前言

　　南江黄羊是广大畜牧科技工作者在四川省南江县经四十余年，采用多品种复杂杂交选育育成的我国第一个突破性肉山羊新品种，具有生长发育快、产肉性能好、繁殖力强等优良特性和广泛的适应性，目前已推广到全国 28 个省（自治区、直辖市）的 1 000 余个县（市、区）的广大地区，已在我国肉用山羊生产中发挥了重要作用。养殖南江黄羊已成为广大贫困山区农民脱贫致富的重要产业之一，社会与经济效益显著。在今后相当一段时期内，南江黄羊仍将是发展肉用山羊业的首选品种。

　　为进一步提升南江黄羊标准化养殖水平，提高全国南江黄羊养殖者养殖效益，本着科学、实用的原则，我们从南江黄羊养殖的关键环节入手，总结集成关键技术，详细介绍了南江黄羊品种形成过程、品种特征和生产性能，整理归纳了南江黄羊品种选育、繁殖、营养需要与饲草饲料开发、饲养管理、羊场建设与环境控制、疫病防控、产品加工等方面的技术，力求为广大农业技术人员及养羊生产者提供帮助。鉴于编者水平有限，书中不妥之处，敬请批评指正。

编　者

2019 年 6 月

目 录

第一章
南江黄羊品种形成

南江黄羊是以大巴山区的四川省南江县为基地，通过人工选择培育而成的我国第一个肉用山羊新品种。南江黄羊不仅具备了培育肉用山羊品种要求的群体数量、血缘来源共性，体型外貌一致、遗传性稳定、种质特性良好等条件，而且还具备了抗逆力强、适应性广的特点，是其他肉用山羊品种无可比拟的。因此，了解和掌握育种基地区域的自然生态条件，对南江黄羊的推广应用十分必要。

第一节　产区自然生态条件

一、主产区自然生态条件

（一）地理位置

南江县位于四川盆地北部边缘米仓山南麓，川、陕两省交界处的大巴山腹地，地跨北纬 31°52′—32°44′，东经 106°26′—107°07′。东邻通江县，南依巴州区，西靠旺苍县，西南抵苍溪县，北与陕西省汉中市南郑区、宁强县相毗连。全境皆山，峰岭林立，壑谷纵横。地域南北长，东西窄，南北长84.3 km，东西宽 31 km。全县辖 32 个乡镇，516 个村，89 个社区，2 411 个村民小组，辖区面积 3 383 km²。

（二）地形地貌

南江是一个典型的山区县，位于川东北中山区米仓山南麓、扬子准地台北缘、四川中凹陷及四川台地北缘褶皱带中。县内地质构造复杂、断层（北部）

1

发育比较广泛。地势北高南低,成为南北山区的天然分界。其北属米仓山区,中深切割的中山地貌,山脊线呈北东向,大致平行排列。总体来讲,一般海拔在1 300~2 000 m,相对高差700~1 200 m,最低370 m,最高(光雾山)2 507.8 m。沟谷深切,谷坡陡峻,以凸坡为主。其南属低山与丘陵区,为浅至中切割的中低山地貌。沟谷纵横,山体零碎,形态不一。山脊一般海拔800~1 200 m,东北高西南低,相对高差300~700 m,深谷以两坡较缓的V字形为主。

就当地习惯来讲,南江地形有"高、中、低"山三带之分,可大体分为五类。

1. 平坝　坡度小于7°、相对高度小于20 m的地形区域,面积占0.20%。

2. 台地　坡度大于10°、具有明显台坎,和坡度小于7°、相对高度大于20 m而小于200 m的地形区域,面积占0.30%。

3. 山原　坡度小于10°的平缓地面,海拔小于3 000 m、起伏相对高度量大于20 m的地形区域,面积占1.80%。

4. 低山　海拔小于1 000 m、起伏相对高度量大于200 m的山地,面积占49.20%。

5. 中山　海拔1 000~2 500 m,起伏相对高度量大于200 m的地形区域,面积占48.50%。

在自然区划上,南江县境北部为中山区域,中部为中(低)山区域,南部为低山区域。

(三)土壤水质

南江境内有水稻土、冲积土、紫色土、黄壤土、黄棕壤土、石灰岩土、森林土、森草土等8大类型,10个亚类,32个土属,61个土种。根据土壤分析——甲种比重计法测定结果,按卡庆斯基质地分级标准,全县61个土种均以砾质土壤土为主,面积3.06万 hm²,占耕地面积85.91%。全县土壤以微酸性为主,中性次之,酸性和微碱性甚少。

南江共有大小河流114条,其中主要河流有4条:南江河纵贯县境中部,木门河(又称正直河)位于县境西部,焦家河位于县境北部,明江河位于县境东南部,全长309 km,均属嘉陵江上游水系。年均径流量23.6亿 m³,过境河流径流量6.3亿 m³,合计约30亿 m³。径流分布基本与降水一致,北部山高植被好，径流最大，年均径流 690 mm，由北向南递减。南江降水人均占有量高于四川全省和全国 1 倍以上，但时空分布不均。在时程分配上，6—9 月占全年的 67%，且多以洪水出现；3—5 月占 19.6%，冬季（12 月至翌年 2 月）占 2%。

南江水质较好，多属重碳酸钙型水，pH 在 6~7.5，在北部中山植被较好的低温潮湿地带，pH 常小于 6，呈酸性水。除洪水期河水浑浊外，其余时间江水、地下水无色、无味、透明。

（四）气候特点

1. **总体气候特点** 南江属北亚热带湿润季风气候，在四川盆地东北边缘区，具有明显的立体气候特点。山上山下气候差异悬殊。海拔 800 m 以下，四季分明，气候温和，雨量充沛，大陆性季风气候明显，春迟秋早而短，夏季无明显高温时段，光照条件较好。海拔 1 000 m 以上，气候阴凉，春迟秋早，夏短冬长，光照条件差。海拔 1 400 m 以上，气候阴冷，春秋相连，冬长无夏，光照条件很差，不同年份气候差异很大。主要气候要素指标：

（1）日照和辐射 全年平均日照时数为 1 563 h，年内月总日照时数以 2 月最少，为 78 h；8 月最多，为 210 h。平均日照率为 35%。太阳总辐射值为 40.5 MJ/cm²。

（2）气温 年平均气温 16.2 ℃。最冷的 1 月，平均气温 5.1 ℃，极端最低−7 ℃；最热的 7 月和 8 月，平均气温 26.3 ℃，极端最高 39.5 ℃。海拔 800 m 以下的低山区，除个别年份外，都能稳定在 0 ℃ 以上。地势高低差异悬殊，地域差异较大，形成县境内南部与北部、山上与山下气候的立体差异。气温由南到北随地势升高而降低，海拔每升高 100 m，气温下降 0.5 ℃，南北季节早迟相差半月以上。气温直减率，海拔 800 m 以下每升高 100 m 气温下降 0.46 ℃，海拔 800~1 000 m 为 0.7 ℃，海拔 1 000 m 以上大于 0.7 ℃，南北同一高度温差不大。年平均无霜期 259 d。

（3）降水量 年平均降水量 1 198.7 mm，年内分布不均。冬半年（10 月至翌年 4 月）降水量 173.4 mm，占年降水量的 14%；夏半年（5—9 月）降水量 1 025.3 mm，占年降水量的 86%。其中每年 5 月和 6 月降水量偏少，占全年降水量的 20%，常发生伏旱。

（4）湿度 年平均相对湿度为 72%，年均最高为 75%，年均最低为 69%。

2. 区域气候特点　根据气候特点可将县境内分成三大区域：

（1）南部低山温热区　包括正直、云顶、双流、和平、长赤、红光、双桂、天池、下两、元潭、仁和、高桥、沙河、赤溪、八庙、大河、石滩、桥亭等 18 个乡镇。气候温热，四季分明，热量丰富，光热适宜，雨量充沛，夏季无明显高温时段。年均气温 15 ℃，年降水量 900～1 100 mm，年日照时数 1 570 h，无霜期 295 d。不利气候是夏旱和秋雨连绵。

（2）中部低、中山温暖区　包括集州街道、公山、团结、关门、高塔、兴马、关路、赶场、流坝等 8 个乡镇。春迟秋早，降水量多于南部而少于北部，光照条件次于南部而优于北部，气温随高度增加而明显降低，年均气温 13～15 ℃，降水量 1 100～1 300 mm，日照时数 1 500 h，无霜期 240 d。不利气候除夏旱和秋雨连绵外，河谷地带易受大风危害。

（3）北部中山温凉区　包括杨坝、关坝、贵民、神门、光雾山镇、坪河等 6 个乡镇。春迟秋早，春秋相连，冬长无夏，热量差，湿度大，雨水较多，春寒秋霜比较严重，低温气候冷寒十分突出，年均气温 13 ℃以下，降水量 1 500 mm，日照时数 1 400 h，无霜期在 220 d 以下。

（五）森林牧草

1. 森林　南江是一个典型的山区县，素有"八山一水一分田"之称，全县还拥有森林面积 17.42 万 hm²，占总面积的 50.73%。成片的森林与草山草坡、田间草地交织镶嵌，形成农、林、牧（草）一体的自然结合，构成了川东北边缘山林灌丛为主的良性草场，为发展生态养羊业提供了良好的条件。

2. 草山草坡　拥有可利用草地草坡面积达 10.27 万 hm²，占总面积的 30.05%。全县万亩以上草场有 16 处，面积 3 万 hm²。草地类型属山地草丛和部分山地疏林、灌丛、农林间隙草地类。牧草种类主要有禾本科、豆科、菊科、莎草科，以及杂灌、杂草、杂竹组成的天然次生草地。

3. 农副产物品种多，产量高　全县耕地面积 3.46 万 hm²，占总面积的 10.13%。农作物种植品种较多，其中粮食作物主要有水稻、玉米、红薯、小麦、马铃薯、胡豆（蚕豆）、大豆、小豆、绿豆、荞麦等；经济作物有油菜、花生、芝麻、魔芋及瓜果、蔬菜等。年可生产农副秸秆 40 万 t，为发展草食家畜提供了物质基础。目前，被开发利用的仅占 8%，还有大量的农副秸秆被抛弃在田间地头烂掉或焚烧，不仅造成了资源浪费，而且还污染了环境。因此，充分利用秸秆资源、发展养羊业、繁荣农村经济，具有十分重要的意义。

4. 人工草地　配套国家退耕还林（草）政策，实行林草间作，建立起人工或半人工草地约 2 000 hm²。人工种植牧草品种有：多年生黑麦草、白三叶、紫花苜蓿、苇状羊茅、鸭茅、多花黑麦草、高丹草、青贮玉米、苏丹草、牛鞭草、黄竹草等，已逐渐建立起人、羊、林、草、地"五位一体"的生态养羊经济系统。

二、中心育种区自然生态条件

南江黄羊育种基地为四川省南江县，而中心育种区又集中在南江县内的四川南江黄羊原种场和南江县元顶子牧场。

（一）四川南江黄羊原种场

四川南江黄羊原种场（原名南江县北极种畜场）是南江黄羊育种和保种的核心基地，始建于 1955 年。

1. 地理位置　位于东经 106°58′、北纬 30°07′的川陕两省交界处的大巴山南麓，地处南江、通江、巴州三县交界处，距南江县城 86 km。具体位置：东靠通江县的陈河乡、回林乡，南依南江县的大河镇、北极乡，西抵南江县的平岗乡、仁和乡及巴州区的白庙乡，北连南江县的大河镇、石滩乡、兴马乡。辖区面积 44.7 km²。

2. 地势　沿大巴山余脉形成南北走向，境内山峦起伏、沟壑纵横，平均海拔 1 200 m，最低 560 m，最高 1 593.6 m。

3. 气候　场区所在境内年均气温 12.2 ℃（最高 39.6 ℃，最低−8.7 ℃），降水量 1 500 mm，相对湿度 79%，无霜期 220 d。气候特点：春迟秋早且雨水多，夏季无明显高温时段，冬季时间长，在山坡沟壑间断积雪长达 3 个月之久，不同年份气候差异很大。根据气候特点，可将一年划分为冷季、热季、暖季等三个时节。冷季，日平均气温在 10 ℃以下，一般出现在 11 月上旬（立冬）至翌年 3 月下旬（立春），有时延长至 4 月上旬（清明前后），大约 135 d；热季，日平均气温在 22 ℃以上，时段不长，一般间断出现在 7—9 月，大约 50 d；暖季，日平均气温在 10～22 ℃，一般在 4—6 月、10 月至 11 月上旬以及

7—9 月中的少量时段，共计 180 d。暖季是南江黄羊生长和繁殖的最适宜季节。

4. 牧草资源　场区所在境内森林茂密，牧草丰茂，植被良好。拥有森林670 hm²、草山草坡 3 300 余 hm²、饲草地 470 hm²。场周可利用农副秸秆年产2 万 t 左右，为发展草食家畜提供了物质基础。

5. 基地设施　现建立核心羊场 32 个，共建标准化羊舍 45 栋，建筑面积达 17 840 m²；生活用房和办公楼等房屋 35 栋，建筑面积达 8 670 m²；饲料加工厂 1 栋 360 m²，实验室 80 m²，购置试验设备 80 台（套）。

（二）南江县元顶子牧场

南江县元顶子牧场始建于 1951 年，是南江黄羊的发源地之一。位于东经106°26′，北纬 31°58′—32°01′，地处海拔 650—1 461 m，平均海拔 850 m。东与南江县下两镇接壤，西抵云顶镇，北与下两镇相连，南与元潭镇、正直镇及巴州区枣林镇接壤，辖区面积 1 708 hm²，其中草山草坡 1 300 hm²、林地157 hm²、饲草地 251 hm²。属于北亚热带湿润季风气候，四季分明，光热条件较好，雨水充沛，年均气温 14.6 ℃，年均降水量 1 300 mm，无霜期为240 d，适合各种牧草生长，是较为理想的草食家畜养殖场所。该场现有核心羊场 18 个，羊舍 18 栋，面积 5 000 余 m²。

第二节　品种形成历史及分布

南江黄羊是以大巴山区南江县境的北极和元顶子两大牧区为育种基地，采用杂交育种方法，集聚努比羊、四川铜羊（成都麻羊）、金堂黑羊和大巴山本地羊等多个山羊品种的优良特性，经过 40 多年有计划培育而形成的我国第一个肉用山羊新品种。

一、品种形成历史

（一）育种区养羊历史

南江养羊历史悠久。早在公元前六七千年这里就有人类活动，并开始种植以高粱和蔬菜为主的作物，以及开展饲养猪和羊的畜牧业活动。据《南江县志》记载："羊只有山羊（俗称火羊）一种、饲养者亦少、山泽民居间有从事牲畜……羊至百余头者……"。在清末的宣统二年（1910年）四川省劝业道编《四川省第四次劝业统计二》农务第26表家畜（四川省分县统计表）载：南江县饲养山羊2030只。1942年达到25 000只，1944年达到76 000只，这与南江人民为了支援抗日、奋力发展生产是分不开的。解放战争时期，南江县由于受国民党统治，战乱不休、民不聊生，造成南江的养羊生产不断回落，1949年全县的山羊仅存4 447只。1949年后，由于南江人民素有养羊习惯，并把养羊作为一项传统养殖业发展，因此，南江的养羊业取得了长足发展。自20世纪50年代初期，南江的畜牧科技工作者开始引进一些优良肉山羊品种进行生产杂交，在开展肉山羊生产中，筛选出体格较大、生长速度较快的黄羊群体，在县内进行生产利用。1979年，南江的养羊生产出现第二次历史最高水平，山羊存栏达到83 122只，其中南江黄羊约占80%、本地羊和杂交羊各占20%，存栏量比1949年前的最高水平提高12.33%。1995年，南江县的养羊生产出现第三次历史最高水平，山羊存栏达到97 954只，其中南江黄羊占96%、本地羊占4%。2011年南江县的养羊生产出现第四次历史最高水平，存栏421 278只。

（二）品种诞生的基础

1949年后，国家十分重视畜牧业的发展，早在20世纪50年代初期，川北行署在巴中南龛坡兴建起"川北耕牛试验场"，并逐渐延伸至南江县，建立了"南江县元顶子牧场"和"南江县北极种畜场"（现更名为"四川南江黄羊原种场"）。从那时开始，南江县畜牧科技工作者就针对当地饲养山羊品种个体矮小、生产性能差的实际问题，从成都引进产肉性能较好的四川铜羊（即成都麻羊）、金堂黑羊及含奴比羊血源的杂交公羊等品种在"两场"饲养，并与大巴山本地山羊进行杂交生产利用。至70年代，通过近20年的多品种复杂杂交选择和横交固定，基本形成了被毛黄色、体型外貌一致、生长发育快、产肉性能好的育种羊群，引起了当地党委政府的高度重视。1973年，由达县地区畜牧主管部门以"达地农畜〔1973〕107号"文件号召全地区大力推广，文件中明确提出被推广山羊为"南江黄羊"。由此，诞生了"南江黄羊"。

（三）南江黄羊的培育历程

南江黄羊的培育始于20世纪50年代，育种过程大体分为五个阶段：

7

1. 多品种生产性杂交形成杂交羊群阶段　20 世纪 50 年代初期至 60 年代初期。1954 年从成都引进了四川铜羊（成都麻羊）的公羊和母羊、努比亚杂交种公羊、金堂黑羊母羊共 249 只，与南江本地山羊进行生产杂交。通过杂交选择形成生产群 3 000 余只。

2. "横交选育"形成南江黄羊育种群阶段　20 世纪 60 年代中期至 70 年代初期。经过生产杂交后，在"两场"和场周边乡村共形成杂交羊 5 900 余只。通过"选优去劣"和"提纯复壮"后，在北极种畜场和元顶子牧场分别选育出被毛黄色的杂交羊 118 只和 103 只进行横交固定。在横交过程中，又于 1969 年和 1972 年先后两次引进四川铜羊 27 只（♂7 只、♀20 只）参与改造低产羊群，从而形成了育种基础群。

3. 有计划地选育形成新品种阶段　20 世纪 70 年代中期至 80 年代初期。按照肉山羊的选育方向，制定了"以生产性能为主、结合外形选育、组建核心群、稳定遗传性能"的技术路线，通过省、地科委先后立项开展研究，经提纯复壮和选优去杂等一系列的选育，使育种羊群的品质不断提高，并向全国推广示范应用。1983 年由四川省科委组织养羊专家对南江黄羊新品种群进行了现场鉴定，专家组一致认为：南江黄羊经多年培育，体型外貌具有一定的特征，体格高大，整个群体有共同的血缘来源，肉用性能好，适应性强，遗传性较稳定，基本形成了适宜山区放牧饲养的肉用山羊新品种群。

4. 定向培育形成肉用新品种阶段　20 世纪 80 年代中期至 90 年代中期。由农业部、四川省科委和省畜牧局相继立题攻关，进行定向培育，提高生产性能，改善品种结构，使遗传性能得到稳定，并大面积推广应用。1995 年 10 月农业部组织同行知名专家对南江黄羊新品种进行现场鉴定，鉴定时，南江县存栏南江黄羊品种类型羊达到 72 642 只，其中分布在育种基地区的南江黄羊 48 645 只，特一级种羊 4 595 只。1996 年国家畜禽遗传资源管理委员会抽派专家对南江黄羊新品种进行现场审定，专家组一致认定：南江黄羊具有较大群体数量、共同的血缘来源、体型外貌一致、遗传性稳定、种质特性良好、适应性强，具备肉用山羊品种条件，其主要经济性状和培育技术居国内领先水平，是我国目前肉用性能最好的山羊新品种。1998 年 4 月 17 日，农业部以农牧函〔1998〕5 号文件正式命名"南江黄羊"并向全国公告；同年，颁发"畜禽新品种证书"（图 1-1）。从而实现了把南江黄羊培育成我国第一个肉用山羊新品种的目标。

图 1-1　南江黄羊品种命名证书

5. 南江黄羊品系选育阶段　自 20 世纪 90 年代中期以来，南江黄羊选育逐渐向保种方向转移。按照"加强外围防线、巩固育种体系、提高种群品质、完善种群结构"的总体思路，拟订"加强本选、建立品系、创造变异、提高数质"的技术路线，加强南江黄羊品系选育研究。南江黄羊按照"两群、三系"，即在南江黄羊黄色群中开展高繁（NP）、快长（NG）、大型（NB）三系和黑色（NBL）类型群选育研究。于 2003 年已成功培育出南江黄羊高繁品系，其产羔率达到 220.34%；2009 年又培育出南江黄羊快长品系，6 月龄公、母羊体重分别达到 32.83 kg 和 26.33 kg，6 月龄羯羊屠宰率达到 49.91%、胴体重达到 14.88 kg。

目前，在现有南江黄羊品系（类群）的基础上，运用现代动物遗传育种理论和分子生物学的技术方法，结合传统选育手段，以两系或三系配套利用技术进行南江黄羊配套系选育研究，力争在两个五年计划内培育出高产肉用性能的南江黄羊配套系。

（四）南江黄羊育种成果

南江黄羊成功问世填补了我国无专门化肉用山羊品种的空白，研究形成的肉山羊育种技术和南江黄羊各项主要经济性状达到国内领先水平。"南江黄羊肉用新品种选育"1996 年获得四川省人民政府科技进步一等奖，1997 年获得国家科学技术委员会科技进步二等奖（图 1-2）。

图 1-2　国家科技进步二等奖

（五）育种区南江黄羊发展历史

南江黄羊在我国养羊业中特别是在南江畜牧业中占有重要地位，并发挥重要作用。南江的养羊生产发展可划分为初始阶段、发展阶段、黄金时期三个阶段。

1. 初始阶段　南江养羊生产的复苏阶段为 1949—1979 年，即南江黄羊育种群形成阶段。南江的养羊业与 1944 年相比正处于复苏阶段，重点采取以扩大国营羊场规模和兴办社队羊场为主的方式发展养羊生产。至 1979 年 6 月全县共建社队羊场 121 个，饲养南江黄羊 9 237 只；在此期间两个国营羊场通过建立核心群，不断扩大群体规模，共存栏 3 136 只，其中北极种畜场 1 671 只、元顶子牧场 1 405 只。

2. 发展阶段　1980—1995 年，即处于南江黄羊新品种计划选育和定向培育阶段。在以南江黄羊为主的养羊生产发展阶段，在南江县内还未真正培植起养羊龙头企业时，主要采取"国营种羊场＋乡镇纯繁羊场＋育（配）种点＋种羊基点户＋一般养羊户"的方式发展养羊生产。至 1995 年 10 月全县共建立国营羊场 2 个，饲养南江黄羊 4 736 只（北极种畜场 3 342 只、元顶子牧场 1 394

只）；村级附属核心群 13 个，12 129 只；乡镇纯繁羊场 9 个，1 036 只；育（配）种点 42 个，17 258 只；种羊基点户 500 户，13 486 只；发展一般养羊户 8 567 户，25 015 只。

3. 黄金时期　1995 年农业部组织同行专家对南江黄羊新品种进行现场鉴定后，南江黄羊发展进入黄金发展时期。确立了"抓选育、保品种，推技术、强服务，建基地、上规模，育龙头、树品牌，上加工、增效益"的发展思路，把科研成果进一步转化为生产力，做到选育、保种、推广三结合，科研、生产、流通三结合。

二、品种分布

（一）育种区的划分

南江黄羊以四川省南江县为原产地，在原产地根据育种功能和自然区域划分为以南江黄羊纯繁区、扩繁区、生产区、黑色类群育种区、本地山羊保种区等功能区。

1. 南江黄羊纯繁区　以"三场十乡（镇）的 117 个村"为育种基地区，又划分为北极、元顶子、杨坝等三大片区。北极片区包括四川南江黄羊原种场的 32 个分场，以及大河、仁和、兴马、石滩等 4 个乡镇内的 47 个村。元顶子片区包括南江县元顶子牧场的 18 个分场，以及云顶、正直、元潭、下两等 4 个乡镇内的 48 个村。杨坝片区包括牡丹南江黄羊联营羊场的 5 群和杨坝镇 13 个村、坪河镇 9 个村。在纯繁区，又以南江黄羊核心群 50 个、村级附属核心群 18 个、重点育种村 48 个、配种点 100 个、种羊基点 500 户为育种基地区，容纳南江黄羊品种羊 10 万只。

2. 南江黄羊扩繁区　为纯繁区外围区域的村落：沿明江河左岸的兴马、关路、赶场、大河、石滩、高桥的 29 个村，明江河右岸的仁和和高桥的 12 个村，木门河右岸的正直镇的 6 个村，流溪河两岸的公山镇 9 个村，合计 56 个村。

3. 南江黄羊生产区　沿扩繁区外延，除黑色类群育种区和本地羊保护区外，涉及 38 个乡镇共 282 个村。

4. 南江黄羊黑色类群育种区　南江黄羊黑色群是在南江黄羊育种过程形成的具有相同性能指标、且泌乳性能较好的群体，是肉山羊育种较好的育种材料，因此，将南江黄羊黑色群进行单独组群选育。育种区包括大河镇靠近四川南江黄羊原种场内黑色选育群周边的 3 个村、关路的 13 个村、南江河右岸桥亭镇的 9 个村、明江河右岸赶场镇和关路镇的 12 个村，合计 37 个村。

5. 南江本地山羊保种区　南江本地山羊具有稳定的生产性能和极强的适应能力，也是山羊育种最好的育种材料，因此，将南江本地羊列入地方保护品种。保种区包括光雾山、关坝、贵民、神门等乡镇靠近光雾山的 30 个村。

（二）品种分布

南江黄羊品种群体和生产规模分布见表 1-1。

表 1-1　南江黄羊品种群体和生产规模分布

功能区		范　　围	村（群）数	群体规模（只）
纯繁区	北极片区	四川南江黄羊原种场	32	5 000
		大河、仁和、兴马、石滩等 4 个乡镇	47	50 000
	元顶子片区	南江县元顶子牧场	18	2 000
		云顶、正直、元潭、下两等 4 个乡镇	48	35 000
	杨坝片区	牡丹南江黄羊联营羊场	5	1 000
		杨坝镇和坪河镇	22	7 000
扩繁区		沿明江河左岸的兴马、关路、赶场、大河、石滩、高桥，明江河右岸的仁和、高桥，木门河右岸的正直镇，流溪河两岸的公山镇等	56	50 000
生产区		沿扩繁区外延除黑色类群育种区和本地羊保护区外，涉及 38 个乡镇	282	300 000
黑色群育种区		大河、关路、桥亭、赶场等 4 个乡镇	37	5 000
本地山羊保种区		靠近光雾山的光雾山、关坝、贵民、神门等 4 个乡镇	30	2 000

第三节 品种推广应用

一、推广地区及分布

南江黄羊是在大巴山区独特的生态条件下培育而成的，具有耐寒、耐粗放管理、采食力与抗逆力强、适应范围广等特点。经推广证明：南江黄羊不仅适应我国南方亚热带农区，也适应北方亚热带向北温带过渡的暖温带湿润、半湿润生态类型区，如秦巴山区、武陵山区、黄淮海区、黄土高原区的生态环境以及云贵高原、青藏高原水热条件较好的区域，尤其在西南山地区和东南沿海一带表现更好。截至 2019 年年底，产区已向我国除香港、澳门、台湾、西藏外的 28 省（直辖市、自治区）共 1 230 个县（区）供种，累计推广南江黄羊品种（不含民间自由调剂供种）20 万余只，在全国畜牧业区划所列青藏高原区、蒙新高原区、黄土高原区、西南地区、东北区、黄淮海区、东南区七大自然生态类型区均有分布（表 1-2）。其分布具有如下特点：

表 1-2 南江黄羊在引种地区的分布比例（%）

地区	青藏高原区	蒙新高原区	黄土高原区	西南地区			东北区	黄淮海区	东南区	合计
				小计	其中					
					秦巴山区	武陵山区				
西部	1.41	0.11	1.29	63.38	38.11	6.76				66.19
中部			6.42					3.12	14.29	23.83
东部			0.08				0.55	2.47	6.88	9.98
合计	1.41	0.11	7.79	63.38	38.11	6.76	0.55	5.59	21.17	100

1. **西部地区** 西部涉及生态类型复杂，分布最多，所占比重以西南山区最高为 63.38%。西部地区又集中在秦巴山区、武陵山区，可见南江黄羊适宜西部饲养。

2. **中东部** 在我国中东部主要是黄淮海区和东南（沿海）区，近些年引种大幅上升，尤其东部（浙江、福建、安徽等）由"八五"（以 1995 年为界）前的 1.77% 上升至 8.21%，增加了 3.6 倍。说明，南江黄羊在中、东部更具有发展前景。

3. **黄土高原区** 南江黄羊在黄土高原区所占比例不大（仅 7.79%），但该区域堪称中、西、东部结合部，对综合我国"南、北方羊文化"的特点、促进羊业的可持续发展具有战略意义。

二、推广应用及效果

（一）纯繁利用效果

纯繁利用就是采用纯种繁殖技术在同一山羊品种内的公母羊交配的一种繁育方式，包括品系繁育和本品种选育。纯繁的目的首先是获得本品种更多的优质种羊，来满足商品肉羊生产的供种和本品种的选育保种，其次是提高商品肉羊生产能力。

1. 南江黄羊纯繁利用方式

（1）简单纯繁　　目的是为商品肉羊生产提供种源。

优点：可保持原品种羊的种质特性，可从繁殖后代选择种羊继续投入生产，加强选育，巩固和提高南江黄羊的生产性能。

缺点：引种数量和投资较大。异地引种纯繁，在与原产地差异较大的环境饲养，短时间内不能充分发挥其生产性能。纯繁用于商品肉羊生产很难表现出超亲效应，且引种繁殖利用群体有效含量相对较小，易造成近亲交配带来的品质退化。

避免措施：合理制订分期引种计划，建立纯繁供种基地，加强选择培育。

（2）选育保种　　选育保种是纯繁利用的中心内容。通过纯繁选育，不仅可以提高南江黄羊的数量，而且更重要的是提高品种质量。南江黄羊选育保种的主要措施如下：

一是制定长期的选育保种方案。选育保种方案包括目标任务、技术路线、基本方案（划定保种区域，包括核心保种区、封闭选育区、纯种繁殖区、扩繁利用的外围保护区，分层次制订群体规模）、关键技术（技术措施）、必要条件（养殖配套设施设备、牧草基地建设）、组织管理机构和措施、落实保种资金等内容。

二是加强选种选配，提高品种质量。在本品种内，对品种形成时所保留的各个家系进行等量选种，建立一定数量的有效保种群体，制订完善的配种方案，有效控制近交系数。

三是加强育种体系建设，落实育种措施。任何一个畜禽品种必须建立牢固的育种体系，否则，就会导致优良基因流失、群体数量无保障。一个好的育种体系必须包含核心群（必须由保种机构或单位掌控）、选育群（可采取联合经营模式）、生产扩繁群（可采取联营或在保种机构掌控技术下的民营模式），分层次承担保种职能。

四是加强种羊系统选择培育和系谱管理，防止种羊品质退化。种羊系统选择与培育是保种的核心内容，开展种羊培育时，必须按照生物多样性的要求，做到等量选种、留种。此外，还要建立种羊系谱档案，规范管理种羊的流向，统一调配使用种公羊。

五是加强品系繁育工作，提高群体有效含量，抑制近交系数增量。品系繁育既是育种的重要内容也是保种的必要条件，开展品系繁育既有利于提高群体有效含量，又有利于抑制近交系数增量。一般山羊品种应具备 3~5 个品系。开展品系选育时，必须坚持"群系继代、闭锁繁育"方案，每个品系必须经过4~5 个世代的选择，品系定型时继代选育繁殖群达到 500 只，基础群数量达到 2 万只以上。在品系尚未形成时，不得对外开放。

六是加强饲养管理，确保饲草饲料的平衡供应，增进羊群健康。

2. 南江黄羊纯繁利用效果　据部分引种地区观察，在大巴山的广元市，南江黄羊纯繁表现出的生产性能与原产地接近，经测定公羊周岁体重 27.45~31.39 kg，成年体重 66.16 kg，经产羊群产羔率 200% 以上。陕南的安康地区，引种纯繁的南江黄羊周岁体重达 29.84 kg，经产群产羔率达 194.8%，而且双（多）羔比率为 83.5%，并在紫阳县建立了南江黄羊纯种繁育基地，目前纯种群已达 4 500 余只。湖北省巴东县引种纯繁，周岁羊体重达到 26.5~31.6 kg，与原产地接近，产羔率达到 196.36%。贵州省长顺县引种纯繁，周岁羊体重达到 25.5~30.5 kg，产羔率 198%，与原产地接近。说明南江黄羊在各地纯繁利用保持了原产地的生产性能。

（二）杂交利用效果

南江黄羊对各地方山羊品种具有明显的改良效果，以南江黄羊为父本与各地方品种为母本进行生产杂交是组织肉山羊生产的最佳组合选择。经试验研究证明：南江黄羊与波尔（Boer）山羊杂交不如纯种繁殖利用效果好，用波尔山羊公羊与南江黄羊母羊杂交，效果观测还降低了南江黄羊生产性能，相反，南江黄羊对波尔山羊具有一定的改良效果。

1. 南江黄羊杂交利用方式

（1）简单杂交　指两个品种（品种类型群或专门化品系）间公、母之间的交配。例如，以南江黄羊为父本，各地方山羊品种为母本的杂交，后代中除保留优秀母羊供母体效应利用外，其余全部作商品羊育肥出售。

（2）复杂杂交　指两个以上品种的公、母间交配。例如，大巴山本地山羊与努比羊杂交繁殖的母羊，再用南江黄羊杂交［黄×（努×本）］，亦可用［黄×（波×本）］或［波×（黄×本）］等。除保留特优公羊个体改良低产品种的山羊外，其余一律作为商品肉羊生产育肥利用。

（3）轮回杂交　即以两个或两个以上品种轮流地进行杂交。例如以马头山羊与南江黄羊杂交，其杂交后代再与马头山羊或南江黄羊杂交。

例如，用地方优良山羊品种马头山羊（M♀）与南江黄羊（N♂）杂交，其后代母羊再用波尔山羊（B♂）杂交的三元轮回杂交组合为：（N♂×M♀）→（B♂×N MF₁♀）→（M♂×B N MF₁♀）→（N♂×M B NF₁♀）→（B♂×N B MF₂♀）……依次类推（图1-3）。二元轮回杂交为：（B♂×N♀）→（N♂×B NF₁♀）→（B♂×N BF₁♀）……依次类推（图1-4）。每一个轮回的后代，凡有繁殖能力的母羊都可用于繁殖，其余用于育肥出栏。此外，对地方山羊的改良，还可使用南江黄羊及我国优良地方山羊品种，如马头山羊的"三元半轮回"杂交组合。

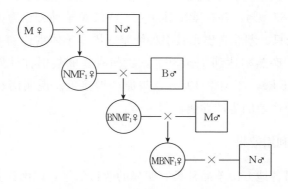

图1-3　三元轮回杂交示意图

说明：圆圈表示母本，方块表示父本，N、B、M分别表示南江黄羊、波尔山羊、马头山羊。

杂交利用的目的就是利用优良品种的优势生产性能，改良其他品种某一低生产性能，获得较高的生产水平。杂交产生的一代杂种，一般只用于生产，而

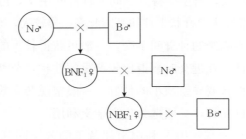

图 1-4　二元轮回杂交示意图

说明：圆圈表示母本，方块表示父本，B、N 分别表示波尔山羊、南江黄羊。

不能作为种用。一代杂种具有较好的杂交优势，生命力强，生长发育快，适宜生产优质商品肉羊。如何评价杂交利用效果好坏，还需要进行配合力测定。配合力测定采用杂种优势率来评定。其计算公式如下：

$$杂种优势率 H（\%）=\frac{F_1-P}{P}\times100\%$$

式中，H 表示杂种优势值，F_1 表示一代杂种平均值，P 表示亲本群平均值。

例 1： 利用南江黄羊改良重庆市武隆区板角山羊获得一代杂种羊周岁体重 38.41 kg，南江黄羊纯种羊周岁体重 31.40 kg，板角山羊周岁体重 21.98 kg，杂种优势率为：

$$杂种优势率 H（\%）=\frac{38.41-(31.40+21.98)\div2}{(31.40+21.98)\div2}\times100\%=43.91\%$$

结果表明：杂种羊周岁体重的杂种优势率达到 43.91%，即配合力较高。

例 2： 利用波尔山羊与南江黄羊母羊交配，获得一代杂种羊周岁体重 40.56 kg，波尔山羊周岁体重 45.00 kg，南江黄羊纯种羊周岁体重 33.60 kg，杂种优势率为：

$$杂种优势率 H（\%）=\frac{40.56-(45.00+33.60)\div2}{(45.00+33.60)\div2}\times100\%=3.21\%$$

结果表明：杂种羊周岁体重的杂种优势率为 3.21%，即配合力较差。这可能是波尔山羊和南江黄羊同属于优良肉山羊品种之故，说明用两个优良品种进行生产杂交利用是不确切的。

在生产实际中，开展杂交生产利用时，需要测定品种较多，不可能一一都进行杂交组合试验，加之，配合力测定费钱又费时，为了节省人力、物力、时间，又有利于杂种优势工作的开展，一般可按以下规律来进行预测。

（1）来源差别较大，类型、特点不同的种群间杂交，可以获得较大的杂交优势。因为这些种群在主要性状上往往基因频率差异较大，杂交优势率也较大。

（2）长期与外界隔绝的种群间杂交，一般可获得较大的杂种优势。

（3）遗传力较低、在近交时衰退比较严重的性状，杂种优势也较大。

（4）主要经济性状变异系数小的种群，一般来说杂交效果较好。

（5）同为两优良品种，一般选为生产杂交利用。

2. 南江黄羊杂交利用效果　利用南江黄羊的公羊同其他山羊品种的母羊交配，是目前南江黄羊生产利用的最佳途径。经推广验证：南江黄羊对各地方山羊品种各年龄体重的改进率，公羊在 $13.32\%\sim165.10\%$（表 1-3），母羊在 $25.23\%\sim150.33\%$（表 1-4）。对产肉性能也有很大提高，如南江黄羊与大巴山本地羊杂交，12 月龄公羊胴体重改进率为 82.08%，母羊为 65.63%；与藏山羊杂交，18 月龄公羊为 100.30%；与川东北山羊杂交，8 月龄公羊为 76.56%。对繁殖力有增强，如南江黄羊与贵州黑羊杂交，其繁殖力提高 37.5%，使低繁殖力的藏山羊产羔率提高 10.62%。

表 1-3　南江黄羊对各地方山羊品种 F_1 表现型值公羊体重的改良效应

区域	品种	地点	月龄	重量（kg）	改进量（kg）	改进率（%）
青藏高原	藏山羊	阿坝理县	6	16.12	3.35	26.23
西南山地	大巴山本地羊	通、巴、南、渠四县	6	17.65	6.31	55.64
			12	28.49	11.36	66.23
	板角山羊	重庆武隆	6	22.52	8.96	68.08
			12	35.41	13.43	63.66
	贵州黑山羊	石阡	6	15.41	3.29	27.15
	盆中黑山羊	富顺	12	29.83	5.64	23.32
东南区	浙江本地羊	奉化	6	21.29	6.34	42.41
			10	27.95	7.58	37.21
	上海本地白山羊	金山	6	18.97	4.88	34.15
			10	31.78	9.61	43.35
	宜昌白山羊	湖北建始	6	18.5	5.8	45.67
	萨浙本 F_1	泰顺	6	16.46	1.86	12.74
黄淮海区	槐山羊	河南确山	6	24.12	11.32	88.44
			12	50.9	31.7	165.1

表 1-4　南江黄羊对各地方山羊品种 F₁ 表现型值母羊体重的改良效应

区域	品种	地点	月龄	重量(kg)	改进量(kg)	改进率(%)
青藏高原	藏山羊	阿坝理县	6	15.67	5.19	49.52
西南山地	大巴山本地羊	通、巴、南、渠四县	6	15.27	6.03	66.16
			12	25.76	10.57	69.59
	板角山羊	重庆武隆	6	21.68	9.24	74.27
			12	33.65	13.81	69.61
	贵州黑山羊	石阡	6	12.75	2.81	28.27
	盆中黑山羊	富顺	12	24.37	4.95	25.49
东南区	浙江本地羊	奉化	6	18.57	4.55	32.45
			10	24.52	4.94	25.23
	上海本地白山羊	金山	6	15.68	3.68	30.67
			10	24.59	5.23	27.01
	宜昌白山羊	湖北建始	6	15.6	5.00	47.17
	萨浙本 F₁	泰顺	6	13.77	3.02	28.09
黄淮海区	槐山羊	河南确山	6	20.56	9.76	89.54
			12	38.05	22.85	150.33

三、品种地位与作用

(一) 品种地位

1. 在羊品种资源中的地位　据联合国粮农组织发布的《世界动物遗传资源状况》记载：目前全世界饲养各类山羊品种 300 多个。2003 年 3 月农业部编写的《中国畜禽遗传资源状况》，记录了我国现有各类畜禽品种和类群 576 个，其中地方品种（类群）426 个（占 74%）、培育品种 73 个（占 12.7%）、引进品种 77 个（占 13.3%）；记录羊品种 100 个，其中绵羊品种 50 个、山羊品种 50 个，按地方品种、培育品种、引进品种分类，绵羊分别有 31 个、9 个、10 个，山羊分别有 43 个、4 个、3 个。在山羊培育品种中，南江黄羊是我国培育的第一个肉用山羊品种，其余 3 个为奶山羊品种。

2. 在肉山羊品种中的地位　目前在国内现有山羊品种中，产肉性能较好的主要有国内培育的南江黄羊、简州大耳羊、乐至黑山羊、马头山羊和从国外引进的波尔山羊，其余品种存在个体相对矮小、产肉和繁殖性能相对较低等缺点。上述优良肉山羊品种各有特色，但综合肉山羊品种应具备的优良特性比较来看，南江黄羊算是适应范围最广、生长发育快、体格高大、繁殖力强、产肉率高的较为理想的肉山羊品种（表1-5）。例如：简州大耳羊在体格和繁殖力方面优于南江黄羊，但在早期生长发育方面不及南江黄羊正在选育的快长品系，简州大耳羊6月龄公、母体重分别达到30.74 kg和24.62 kg（数据来源于简州大耳羊审定材料），比南江黄羊分别低2.09 kg和1.71 kg；在适应性方面，简州大耳羊适宜在丘陵地区"半舍饲"方式饲养，而南江黄羊适宜山丘农区放牧饲养，适应性更强。乐至黑山羊平均产羔率达到240.69%，比南江黄羊高繁系还高出20.35%，但在产肉性能、适应性等方面不及南江黄羊快长品系。马头山羊适应性较强，但生产性能不及南江黄羊。波尔山羊是被世界公认的产肉性能最好的山羊品种，但繁殖率不及国内优良肉羊品种，同时对饲养水平要求较高，适宜舍饲，在粗放饲养管理条件下，难以充分发挥其生产性能。

表1-5　国内优良肉山羊品种主要生产性能指标比较

主要性能指标			南江黄羊	简州大耳羊	乐至黑山羊	马头山羊	波尔山羊
6月龄	体重（kg）	♂	32.83	30.74	28.33	15.55	30.07
		♀	26.33	24.62	23.33	14.75	24.13
	体高（cm）	♂	63.71	62.44	58.99	37.60	56.10
		♀	55.30	59.04	53.27	33.70	49.7
	屠宰率（%）		49.91	48.53	49.34	48.99	48.3
平均产羔率（%）			220.34	242.41（经产）	240.69	182	188
最适宜区域			山丘农区	丘陵、浅丘区	丘陵、浅丘区	山丘农区	各种生态区
饲养方式			放牧饲养	半舍饲	半舍饲	放牧饲养	舍饲

3. 在生态农业中的地位　评价一个生物物种对人类的贡献，首先要看它在生态上对人类的贡献，然后再看经济上的贡献，二者不可偏废。南江黄羊在大巴山区放牧饲养条件下培育而成，具有善登山坡、喜攀悬崖、嗜食高草、采食力强的特点，是生态农业中的骨干成员。

（二）品种作用

1. 在我国养羊业发展中的作用　南江黄羊经推广验证，各引种地区在纯繁和杂交利用上均收效显著，对我国大多数山羊品种的肉用经济性状都有明显的改良效应，不仅可改进产肉性状和繁殖性状，增强抗逆力，而且还可改善板皮品质，增大板皮面积。因此，南江黄羊是全国各地改良肉山羊生产的最佳选择品种，已对我国肉山羊业发展起到了积极的推动作用。自新品种形成以来，我国一些地区确立把南江黄羊作为地方特色产业来抓。20世纪90年代初期，广元市朝天区引进南江黄羊种羊2 500余只，确立打造南江黄羊产业县。21世纪初四川省达县、陕西省两当县、福建省清流县、贵州省长顺县等地，先后引进大量的南江黄羊发展肉羊产业，特别是贵州省实施以南江黄羊为主要品种打造"西部羊都"的战略，更有力推动了我国肉羊产业快速发展。在原产地的四川省南江县，依靠品种优势、资源优势、技术优势，确立把南江黄羊作为富县裕民的支柱产业，制定了把南江打造成为全国南江黄羊种羊供应基地、特色肉羊生产基地、西部地区羊肉产品加工基地的战略。并以南江为轴心，跨越川、陕、鄂、甘、渝5省份，沿大巴山脉的巴中、广元、达州、汉中、安康、郧阳、万州、武都、天水9地，率先确立10～15个县（区），不断扩大辐射面，最终形成秦巴山区62县（市、区）的肉山羊生产带，从而促进我国肉山羊产业快速发展。

2. 在脱贫地区农民增收致富中的作用 在原产地的四川省南江县，探索出的南江黄羊产业发展生产模式值得在同类地区推广和借鉴。

一是"五方共保"机制。即财政部门保投入、农业部门保技术、金融机构保融资、专合组织保生产、龙头企业保回收。

二是"3＋2"小区养殖模式。即每5户养羊户为一个生产单元，其中饲养繁殖母羊3户、饲养后备培育母羊1户、饲养育肥肉羊和配种公羊1户，形成专业化、组织化程度较高的生产模式。

三是"5个1"的家庭羊场模式（图1-5、图1-6）。每个家庭羊场流转草山草坡100亩（约6.7 hm²）、人工种草10亩（约0.67 hm²）、建设标准羊舍100 m²、每年生产出栏肉羊100只、实现养羊收入10万元。

四是"125"扶贫羊模式。每户贫困户饲养配种公羊1只、繁殖母羊20只、建标准化羊舍50 m²、种植牧草5亩（约0.33 hm²）、年生产出栏50只、年养羊稳定收入5万元。

南江县已建立国营种羊场2个，培植省级养羊龙头企业1家，建立南江黄羊养殖专业合作社30个、养殖协会10个，发展养殖小区108个、家庭羊场

1780个、贫困养羊户3680户。南江黄羊养殖已成为南江县富县裕民的骨干产业。

图1-5 家庭羊场

图1-6 放牧羊群

第二章
南江黄羊品种特征和生产性能

第一节 体型外貌

一、品种体型外貌特征

1. 被毛 南江黄羊被毛黄色，个体间色泽深浅各有差异，毛短紧贴皮肤，具有光泽，允许局部浅色斑点，自枕部沿背脊有一条宽窄不等的黑色毛带至十字部前后，公羊前胸、颈下、四肢上端被毛黑黄粗长，母羊前胸肩胛、腹部、背脊被毛流向一般以黄色为主。南江黄羊的被毛为针毛型，短浅细匀，紧贴皮肤，内层着生灰色绒毛，冬生春落。公羊颈与前胸被毛粗黑且长；公、母羊均有毛髯，公羊毛髯多且长，母羊毛髯短浅而稀少。南江黄羊公羊、母羊标准体型和外貌见图2-1、图2-2。

图2-1 南江黄羊成年公羊   图2-2 南江黄羊成年母羊

2. 头型 南江黄羊头大小适中，丰满，额宽面平，鼻梁微拱，耳长大或前缘微垂，公母羊均有胡须，部分有肉髯。

3. 角型 公母羊中有角约占90%，无角占10%，角呈八字形，向上、向后、向外走向，公羊角呈弓状弯曲。

4. 颈部　颈肩结合良好，公羊颈部粗短、母羊较细长且单薄，颈肩结合紧凑。

5. 体型　背腰平直、前胸深广、肋骨弓张，腹壁凸出；尻部略斜、四肢粗长、蹄质坚实。体型高大、体质结实，体躯略呈圆桶形。公羊雄壮，前胸发达；母羊清秀，后躯开张度好。

6. 前躯　胸部深广，肋骨弓张，鬐甲高平、单鬐甲或双鬐甲。

7. 中躯　平直，腹部下垂与胸近平。

8. 后躯　荐部宽，尻部丰满，斜平适度。

9. 四肢　四肢粗壮，端正且长，蹄冠部钝圆，蹄质坚实。

10. 生殖器官　睾丸对称呈椭圆形，阴囊颈短，收缩良好，均匀对称，前胸发达；母羊乳房发育良好，呈梨形且柔软，外阴正常，后躯开张度好。

二、外观发育状况

1. 体质结构　南江黄羊各部结构匀称，紧凑，结合良好，体质结实。母羊较细致。

2. 羊体发育状况　生长发育良好，肌肉充实，体魄健壮，膘情一般中等偏上。

第二节　生物学特性

一、生活习性

南江黄羊是在大巴山区放牧饲养条件下培育而成。善登山坡，喜攀悬崖，嗜食高草，爱好角斗，采食力强，合群性好，乐于近人，行为活泼敏捷，嗅觉敏感，听觉灵敏。南江黄羊耐粗放饲养，喜欢"上槽"，对其他家畜（如猪）食物残渣也不择而食。在放牧过程中采食十分勤奋。在灌木丛草场上，采食高草（嫩枝、嫩叶）的比重占总采食量的90%以上。在劣质草场上，广泛寻找，也吃低草。在良好的草地上每天放牧10 h左右，不需精料，只要每羊每天补饲5～8 g食盐等矿物质饲料，即可生长良好、繁殖正常。

二、生理常值

生理常值是判断羊体生理功能是否正常的标志。南江黄羊的主要生理常值为：

呼吸 18 次/min，体温 39～41 ℃，心率 79 次/min，食团咀嚼次数 54 次/min，瘤胃蠕动次数每 2 min 3.8 次，采食轮回（即一天要吃几个饱）4～5 个。

三、生物学行为

（一）活泼好动

南江黄羊活泼、好动，喜攀登高，行动敏捷，善于游走，在悬崖陡坡上，南江黄羊照样可以行动自如，甚至能将前肢腾空，后肢直立采食牧草或树叶。除了采食、反刍外，大部分时间在活动，尤其是羔羊更显活泼好动，喜欢跳到墙头上甚至屋顶上活动。水草丰茂的夏季，南江黄羊活动半径在 2 km 左右。水冷草枯的冬季，山羊活动半径可达 5 km。

（二）合群性好

南江黄羊放牧时，只要一羊前进，其他羊就随头羊跟走，因而便于放牧管理。对于大群放牧的羊群只要有一头训练有素的头羊带领，就较容易放牧（图 2-3）。头羊可以根据饲养员的口令，带领羊群向指定地点移动。南江黄羊喜欢群居，一旦掉队失群时，则鸣叫不断，寻找同伴，此时只要饲养员适当呼唤，便可立即归队，很快跟群。

图 2-3　南江黄羊放牧羊群

（三）喜清洁干燥

南江黄羊嗅觉灵敏，一般在采食前，总要先用鼻子嗅一嗅。往往宁可忍饥挨饿也不愿吃被污染、践踏、霉烂变质、有异味、怪味的草料。

（四）采食能力强

南江黄羊嘴尖、唇薄，牙齿锐利，门齿发达，是以草料为食物的反刍动物，可以采食各种青草、干草、块根、作物秸秆、灌木嫩叶、树枝及各种无毒的野草，俗话说南江黄羊吃"百草药"，就是形容南江黄羊采食饲料的种类和其他家畜相比较是相当广泛的，对充分利用自然资源有着特殊的价值。南江黄羊的瘤胃很大，占到全胃的80％。瘤胃内的微生物（细菌、真菌和纤毛虫等）品种很多，能分解饲料中的纤维素，把非蛋白氮转化为菌体蛋白，同时还可以合成维生素。山羊肠道相对长度高于其他家畜，是自身体长的27倍，因此对草料消化充分，对营养物质吸收利用完全，这是其他家畜无法比拟的。因此，南江黄羊比其他草食家畜具有较强的抗饥饿能力。

南江黄羊的食性范围广，在放牧过程中喜食灌木叶和树木的嫩枝叶，特别是那些多汁、柔嫩、略带咸味或苦味的植物。据观察，其采食行为有如下表现：

1. 挑食性　无论放牧采食，还是圈养供饲，总是先挑好草、嫩草。先吃叶片，再吃枝茎；若拌有精料的日粮，总是先把草节筛去吃料，然后吃草。在圈养供料时，往往食槽内剩下茎秆、草节。因此，饲养时，在草料日粮的调拌上，应加适量的水，使精料黏附于草节，以确保羊只充分采食，避免饲草浪费。

2. 奔跑性　在放牧过程中，南江黄羊一天奔跑采食的半径可达5 km左右，在奔跑的过程中择优吃草。一旦寻到好草便奋力采食。南江黄羊同其他山羊一样，选择最适口的草和灌木枝叶。采食枝叶或吃草的时间取决于可利用的饲草数量和质量。一般在夏秋季节放牧12 h以上，就可采食到足够的营养需要；冬春放牧时间，最多只能放牧8 h，采食量不足，影响增重，并因自体消耗使身体减弱，需补饲。南江黄羊与其他一些山羊不同的是，喜采食夜草，夜间食草量可占全天进食量的20％以上。

3. 采食自觉性　南江黄羊采食的自觉性很强，一上山坡，就自觉地去寻觅食物，甚至跑到农田里去饱餐。因此，在管理上要"人不离羊，羊不离群；跟群放牧，腿勤嘴勤"，不让羊贪食、损坏农民的庄稼。只要勤换牧地，把羊赶到牧草丰富的地方，羊就会自觉采食。睡眠时间除幼羊较长外，一般成年羊一天只有 2~3 h。采食时间较长，一天 5 h 左右。卧息的时间长，一天 6 h 左右，在卧息时一面闭目养神，一面反刍咀嚼，对采食贮藏于瘤胃的饲草进行加工。站立的时间不多，一天 2 h 左右，但不是排尿、排粪，便是站立反刍。游走的时间 5~6 h，在游走过程中，不断寻觅食物。一些农民对山羊评价说：10 只山羊在山坡上放牧，每天排泄的粪便，相当于 1 个中等劳力 1 天割草所积的肥。

4. 懒惰性　南江黄羊同其他普通山羊一样，在采食上也有懒惰性的一面。在放牧过程中，往往一上坡奋力吃草，特别是适口性好的草，在第一个采食轮回吃食时均在 1 h 以上，然后卧息、反刍，时间很长，就不会自觉地去觅食了。如果放牧人不去赶动，羊就仍在那里卧息。因此，羊谚云："懒人放懒羊，放得命断肠"。在放牧人员跟群放牧、加强放牧管理的条件下，如能保证一天完成 4~5 个采食轮回，就不需补饲精料，但每羊每天需补充 5~8 g 食盐等矿物质饲料。

5. 抢食性　南江黄羊的抢食行为，尤以放牧羊群在圈内补饲表现得最明显。当收牧回羊舍，只要补饲间的门一开，羊便争先恐后进入，总是争抢。如果补饲无固定羊位，体弱的羊只往往挤不上槽。因此，在管理上，应注意圈栏分设。

（五）有较强的抗病能力

体质强壮，一般不易得病。但是感染传染病或寄生虫病后，在发病初期，由于症状不明显，也不易察觉，故饲养员在平时喂料或打扫卫生时要留心观察羊群动态，发现异常情况应赶快找出原因，及时采取措施。

（六）母性好

母羊具有识别羔羊的能力，羔羊每次吃奶时母羊都要用鼻子闻一闻，既表现母爱又识别是否是自己的羔羊。因此在产多羔、母羊奶水不足需要别的母羊代哺时，把代哺母羊的体液（如尿、奶、胎液）洒在小羊身上，要在晚间进行，利用酒精或其他无毒性的刺激性气体喷在代哺母羊的嘴、鼻和羔羊的身上，这样母羊才不会拒哺。南江黄羊是一个繁殖力强的山羊品种，母性较强。

在初生羔羊1周龄内不能随母放牧时，有的母羊能自动跑回圈舍给羔羊喂乳。喂乳时，往往回顾舔舐着幼羔，不属自产羔羊即一嘴拱开，不让靠近。恋羔行为也极其明显，总是带着自产羔羊放牧，怀抱着睡卧，羔羊不在时即鸣叫呼唤。

（七）活泼好动

南江黄羊的行为敏捷，生来好动，睡卧时间很短。在用饲槽供食时，采食时也要转换几个位置。喜登高望远，玩耍，擅长陡岩峭壁登高走险。玩耍式的角斗，在幼羔还未长角时就表现突出，角斗前、后十分亲善；而争夺配偶权时则采取敌对式角斗，往往斗得头破血流。因此，舍饲羊群应给以适当活动空间，例如，在运动场上设置草架，让其自由地玩耍式采食；在圈内悬挂食盐舔砖，让其运动式地抬头舔舐等。

第三节　生产性能

一、繁殖特性

繁殖力强是肉用山羊品种的基本属性之一。南江黄羊不仅性成熟早，繁殖力强，而且一年四季可发情配种。

（一）性成熟早

南江黄羊2月龄就有性行为表现，3月龄可发情，母羊能受孕，平均开产期287日龄。在公、母混群放牧饲养的条件下，可见有周岁母羊分娩2胎的。按南江黄羊平均怀孕期148d、最短的怀孕期142d计，最早配种受孕的年龄在80日龄左右，而且在分娩后，首次发情的时间平均为30.5d，出现发情时间最短的为3d，配种受孕的时间最短的为7d；产配间隔平均为69d；两胎之间的产羔间隔平均为219d，有短到154d的。其主要繁殖生理指标见表2-1。

表2-1　南江黄羊繁殖生理指标

平均开产日龄	产后首次发情（d）	发情持续期（h）	发情周期（d）	产羔间隔（d）	怀孕期（d）	产配间隔（d）
287.0± 30.33	30.50± 6.06	33.83± 6.30	19.53± 2.97	219.55± 27.05	147.94± 2.56	69.0± 19.48

虽然南江黄羊性成熟早,但为了避免过早配种受孕影响生长发育,在管理上宜实行 2 月龄断奶,公、母分群饲养。母羊 6～8 月龄、体重 25 kg 以上为习惯配种时期;公羊以 12 月龄、体重 35 kg 以上为开始试配期,18 月龄体重 50 kg 以上方可入群正式配种。

(二)四季发情

在常规放牧管理的条件下,南江黄羊的繁殖不受季节限制,且产羔分布均衡。据四川南江黄羊原种场、南江县元顶子牧场对常规放牧自由交配的羊群连续 6 年的定群统计,其一年四季产羔呈常态分布。详见表 2-2。

表 2-2 南江黄羊产羔季节分布

月份	1	2	3	4	5	6	7	8	9	10	11	12	合计
产羔只数	371	239	230	253	251	252	179	240	307	422	276	206	3 426
(%)	10.83	6.97	6.71	10.30	10.25	7.36	5.23	7.01	8.96	12.32	8.05	6.01	100

南江黄羊终年可发情受配,各月产羔分布比较均衡,表明季节、气温对配种繁殖影响不大,但 5 月青草正旺,11—12 月草质良好,相应地发情易配。1 月、4～5 月和 10 月产羔比重均在 10% 以上。2 月饲草贫乏,3 月又易遇早春寒潮,7 月天气最热,而 9—10 月(俗称"烂 8 月")往往秋雨连绵,影响羊群放牧采食,造成营养供应不足,导致受孕率降低,致使 2—3 月、7—8 月和 12 月产羔比重相对较低,仅占 6% 左右。说明营养物质的平衡供给与否,对南江黄羊繁殖的影响大于气候的影响。同时寒冷的气候要比炎热的气候影响大些。另外,4—6 月和 9—11 月的产羔分别占全年产羔的 27.91% 和 29.33%,说明南江黄羊仍遵循着"春配秋产,秋配春产"的规律,春、秋是繁殖的最佳季节。

(三)产羔率较高

南江黄羊产羔率在 2～4 胎已达 192.79%,接近群体平均水平,说明南江黄羊的繁殖力表现极早,第二胎起即可充分发挥,南江黄羊窝平均产羔率为 194.62%,且随胎次不同而异,详见表 2-3。

表 2-3　南江黄羊产羔记录

胎次	单羔		双羔		3 羔以上		合计		窝平均产羔率	
	窝数	比例（%）	窝数	比例（%）	窝数	比例（%）	窝数	比例（%）	羔数	比例（%）
初 胎	92	62.16	55	37.16	1	0.68	148	100	205	138.51
2～4 胎	92	17.93	369	71.93	52	10.14	513	100	989	192.79
5 胎以上	10	3.48	201	70.04	76	26.48	287	100	651	226.83
合计	194	20.46	625	65.93	129	13.61	948	100	1 845	194.62

（四）年产胎数较多

南江黄羊年产 2 胎或 2 年产 3 胎，繁殖母羊群在连续 3 年中，平均每年分娩 3 胎的占繁殖母羊的 9.13%。虽然每年分娩 1 胎的占 16.27%，但到第二年，有可能分娩 2 胎或 3 胎。可见，摆脱繁殖季节桎梏的羊群，可达到 3 年 7 胎，说明南江黄羊具有多产、多胎的特性。南江黄羊年产胎数详见表 2-4。

表 2-4　南江黄羊年内生产胎数分布

年度	在群繁殖母羊数	产 1 胎母羊		产 2 胎母羊		产 3 胎母羊		总胎数	平均胎数
		只数	（%）	只数	（%）	只数	（%）		
第一年	83	14	16.87	60	72.29	9	10.84	161	1.94
第二年	88	14	15.91	69	78.41	5	5.68	167	1.90
第三年	81	13	16.05	59	72.84	9	11.11	158	1.95
合计	252	41	平均 16.27	188	平均 74.60	23	平均 9.13	486	1.93

（五）哺育力较强

南江黄羊的恋羔性强，并有充足的乳汁哺育羔羊，2 月龄断奶公羔平均体重 10.59 kg，母羔平均体重 10.10 kg。即使胎产 4 羔、5 羔（图 2-4），在人工辅助哺乳下也完全能抚育成活，并表现较强的泌乳力。

但在常规管理与放牧条件下，断奶成活率不高。据 860 窝羔羊统计，断奶成活率仅 86.93%，除去兽害、事故死亡之外，可达 92.95%。死羔主要出现在冬春缺草乏奶期，出生时死胎少见。

图 2-4　南江黄羊胎产 5 羔的母羊

（六）外因对南江黄羊繁殖力有较大影响

通过研究发现，季节与营养水平对南江黄羊繁殖力影响较大，详见表 2-5。因此，要提高南江黄羊繁殖力，一是要加强饲养管理，对种公羊、母羊提前补饲（自配种开始前 2～3 周）。在良好草场放牧的基础上，每羊每日补饲混合精料 100～150 g，有助于受胎率和繁殖率的提高。二是尽量避免寒冬、秋雨时节对繁殖成活率的不良影响。四川南江黄羊原种场应用同期发情技术，逐步集中了产配季节，成活率达 94.76%。

表 2-5　南江黄羊在不同季节与营养水平下的繁殖效果

组别	参试母羊（只）	分娩						繁殖				
		春季		秋季		平均		春季		秋季		平均
		窝数	分娩率（%）	窝数	分娩率（%）	分娩率（%）		产羔（只）	繁殖率（%）	产羔（只）	繁殖率（%）	繁殖率（%）
补饲组	45	45	100	41	91.11	95.56		87	193.33	81	180	373.33
全牧组	41	37	90.24	39	95.12	92.68		62	151.22	67	163.42	314.63

二、生产性能

（一）生长发育快

南江黄羊在常规放牧饲养条件下，6 月龄公、母羊可分别达到成年时体重的 41% 和 45%，体尺的 73%～77% 和 79%～86.68%；哺乳期内日增重各为176.17 g 和 161.33 g。其内脏器官和骨骼的发育，在 2 月龄阶段可达到周岁时的 51% 和 62%。

1. 南江黄羊品种群生长发育指标 南江黄羊品种群平均初生重，公羔 2.28 kg，母羔 2.14 kg；2 月龄断奶体重，公羔 12.85 kg，母羔 11.82 kg；日增重，公羊 176.16 g，母羊 161.32 g。其 6 月龄、12 月龄（周岁）、18 月龄（育成）、成年（公羊 3 周岁、母羊 2.5 周岁以上）的体重与体尺见表 2-6。

表 2-6 南江黄羊品种群的体重与体尺

年龄	性别	体重 （kg）	体长 （cm）	体高 （cm）	胸围 （cm）
6 月龄	♂	27.40	61.07	58.70	67.56
	♀	21.84	56.70	53.88	62.29
12 月龄	♂	37.61	67.75	64.89	75.82
	♀	30.53	63.15	60.08	71.01
18 月龄	♂	53.13	75.34	71.33	87.92
	♀	32.67	67.75	64.67	76.90
成年	♂	66.87	79.82	76.75	93.13
	♀	45.64	71.71	67.72	83.05

2. 南江黄羊品种群周岁前各月龄段体重变化 经对 38 只公羊和 23 只母羊进行系统测定，在通常的放牧饲养条件下，初生到周岁体重的增长见表 2-7。公羔 1～6 月龄变化极显著；母羔 1～2 月龄变化极显著、3 月龄变化显著，4 月龄至 10 月龄前的各段间变化均不显著，11～12 月龄可能是由于怀孕之故，体重急剧增长而出现极端显著的变化。

表 2-7 南江黄羊周岁前各月龄段体重变化

	项目	初生	1 月龄	2 月龄	3 月龄	4 月龄	6 月龄	8 月龄	10 月龄	12 月龄
公羊	体重（kg）	2.20	6.88	10.59	12.93	14.89	18.68	22.44	23.91	28.89
	日增重（g）		156	124	78	65	92	63	58	50
母羊	体重（kg）	2.43	7.02	11.10	13.37	14.36	16.49	18.78	21.13	29.91
	日增重（g）		153	136	76	33	35	16	42	182

3. 南江黄羊高繁品系体重体尺 南江黄羊高繁品系于 2004 年经四川省畜牧食品局审定，其生长发育指标与南江黄羊品种群差异不显著，详见表 2-8。

表 2-8 南江黄羊高繁品系生长发育指标

年龄	性别	体重 （kg）	体长 （cm）	体高 （cm）	胸围 （cm）
2 月龄	♂	11	48.48	46.24	51.45
	♀	10	46.39	43.49	48.43
6 月龄	♂	20	60.91	57.12	65.07
	♀	16.5	54.46	51.66	59.29
12 月龄	♂	30	67.00	63.10	72.47
	♀	25	61.03	57.84	66.04
成年	♂	63	79.28	74.05	90.29
	♀	42.5	70.30	66.95	79.64

4. 南江黄羊快长品系体重体尺 南江黄羊快长品系主要突出早期生长速度，其早期生长发育指标显著高于品种群和高繁系，详见表 2-9；南江黄羊快长系 6 月龄公羊和母羊如图 2-5 和图 2-6 所示。

表 2-9 南江黄羊快长品系体重与体尺

年龄	性别	体重 （kg）	体长 （cm）	体高 （cm）	胸围 （cm）
2 月龄	♂	12.50	49.28	46.90	52.68
	♀	10.99	47.16	45.45	50.82
6 月龄	♂	32.83	67.59	63.71	73.43
	♀	26.33	57.38	55.30	64.06
12 月龄	♂	43.29	75.06	69.96	84.72
	♀	33.38	64.05	61.88	73.42
成年	♂	63.67	81.97	75.03	94.23
	♀	44.68	70.21	66.80	84.20

图 2-5 南江黄羊快长系 6 月龄公羊　　图 2-6 南江黄羊快长系 6 月龄母羊

（二）产肉性能好

1. 南江黄羊品种群的产肉性能　南江黄羊在终年放牧和适当补饲草（料）的条件下，12 月龄羯羊（即阉割后的羊只）平均胴体重可达 15.65 kg，屠宰率 45.46%。放牧饲养（育肥）的各年龄公（羯）羊抽样屠宰的产肉成绩见表 2-10。

表 2-10　南江黄羊品种群各年龄段产肉性能

阶段	屠前活重 （kg）	胴体重 （kg）	屠宰率 （%）	空腹屠宰率 （%）	净肉重 （kg）	内脂重 （kg）	肉骨比
2 月龄	12.96± 1.29	5.93± 0.60	47.15± 4.01	57.01± 1.56	4.13± 0.63	0.14± 0.07	3.25
6 月龄	21.55± 2.58	9.71± 1.43	47.01± 2.81	55.34± 2.18	7.09± 1.21	0.42± 0.13	3.12
8 月龄	22.94± 2.14	10.2± 1.21	44.63± 2.42	56.96± 1.73	7.37± 1.31	0.40± 0.14	3.08
10 月龄	22.30± 1.24	10.17± 2.59	45.62± 1.04	54.73± 0.94	7.28± 0.26	0.62± 0.20	2.92
12 月龄	34.34± 1.89	15.65± 1.98	45.46± 5.84	56.95± 1.96	11.64± 0.56	0.96± 0.34	4.34
18 月龄	36.53± 4.15	17.59± 2.39	44.36± 2.65	55.40± 1.76	13.56± 0.47	1.70± 0.34	3.59
成年羯羊	54.01± 8.20	29.78± 5.00	55.65± 3.70	69.73± 3.70	21.84± 4.4	3.33± 1.35	4.90

2. 南江黄羊快长品系产肉性能　南江黄羊快长品系早期产肉性能较高，100日龄胴体重达到8 kg，6月龄胴体重接近15 kg，适用于生产高品质羊肉，详见表2-11。

表2-11　南江黄羊快长品系各年龄段产肉性能

阶段	屠前活重（kg）	胴体重（kg）	肌肉重（kg）	屠宰率（%）	净肉率（%）	骨重（kg）	肉骨比
100日龄	17.57	7.97	5.85	45.354	33.31	1.85	3.16
6月龄	29.80	14.8	11.4	49.91	38.31	2.87	4.00
周岁	41.08	21.06	16.92	51.27	41.19	4.14	4.09

3. 南江黄羊高繁品系产肉性能　南江黄羊高繁品系产肉性能与品种群差异不大，详见表2-12。

表2-12　南江黄羊高繁品系各年龄段产肉性能

阶段	屠前活重（kg）	胴体重（kg）	肌肉重（kg）	屠宰率（%）	净肉率（%）	骨重（kg）	肉骨比
100日龄	15.50	6.93	4.86	44.71	31.35	1.62	3.03
6月龄	21.55	9.92	7.34	46.03	34.10	2.22	3.34
10月龄	23.61	11.23	8.43	47.56	35.71	2.36	3.61
周岁	30.47	15.37	11.37	50.44	37.35	3.03	3.81

（三）肉羊育肥时限短

南江黄羊育肥时限短，是一个不可忽视的特点。无论是幼龄羊、青年羊，还是成年羊（包括老残羊），在良好的育肥饲养条件下，最有效的育肥时限一般1.5～2个月。此间增重速度很快，平均日增重为250 g，有的当年羔羊可达425 g。即使在越冬期间，以高能日粮饲养的周岁公羊在育肥期50 d内，日增重亦能达368 g。

（四）板皮品质优

南江黄羊的板皮面积宽大，成年羊可达10 000 cm² 以上，且板面平整，厚薄均匀，弹性较好。经外贸部门按收购标准定级羊皮中抽样测定，各年龄羊皮的级内率在70.93%～92.83%（平均为85.59%），其中特（甲）级占

23.76%，均优于本地山羊的皮张。而且成革性能好，各主要成革工业性能指标，超过原轻工部颁发的《山羊板皮正面服装革标准》。

（五）泌乳力强

泌乳力不仅是乳用山羊特有的生产性能指标，也是肉用山羊的重要经济性状。南江黄羊具有较强的泌乳力，母羊胎产 3 羔、4 羔乃至 5 羔，在人工控制哺乳下，也能完全抚育成活。据历年资料统计，平均 2 月龄断奶成活率为89.67%，断奶窝重为 24.02 kg。经挤奶测定，5 个月泌乳期产奶量为 162.27 kg，泌乳高峰出现在第三至第五个泌乳周，最高的日产可达 2.8 kg，有助于育羔。2 月龄羔羊断奶后，泌乳母羊还可继续挤乳 2 个月左右，亦可供多羔吃乳或失母羔羊寄养吃乳。

（六）改良效果显著

一个品种对其他品种的改良效果高低，既是该品种应用价值的具体体现，也是重要的种质特性之一。南江黄羊与一些地方山羊品种杂交所获得的杂交一代改良羊，体重大幅度增加，体重改进率 6 月龄为 21.76%～78.43%，周岁为 23.32%～69.61%，成年为 43.47%。

三、适应性

经推广验证，南江黄羊不仅适应秦巴山区、武陵山区及云贵高原地区，而且适合黄海地区和黄土高原地区，尤其在东南沿海一带表现更好。在各地均表现出抗逆力、抗病力强及耐粗饲的特性。例如，在川西海拔 1 500～2 400 m 的理县，南江黄羊改良羊生活力增强，羔羊繁殖成活率比当地藏山羊提高 10.5%。

四、南江黄羊肉特点

羊肉性温热，补气滋阴，暖中补虚，开胃健脾，在《本草纲目》中被称为补元阳益血气的温热补品。不论是冬季还是夏季，人们适时地多吃羊肉可以去湿气，避寒冷，暖心胃。羊肉肉质细嫩，容易被消化，多吃羊肉可以提高身体素质，增强抗病能力。所以现在人们常说："想要长寿，常吃羊肉"。在全放牧情况下，测定南江黄羊公羊、南江黄羊与努比羊杂交一代公羊（简称南努羊）、南江黄羊与波尔山羊杂交一代公羊（简称南波羊）各5头，其羊肉的营养成分见表2-13。

表2-13 南江黄羊公羊及杂交羊肉营养成分

营养成分	南江黄羊	南努羊	南波羊
天门冬氨酸（%）	1.89	1.90	1.87
苏氨酸（%）	0.82	0.81	0.80
丝氨酸（%）	0.75	0.75	0.74
谷氨酸（%）	3.28	3.32	3.28
甘氨酸（%）	0.93	1.04	0.93
丙氨酸（%）	1.20	1.23	1.19
胱氨酸（%）	0.12	0.15	0.14
缬氨酸（%）	0.97	0.97	0.96
蛋氨酸（%）	0.66	0.48	0.47
异亮氨酸（%）	0.90	0.86	0.84
亮氨酸（%）	1.43	1.63	1.63
酪氨酸（%）	0.62	0.61	0.61
苯丙氨酸（%）	0.66	0.65	0.64
组氨酸（%）	0.80	0.76	0.79
赖氨酸（%）	1.77	1.75	1.75
精氨酸（%）	1.25	1.27	1.22
脯氨酸（%）	0.77	0.82	0.74
氨基酸总量（%）	18.87	19.00	18.60
能量（MJ/kg）	4.44	4.23	4.08
脂肪（%）	2.40	1.70	1.50
蛋白质（g/kg）	208.00	208.70	205.00
钠（mg/kg）	639.70	671.70	659.70
硒（mg/kg）	0.009 3	0.013 2	0.009 5
铜（mg/kg）	0.94	0.76	0.79
钙（mg/kg）	34.53	43.63	36.00
铁（mg/kg）	20.87	17.17	17.13
锌（mg/kg）	37.23	36.10	36.13
磷（mg/kg）	420.67	426.33	403.67

第三章
南江黄羊品种选育

品种的选育就是选择优良的个体留作种用，提高品种的质量，保持品种的优良性。对不符合种用的个体予以淘汰，剔除不良性状表现出的有害基因，将淘汰个体作为商品肉羊育肥销售。科学选育是提高山羊生产性能的重要技术措施之一，必须按照品种或品系的特点，对其主要经济性状进行综合选择。

第一节　选育指标与种羊评定

一、选育指标

（一）体型外貌

要对一个品种的体型外貌特征进行准确描述，必须了解该品种的毛色、头型、角型、耳型、体型、四肢等相关质量性状。

1. 毛色　毛色是一个品种的基本特征之一，即使毛色在肉山羊品种选育上不属于经济性状，但是毛色的一致性标志着遗传稳定性。南江黄羊主体毛色为黄色，根据被毛色泽深浅度可分为黄褐色、黄色（图 3-1）、浅黄色、黄麻色（图 3-2）四种，黄褐色的羊一般表现出体格较大，黄色羊表现出生长快，浅黄色羊表现出泌乳力强，黄麻色羊表现出个体纤细。因此，南江黄羊一般朝着黄色被毛方向选择，允许有色泽深浅和局部浅色斑点。

2. 头型　头型是一个品种的重要象征，南江黄羊的头型要求大或适中，额宽面平，颜面丰满，鼻平微拱，角门开张，禁止选择额窄、上额突出、头小、头部毛长呈菊花型、短下颌的个体作为种用。

图3-1 南江黄羊黄色被毛　　　　图3-2 南江黄羊黄麻色被毛

3. 角型　角是作为山羊品种特征描述的基本性状之一。南江黄羊分有角和无角两类，其中有角约占群体总数的90%，无角占群体总数的10%左右。有角的羊要求开张整齐、并向后外和向后上延伸呈倒"八"字形（图3-3），禁止选择角向后内（内错角，图3-4）的个体作为种用，角向后内个体含有半致死基因，会导致角质进入颈部肌肉内。无角羊必须选择基因纯合度较高的个体作为种用，杂合无角羊尚有隐藏角的包痕或角基痕间呈"V"字形深陷。无角公羊必须与纯合度较高的母羊交配，不能与有角母羊和杂合无角母羊交配，否则出现间性羊或不育羊的概率大。

图3-3 南江黄羊标准角型　　　　图3-4 南江黄羊内错角

4. 耳型　南江黄羊耳型选育方向是耳大直或耳大且耳尖微垂（图3-5），不宜选择耳小、耳狭窄的个体作为种用，变形耳（如僵耳、猫耳朵）是一种隐性纯合的畸形基因，必须予以淘汰。但有一种折耳（分双折耳和单折耳），即耳大长中间折叠的耳型（图3-6），存在阻碍听觉，却生命力强，哺育率较高，体格较大，折耳也是一种隐性纯合性状，出现频率较低，据统计占3%～5%。

图3-5　南江黄羊标准耳型　　　图3-6　南江黄羊折耳型

5. 体型　是肉羊品种最明显的特征，南江黄羊肉用山羊品种的体型近似圆桶形，少数个体呈现出正方形和长方形，禁止选择体型呈楔形的个体作为继代选育。

6. 四肢　是一个品种外形特征描述的重要性状。南江黄羊属于大型肉用山羊品种，且在山区放牧条件下培育，为了适应生存的自然环境，必须具备四肢高大且粗壮、站立端正，更有利于攀登、奔跑。在品种选育时，不宜选择四肢矮小、细短、呈内靠形或外靠形的个体作为继代选育。

（二）年龄

年龄是种羊选育和评定的前提，没有年龄，是不可能对种羊作出选育、评定、分级的。准确的年龄来源于出生日期的记录记载或耳号标记的出生时间。在没有准确的记录资料记载种羊出生时间的情况下，可根据牙齿的更换、生长、磨损、脱落状况进行判断，又称齿龄。南江黄羊属于放牧型肉用山羊，牙齿的磨损比舍饲型山羊要快。南江黄羊种公羊年龄达到3周岁、种母羊达到2.5周岁以上，生长发育已经全面完成，体尺不再增长，体重随着季节和营养供应的变化而增减，称之为成年期。南江黄羊生产年限，种公羊一般为1～6周岁，种母羊8月龄至7周岁；生命年龄平均在8周岁，最长达13岁。下面重点介绍选育阶段3周岁内的齿龄鉴定。

（1）1周岁内　南江黄羊周岁前为乳齿期，称园口羊，乳齿呈白色、细小。一般在6月龄前，生长在下腭上的8枚乳门齿变化不大，不易鉴别；8月龄时，乳门龄中间1对牙出现微小缝隙；10月龄时，左右两边乳门齿松动；

一般在 12 月龄左右中间乳门龄开始脱落（即周岁咂牙，园口期结束）。

（2）1.5 周岁　又称对牙期，即在 12～18 月龄期间。中间乳门齿脱落后逐渐生长出第 1 对永久门齿。然后，靠近中间门齿的第二对乳门齿（内中乳齿）开始脱落。

（3）2 周岁　又称四牙期，即 18～24 月龄。第二对乳门齿（内中乳齿）脱落到长成永久内中齿，然后第三对乳门齿（外中乳齿）开始脱落。

（4）2.5 周岁　又称六牙期，即永久外中齿生成（第三对外中乳齿脱落后生成永久门齿）的年龄。此时，母羊已经完成体成熟，但牙齿仍继续生长出最后一对永久门齿。

（5）3 周岁　又称齐口期，即永久隔齿生成期，也就是最后一对乳门齿脱落生成永久门齿的年龄。最后一对永久门齿较小，又称边牙齿。此时，母羊的门齿已全面生成达到 4 对；公羊要延续到 3.5 周岁长整齐 4 对永久门齿。

（三）生长发育

生长发育是衡量一个品种的经济性状最重要考核指标之一，也是品种选育的最重要指标之一。一个优良品种应具备生长发育快、生长发育指标高的特性。

1. 体重　对育种羊群的种羊体重进行分段测定，从初生开始至 2 月龄、4 月龄、6 月龄、8 月龄、10 月龄、周岁、18 月龄、24 月龄和成年（2.5 岁）共 10 个年龄段，以千克（kg）为计量单位。具体要求：

（1）初生重：是指羔羊刚出生后未吃初乳前并擦干羊体黏液后称出的重量。

（2）出生后的各个阶段的体重称量，要以正常的膘情称出的重量为准。

（3）生后各阶段体重测定时间，应以早晨未喂料或未放牧采食前的重量为准。

（4）母羊应以空怀或怀孕前期，种公羊在进入配种期前测量的体重为准，而且肉用山羊成年综合鉴定体重，应在盛秋（即每年 10 月）进行。

南江黄羊是肉用山羊品种，单纯从体重角度选择种羊要求：初生重较大，早期（6 月龄前）或前期（周岁前）生长速度快、体重较重的个体留种。

2. 主要体尺指标　从体尺指标选择种羊，应侧重于体高、胸围、体长、荐高等主要体尺指标，要求体高要高、胸围要大、体型要长。重点根据种羊的 2 月龄、6 月龄、周岁、成年等 4 个阶段的体高、胸围、体长、荐高等主要体尺指标选择。根据选育目标的需要，还要考虑胸宽、胸深、髋宽、坐骨宽、管围、腹围、耳长、耳宽、头长、额宽、颈长、颈围、肢高、腿围、尻长，种母羊加测乳房围、乳头长、乳围等体尺指标。在测量体尺过程中，应尽量减少测量误差。必须注意三点：一是被测羊只端正站立在室外或鉴定圈内平坦地面上；二是找准测定部位；三是在测定前校正好测量用具。体尺指标用厘米（cm）为计量单位。南江黄羊主要测定体尺部位及方法如下：

（1）体高　由鬐甲最高处至地面的垂直距离，用测杖量度。

（2）体长　肩甲前缘至坐骨结节后缘的直线长度，用测杖或直尺量度。

（3）荐高　荐骨最高点到地面的垂直距离，用测杖量度。

（4）胸围　肩胛骨后缘垂直地面绕前胸部的周径，用软尺量度。

（5）胸宽　左右肩胛骨后角间最宽的距离，用测杖或测髋尺量度。

（6）胸深　鬐甲最高点到胸骨底面的直线距离，用测髋尺或测杖量度。

（7）髋宽　两髋骨突外缘间的直线距离（亦称十字部宽），用测髋尺量度。

（8）坐骨宽　两坐骨结节端外缘间的直线距，用测髋尺量度。

（9）管围　左前肢胫骨最细处的周径（前肢管围），用软尺量度。

（10）腹围　自第一腰椎脊突绕经胸软骨下缘腹底部的周径，用软尺量度。

（11）耳长　耳根至耳尖的长度，用直尺量度。

（12）耳宽　耳中部最宽处的宽度，用直尺量度。

（13）额宽　两眼眶后角外缘间的直线距离，用卡尺或测杖量度。

（14）颈长　耳根外缘至肩胛前缘软组织的直线距离，用直尺量度。

（15）颈围　颈中部的周径，用软尺量度。

（16）腿围　自左膝端点与地面平行绕经股间至右膝端点连续的半周长（或左后腿膝前外缘至坐骨结节下缘的切线周径），用软尺量度。

（17）尻长　最后腰椎（髋骨）脊突前缘至坐骨结节后缘间的斜线距离，用直尺或卡尺量度。

（18）乳房围　乳房中部最大部位的周径，用软尺量度。

（19）乳头长　乳头根部至乳尖的直线距离，用直尺量度。

（20）乳头围　乳头中部的周径，用软尺量度。

（四）繁殖指标

繁殖是任何一个畜禽品种最本质的特性，也是最基本的经济性状。高繁殖性状是肉用山羊品种选育目标之一，要求达到多孕、多产、多活的目的。为了准确反映一个优良品种的繁殖性能，首先要弄清以下几个基本概念，才能对种羊的繁殖性能进行有效选择。

1. 受胎率　是指一个繁殖期内，配种受孕母羊数与实际应配种母羊数的百分比。其计算公式：

$$受胎率 = \frac{繁殖期内受孕母羊数}{繁殖期内应配种母羊数} \times 100\%$$

2. 产羔率　又称胎平产羔率、窝平产羔率，是指母羊产羔总数与母羊产羔总胎（窝）数的百分比。其计算公式：

$$产羔率 = \frac{母羊产羔总数}{母羊产羔总胎数} \times 100\%$$

3. 繁殖率　是指当年度内出生羔羊数与上年度终适繁母羊数的百分比。其计算公式：

$$繁殖率 = \frac{当年度内出生羔羊数}{上年度终适繁母羊数} \times 100\%$$

4. 断奶成活率　是指繁殖母羊在一个繁殖期内，哺育断奶成活羔羊数与所产活羔总数的百分比。其计算公式：

$$断奶成活率 = \frac{繁殖期内哺育断奶成活羔羊数}{繁殖期内所产活羔总数} \times 100\%$$

5. 产羔间隔　指繁殖母羊上一次产羔至下一次产羔所间隔的时间，或两产之间所间隔的时间。以天数（d）为计量单位。

6. 初生窝重　指同一窝所有羔羊初生重的总和。以千克（kg）为计量单位。

7. 断奶窝重　指同一窝所有羔羊断奶时的体重之和。以千克（kg）为计量单位。

（五）产肉指标

产肉性能是肉山羊选育最重要的经济性状和技术指标。在进行种羊选择时，要从同胞或半同胞的产肉指标进行选择，非同胞或半同胞用"三点估膘"

法估算选择产肉指标。为了准确选择种羊的产肉性能，首先要弄清以下几个基本概念。

1. 宰前体重　是指在屠宰前仅供给饮水、停止饲喂各种饲料、饥饿 24 h 后屠宰时称量的体重。用千克（kg）表示。

2. 胴体重　是指屠宰后去掉皮张、内脏、头、蹄、尾（保留肾脏和板油）后称测的重量。用千克（kg）表示。

3. 肌肉重　指将胴体剖解剔除骨骼、肾脏、板油后称测的重量。用千克（kg）表示。

4. 屠宰率　指胴体重与宰前体重的百分比。其计算公式：

$$屠宰率 = \frac{胴体重}{宰前体重} \times 100\%$$

5. 净肉率　指肌肉重与宰前体重的百分比。其计算公式：

$$净肉率 = \frac{肌肉重}{宰前体重} \times 100\%$$

二、种羊评定

种羊评定是对种羊本身品质按照标准作出全面评价，既有利于个体生产性能的发挥，又有利于整个群体的生产性能的延续和提高。种羊评定是选种、留种、继代繁育和不断提高品种质量并获得选育进展的基础技术工作。

种羊评定采取综合方法。根据南江黄羊肉用山羊品种选育方向和目标，对种羊的评定依据个体品质、后裔成绩、系谱测定的主要经济性状各以 0.6、0.3、0.1 的权重进行综合评定。其中，①个体品质鉴定：根据外貌评分、生长发育和生长成绩（繁殖、产肉）进行综合评定；②后裔成绩：种母羊以前三产，种公羊以连续两个繁殖季节与配品种类型群母羊 30 只或选育群母羊 5 只的产羔率和后代在 6 月龄前的生长发育情况进行评定；③系谱评定：以双亲综合评定等级并侧重父本效应，即公羊主要性状占 0.6，母羊主要性状占 0.4 进行评定。

（一）个体品质评定

1. 南江黄羊体型外貌评分指标及等级划分

（1）体型外貌评定内容及评分　如表 3-1 所示。

表 3-1　南江黄羊体型外貌评分

项　目		评分要求	评分（分）	
			公	母
外貌	毛色	被毛黄色、富有光泽，自枕部沿背脊有一条由粗到细的黑色毛带，十字架后不明显	10	8
	被毛	细匀短浅，公羊颈与前胸粗黑长毛和深色毛髯，母羊毛髯细短色浅	4	5
	头势	头大适中，额宽面平，鼻微拱，耳大长直或微垂，有角或无角，有肉髯或无肉髯	8	6
	外形	体躯呈圆桶形，公羊雄壮，母羊清秀	6	5
	小计		28	24
体躯各部	颈	公羊粗短，母羊较细长，与肩结合良好	6	6
	前躯	胸部深广，肋骨弓张	6	6
	中躯	背腰平直，腹部与胸近乎平直	6	6
	后躯	荐宽，尻丰满，斜平适度；母羊乳房呈梨形，发育良好	12	16
	四肢	粗壮端正，蹄质坚实	18	18
	小计		48	52
发育性状	外生殖器	发育良好，睾丸对称，母羊外阴正常	10	10
	羊体发育	肌肉充实，膘情中上，体魄健壮	6	6
	整体结构	体质结实，各部结构匀称、紧凑	8	8
	小计		24	24
总　计			100	100

（2）体型外貌评分等级划分　如表 3-2 所示。

表 3-2　南江黄羊体型外貌评分等级（分）

性　别	特　级	一　级	二　级	三　级
公	≥95	≥85	≥80	≥75
母	≥95	≥85	≥70	≥60

2. 生长发育　南江黄羊种羊的体重和主要体尺评定，见表 3-3。

表 3-3   南江黄羊各年龄段种羊主要体尺及体重分级指标

年龄	等级	公				母			
		体重 (kg)	体高 (cm)	体长 (cm)	胸围 (cm)	体重 (kg)	体高 (cm)	体长 (cm)	胸围 (cm)
2月龄	特	13.5	49	51	57	11.5	48	50	55
	一	11	45	46	51	10	44	46	50
	二	10	42	42	45	9	40	42	45
	三	9	39	39	41	8	37	38	40
6月龄	特	31	62	64	73	25	57	60	67
	一	25	55	56	64	20	51	53	59
	二	22	50	51	58	17	46	47	52
	三	19	46	47	53	15	42	43	47
周岁	特	45	68	71	81	36	63	67	75
	一	35	61	63	72	28	57	60	67
	二	30	55	57	65	24	52	54	60
	三	25	50	51	58	21	48	49	54
成年	特	70	79	85	100	50	71	75	87
	一	60	72	77	90	42	65	68	79
	二	55	66	70	82	38	59	62	72
	三	50	61	64	75	34	55	56	65

注：表中的指标为各级下限，成年羊指公羊 3 周岁、母羊 2.5 周岁，评定等级时主要以体重和体高为主要考核指标。

3. 生产成绩   主要是对繁殖性能（表 3-4）和产肉性能两方面进行评定。

表 3-4   南江黄羊繁殖性能的分级指标

项 目	特 级	一 级	二 级	三 级
年产窝数（胎）	≥2.0	≥1.8	≥1.5	>1.2
窝平产羔数（只）	≥2.5	≥2.0	≥1.5	>1.2
断奶哺育率（%）	>90	>85	>85	>75
断奶窝重（kg）	>32	>23	>15	>11

注：①表中的指标为各级下限；②以年产窝数、窝平产羔数、断奶哺育率三者同时具备或以年产窝数和断奶窝重二者兼顾进行等级评定；③种羊必须在 18 月龄前开产，否则不能参与评定；④公羊要以一个繁殖年度（春繁和秋繁）的平均成绩进行评定。

产肉性能评定：凡种羊均以同胞或半同胞的产肉指标进行评定，非同胞或半同胞用"三点估膘"结合产肉指标各 0.5 的权重估计屠宰指标进行评定，此方法必须熟练方能掌握。因此，产肉性能不能直接对种羊进行评定，一般不予考虑。

4. 个体品质综合鉴定评级　根据体质外貌、生长发育、生产性能的综合等级各以 0.2、0.3、0.5 的权重进行综合评定。如表 3-5 所示。

表 3-5　南江黄羊个体品质综合鉴定

体质外貌 生长发育 生产性能	特				一				二				三			
	特	一	二	三	特	一	二	三	特	一	二	三	特	一	二	三
特	特	特	特	特	特	特	一	一	特	一	一	一	一	一	一	一
一	特															一
二	一		二	二												三
三	一															三

（二）后裔成绩

1. 种公羊　种公羊以连续两个繁殖季节与配品种类型群母羊 30 只或选育群母羊 5 只的产羔率和后代在 6 月龄前的生长发育情况进行评定。如表 3-6 所示。

表 3-6　种公羊后裔测定分级指标

项　　目	特	一	二	三
窝平均产羔数（只）	≥2.5	≥2.0	≥1.5	>1.2
6 月龄窝重（kg）	>70	>50	>35	>25

2. 种母羊　种母羊以前三产的繁殖成绩进行评定，如表 3-7 所示。

表 3-7　种母羊后裔测定繁殖成绩分级指标

项　　目	特	一	二	三
前三产产羔数（只）	≥7	6	5	4
产羔间隔（d）	≤180	≤200	≤240	≤300

（三）系谱评定

根据南江黄羊种羊登记时记录的详细系谱资料，以双亲综合评定的等级并侧重父本效应，按父本占 0.6、母本占 0.4 的权重进行评定。详细评定如表 3-8 所示。

表 3-8　南江黄羊种羊系谱评定综合定级

母本＼父本	特	一	二	三
特	特	特	一	二
一	特	一	二	二
二	一	一	二	三
三	二	二	三	三

（四）种羊等级综合评定

种羊在成年时应该作出等级综合评定，从个体品质、后裔测定、系谱评定分别按 0.6、0.3、0.1 的权重作出鉴定（表 3-9）。

表 3-9　南江黄羊种羊等级综合鉴定

系谱评定＼后裔测定＼个体品质	特				一				二				三			
	特	一	二	三	特	一	二	三	特	一	二	三	特	一	二	三
特	特	特	特	特	特	一	一	一	一	二	二	二	二	二	二	二
一	特	特	特	特	一	一	二	二	二	二	二	二	二	三	三	三
二	特	一	一	一	二	二	二	二	二	三	三	三	三	三	三	三
三	一	二	二	二	二	二	二	二	二	三	三	三	三	三	三	三

注：南江黄羊种羊评定，于每年春繁结束（5—6月）必须对种用羊群的羊只进行普查、鉴定、测定、登记、评定等级。

第二节　种羊的选择

一、种公羊的选择

（一）系谱选择

系谱选择根据公羊的亲代、祖父、曾祖父连续三代的系谱资料进行分析，在公羊幼龄阶段可进行早期选择，通过亲代的生产成绩比较准确地选出优秀种公羊。如果亲代、祖代、曾祖代的主要经济性状例如生长发育、繁殖力、产肉力等都很好，就能证明这些性状的遗传性较稳定，同时，也可根据祖先的记载资料查看出是否带有遗传缺陷。

（二）个体选择

个体选择是对种公羊本身的选择。虽然种公羊通过系谱选择具备了较好经济性状的遗传基础，但是被选择的种公羊是否优良，还要看本身表现出的经济性状是否优良。个体选择主要从种公羊的体型外貌和生长发育两个方面进行选择。

1. 体型外貌　备选种公羊外貌符合南江黄羊品种特征（图3-7），头大适中，耳大微垂，鼻梁微拱，无毛色分化现象；体型高大，细致而松弛，头颈和颈肩结合良好，前胸深广，背腰平直，尻部略斜，四肢粗壮，蹄质坚实，体躯略呈圆桶形；且公羊雄壮、睾丸发育均匀对称。

2. 生长发育　备选种公羊必须具备生长发育良好的特质。主要从初生、2月龄、6月龄、周岁、成年等5个阶段进行选择。选择时，特别注意的是按照品种（或品系）定型时各个血缘进行等比例留种。如果某些血缘出现的优良个体较多，可适当提高选留比例；反之某些血缘出现的优良个体较少，留种时，也要选留一些最接近选择指标的个体进行培育，保证达到各个血缘选留平均数的要求数量，否则，会导致某些优良基因丢失。

（1）初生选择　重点选择初生体重，要求备选公羊初生重达到群体平均值超出一个标准差。最好选择来源于多羔个体。

（2）2月龄选择　又称初选。重点考核断奶体重、日增重、断奶窝重及主要体尺指标。要求南江黄羊公羔双月断奶体重达到12 kg、日增重达到300 g、断奶窝重达到45 kg以上，并结合选择体高、胸围、体长、荐高等体尺指标。初选选留率占群体公羔总数的40%。

（3）6月龄选择　又称中选。重点选择体重和体尺发育较好的个体，突出选择早期生长速度快的优良个体进行特殊培育。此时，用于核心群继代繁育的种公羊，选留率占初选出培育公羊数量的50%。

（4）周岁选择　又称终选。中选出的后备公羊经特殊培育达到周岁时，通过后裔测定，除考核体重、体尺、前期生长速度等经济性状指标外，结合后裔生产成绩，淘汰生产性能较差的个体，淘汰率占中选数量的50%。

（5）成年选择 南江黄羊年龄达到3周岁时，完成体成熟。此时，以后期成年体重和体高为主要考核指标，综合评定等级达到特级、一级进入核心群配种，二级进入选育群配种，三级进入生产群配种。核心群用于继代繁育的配种公羊，选留率约占群体公羔总数的3%。

图3-7　南江黄羊种公羊群

（三）后裔选择

后裔选择是根据后代的成绩评定种公羊的好坏的方法，也是确定种公羊能否将优秀的品质稳定地遗传给后代的可靠方法。这种方法特别适用于不能根据种羊本身成绩而选择的性状，如泌乳力、产肉力、产羔率等。在进行后裔测验时应掌握以下技术原则。

1. 后裔测验确定母羊的方法　有母女对比法和同龄后代对比法两种。

（1）母女对比法　用母亲与女儿同一年龄时期的资料进行对比。这种方法由于母、女同龄资料产生于不同年度，因此存在饲养水平的差异。

（2）同龄后代对比法　可以消除年度间或年龄上的差异影响，但因同龄后代来源于不同母羊的因素，存在不同母羊品质的差异。

这里介绍同龄后代对比法，即以被测种公羊的后代与其他同血缘种公羊的后代在初生重、断奶重、6月龄体重或日增重上的差异为主进行评定。其公式如下：

$$RBV=\frac{(P_\mathrm{x}-\overline{P})}{\overline{P}}h^2\times100\%+100\%$$

式中：RBV——相对育种值；

P_x——被测公羊后代的肉用性能指标（初生重、断奶重、6 月龄体重）；

$\overline{P}$——在群其他公羊同龄后代的肉用性能；

h^2——性状的遗传力。

例如：四川南江黄羊原种场的 484 - 107 号公羊所生 36 只公羊双月断奶均重 12.4 kg，该场另外与 484 - 107 号同血缘的 490 - 057 号公羊所生的 129 只公羊双月断奶均重 10.3 kg，已知南江黄羊双月断奶重遗传力为 0.32，求 484 - 107 号公羊双月断奶重的相对育种值。

$$RBV=\frac{(12.4-10.3)}{10.3}\times0.32\times100\%+100\%$$

一般而言，留作种用公羊的相对育种值必须超过 100%，超过 100% 越多越好；若低于 100%，说明该公羊后代的经济性状比另外一只公羊后代的经济性状差，一般不作种用。上例中 484 - 107 号的相对育种值达到 106.5%，可作种用。但本方法估计时间较晚。

2. 后裔测验的注意事项

（1）用作后裔测验的母羊个体差异要小，年龄为 2~4 岁。

（2）每只测定公羊随机选配母羊不少于 30 只，若选用核心群的繁殖母羊，也不能少于 15 只。

（3）配种时间相对集中。

（4）配种母羊和后裔羊群同群饲养。

（5）做好配种、产羔及生长发育记录的记载。

（四）种公羊选择方法的使用

在羔羊断奶时，以系谱选择为主。在羔羊断奶至成年期，以个体生长发育和生产性能选择为主。此外，还要考虑饲料转化率。在有一定数量的后裔时，以后裔成绩为主进行综合选择。

二、种母羊的选择

母羊也可按本身成绩、系谱和后裔三个方面进行选择。但选择标准可适当放宽，因为母羊用于繁殖后代，所获后代数量越多，选择强度就越大，经济效益越显著。种母羊的选择遵循以下原则。

1. 根据母羊本身成绩选择 应选择外貌符合品种特征、体格体重大、体质结实、后躯丰满且开张度好，同时繁殖力高、母性强、乳房发育良好、哺育率高的母羊作为繁殖基础群（图3-8）。

图3-8 南江黄羊种母羊群

2. 淘汰有遗传缺陷的个体 对有遗传缺陷的间性羊（两性畸形个体）、单乳头或多乳头、泌乳力差、有早产或流产历史、有生殖道疾病及繁殖性能低下的老残羊等，要及时淘汰，不能留作种用。

3. 防止幼龄母羔无计划地过早配种繁殖。

第三节 选配技术

所谓选配，就是在选种的基础上，根据母羊的特点，为其选择恰当的公羊与之配种，以期获得理想的后代。因此，选配是选种工作的继续和发展，在规模化羊场的育种工作中，是两个相互联系、不可分割的重要环节，是改良和提高羊群品质最基础的方法。选配的作用在于巩固选种效果。通过正确的选配，使亲代的固有优良性状稳定地传给下一代，把分散在双亲个体上的不同优良性状结合起来传给下一代，把细微的不甚明显的优良性状累积起来传给下一代，对不良性状、缺陷性状给予削弱或淘汰。

一、选配的意义

1. 选配能稳定遗传性，使优良性状固定下来　个体的遗传基础来自双亲，基础遗传物质在一定程度上与父母相同，由此表现出的性状也就接近于父母均值。这样，经过若干代选择性状相近的公母羊交配，该性状的遗传基础就可能纯合，性状的特征就能固定下来。

2. 选配能创造必要的变异，为培育新的类型创造条件　由于交配双方的遗传基础不可能完全一致，所以它们的后代不会与父母任何一方完全相同，也就是说要发生变异，有了变异就有选择，哪怕是变异很小都有可能创造出新的类型。

3. 选配能把握变异的方向，而且能加强某种变异　当羊群中出现某种有益的变异时，可以通过选种将具有该变异的优良公母羊选出来，然后再通过选配强化该变异，它们的后代不仅可保持这种变异，而且还可能较其亲本更加明显和突出。这样，经过若干代选种选配，就会形成特点明显的新类型或新品种（系）。当羊群中出现某种有害变异时，就要通过选种予以淘汰，禁止带着有害基因的公母羊参与配种繁殖。

4. 只有通过合理的选配，才能实现选种计划　选种和选配是育种的两个技术环节，选种是选配的基础，而选配是实现选种目的的有效途径。

二、选配方法

1. 年龄选配　选择与配公、母羊之间的年龄基本相近，年龄相差不宜过大，最大相差不超过 2 周岁。禁止使用老龄羊，特别是老龄公羊配种，更不宜用老龄公羊与幼龄母羊配种。

2. 个体选配　根据群体大小或育种功能（选育核心群和扩繁生产群），按照生产目的和育种目标，针对每只公、母羊在生产性能和外貌结构上的优缺点，制定个体选配计划，安排公、母羊的配对。并通过后裔鉴定，选定最佳配种组合。

3. 等级选配　将基础母羊群按照生产性能、体型外貌进行分级，按等级确定与配公羊，同时对公羊进行等级评定。等级选配的原则是公羊的等级一定要高于或等于母羊。

4. 亲缘选配　按交配双方血缘关系的远近又分为亲缘选配和非亲缘选配。

凡作种用生产的羊只都应弄清楚公、母之间的亲缘关系，避免近亲，特别是嫡亲（也就是父女、同胞、半同胞间）选配。具体地说，一般在 7 世代以内才有共同祖先的个体间的交配，属于亲缘选配。而在 7 世代以外才有共同祖先的个体间的交配，属于非亲缘选配。亲缘关系较近的个体，交配后代的亲缘系数（又叫近亲系数）大于 0.78% 者称为近交，小于 0.78% 者称为远交。

5. 同质选配　同质选配是指具有同样优良性状和特点的公、母羊之间的交配，以便使相同特点能够在后代身上得以巩固和继续提高。通常特级羊和一级羊是属于品种理想型羊只，它们之间的交配即具有同质选配的性质；或者羊群中出现优秀公羊时，为使其优良品质和突出特点能够在后代中得以保存和发展，则可选用同群中具有同样品质和优点的母羊与之交配，这也属于同质选配。例如，肉用体型明显和早期生长速度快的母羊选用体格体重大且早期生长快的公羊相配，以便使后代在体格大和生产速度快上得到继承和发展。同质选配的优点是能较好地巩固和保持优良性状，增加群体中纯合基因频率。这就是"以优配优"的选配原则。

6. 异质选配　异质选配是指选择在主要性状上不同的公、母羊进行交配，目的在于使公、母羊所具备的不同的优良性状在后代身上得以结合，创造一个新的类型；或者是用公羊的优点纠正或克服与配母羊的缺点或不足。用特级、一级公羊配二级以下母羊即具有异质选配的性质。例如，用生长发育快、肉用体型好、产肉性能好、繁殖率高的南江黄羊种公羊，与对当地适应性强、体格小、肉用性能差的大巴山本地母羊相配，其后代在体格大小、生长发育速度、肉用性能、繁殖率等方面都显著超过母本。在异质选配中，必须使母羊最重要的有益品质借助公羊的优势得以补充和强化，使其缺陷和不足得以纠正和克服。这就是"公优于母"的选配原则。

第四节　品系繁育

在家畜育种上，品系指来源于一头或几头优良公畜的高产畜群，它们具有与原优良公畜相类似的特征。品系繁育是指为培育具有共同优育品质的种畜群的繁殖制度，其特点是速度快、目标明确、群体小，因而现代畜禽育种中品系繁育已逐步代替了传统的品种培育。南江黄羊是我国培育的第一个肉用山羊新品种，根据品种形成条件，一个品种应由 3～5 个品系组成，而南江黄羊是采取先品种、后品系的方法进行选育的。目前，南江黄羊按照肉用山羊品种特性，开展了南江黄羊高繁、快长、大型等 3 个品系选育。2003 年，南江黄羊高繁品系选育成功，并通过四川省畜禽遗传资源管理委员会审定。南江黄羊快长和大型品系已形成选育基础群，正在开展继代选育研究。

一、品系繁育方法

品系建立方法很多，主要有系祖建系法、近交建系法和群体继代选育法三种。南江黄羊品系选育采取系祖建系和群体继代选育相结合的方法进行选育，同时，进一步优化选育方法，采取"群系继代、闭锁繁育"法和应用"群内分组、组间轮回"的交配方案，较好地解决了近交系数增量的难题，在肉用山羊育种领域内尚属首例，所获产羔率、成活率及产羔间隔等繁殖经济性状指标及遗传进展在国内外处于领先水平。这对南江黄羊新品种育种成果的巩固和配套应用起着导向性作用，加快了我国特别是西部地区的肉山羊开发进程。

二、选育品系的主要性状

(一) 南江黄羊高繁品系

南江黄羊高繁品系重点从繁殖力高的母羊后代中选择培育公羊留种，从多胎的母羊后代选留优秀个体以期获得多胎性强的繁殖母羊，同时注意母羊的泌乳性能。其选育目标：经过 3～5 个世代的选择和培育，形成繁殖率高、适应性强的品系定型群 500 只、品系定型基础母羊 5 000 只、品系群体数量达到 20 000 只的目标。

1. 群体数量　南江黄羊高繁品系经过 4 个世代的选育，形成定型繁殖群等级羊 2 495 只，其中特一级种羊 1 952 只，定型群基础母羊 14 516 只，品系群体规模达到 21 589 只。

2. 主要性状　群体平均产羔率 220.34%，羔羊生殖成活率 98.73%，2 月龄断奶成活率 94.40%、断奶窝重 21.29 kg，开产日龄 451.67 d，怀孕期 148.72 d，产羔羊间隔 190.96 d。

(二) 南江黄羊快长品系

南江黄羊快长品系以早期生长速度、饲料报酬、肉用体型作为选择的重点。选育目标：在保持南江黄羊繁殖性能和外貌特征的基础上，主攻早期生长发育速度和产肉性能，经过 3～5 个世代选择和培育，形成早期生长速度快、产肉性能高、适应性强，繁殖性能达到南江黄羊品种标准的肉用山羊新品系。

1. 群体数量　目前，南江黄羊快长品系已完成 4 个世代的选育，基本形成体型外貌一致、早期生长速度快、产肉性能好、繁殖力强、遗传性稳定的高产肉性能的品系。现有核心群等级羊 5 116 只，其中特级、一级羊 3 862 只；品系群体达到 21 886 只（其中基础母羊 14 795 只、配种公羊 785 只）。

2. 主要性状　南江黄羊快长品系 6 月龄体重公羊达到 32.83 kg，母羊 26.33 kg；周岁体重公羊 43.29 kg，母羊 33.38 kg。100 日龄羔羊胴体重 7.97 kg、屠宰率 45.35%，基本达到国际上肉山羊肥羔生产胴体重（100 日龄羔羊胴体重 8～10 kg）标准；6 月龄胴体重 14.88 kg，屠宰率 49.91%；周岁羊胴体重 21.06 kg，屠宰率 51.27%。产羔率 196.34%，羔羊 2 月龄断奶成活率 96.25%，断奶窝重 23.14 kg。

（三）南江黄羊大型品系

重点从体格高大、四肢粗壮、前胸深广等方面加以选择。成年羊体重高于南江黄羊品种标准 10%，体尺高于 5%，并达到体长指数（体长÷体高×100%）100%，体躯指数（胸围÷体长×100%）120%，胸指数（胸宽÷胸深×100%）60%以上。目前，该品系选育形成基础群 2 000 余只。

第五节　育种记录与种羊登记

肉山羊育种场的各种记录是为了方便羊群管理，并通过记录资料的分析，清楚了解种羊的生产性能情况，对育种工作具有重要的指导作用。育种记录就是记录种羊从出生开始到培育、生产、死亡的全过程，完整的育种资料有助于选种选配和对种羊评定。种羊登记是对合格种羊的羊号、性别、出生日期、系谱来源、生长发育、体型外貌、繁殖成绩、后裔成绩、综合评定进行详细登记，为了育种场内备用和对外推广应用提供重要的种羊信息。

一、育种记录

南江黄羊育种记录包括配种产羔记录、生长发育记录、羊群变动记录、生产统计报表、屠宰测定记录、放牧补饲记录、防疫登记、试验记录等。

1. 配种产羔记录　用于记录育种羊群种羊的繁殖成绩，包括配种、产羔、哺育三个部分。记录内容有：与配母羊的羊号、年龄、胎次、等级（体重），与配种公羊的羊号、年龄、等级（体重），配种日期、预产期、分娩日期，所产羔羊的性别、体重、存活、死胎情况，以及羔羊 2 月龄断奶初选的个体编号和体重、体尺、外貌鉴定、等级等内容（表 3-10）。

表 3-10　南江黄羊配种及产羔记录

序号	繁殖母羊				配种公羊			配种		产羔				育羔										备注
	羊号	胎次	年龄	等级	羊号	年龄	等级	日期	预产期	产羔序	性别	死胎	初生重	编号	2月龄				断奶				初选	
															体重	体长	体高	胸围	日期	体重	外貌	等级		
										1														
										2														
										3														
										小计														
										1														
										2														
										3														
										小计														
										1														
										2														
										3														
										小计														
										1														
										2														
										3														
										小计														

2. 生长发育记录　用于测定记录育种羊群种羊从初生至 2 月龄、4 月龄、6 月龄、8 月龄、10 月龄、12 月龄、18 月龄、24 月龄和成年（2.5 岁）共 10

段的体重，及 2 月龄、6 月龄、周岁、成年等 4 段的体尺指标（表 3 - 11）。

表 3 - 11　南江黄羊种羊生长发育（代育种羊群变动清册）记录表

序号	群系	羊号	性别	出生日期	来源	初生重	断奶重	月龄	测定日期	外貌特征	生长发育													移动原因	个体等级	卡片册页	备注
											体重	体长	体高	胸围	荐高	胸深	胸宽	腹深	腹宽	髋宽	管围	坐骨宽	尻长				

测定鉴定技术人员：　　　　　　　　　调入场（群）饲养员：

调出场（群）饲养员：　　　　　　　　时间：　　年　月　日

3. **羊群变动记录**　用于记录育种羊群种羊清理、整群、分群、调拨、调销、淘汰时的基本情况，包括羊号、性别、年龄、体重、体尺、时间、场点、技术人员、饲养员等，合并到生长发育记录表中。

4. **生产统计报表**　用于记录育种羊群按月、季度、年度进行的生产统计，并按配种公羊、繁殖母羊、后备公羊、后备母羊、公羔、母羔、羯羊进行分类统计，包括期初存栏数，期中生殖、上选（含购入）、调拨（转出、转入）、出售、死亡变化，期末结存数等内容，定期向上级育种机构上报（表 3 - 12）。

表 3 - 12　南江黄羊生产统计报表

养殖场：　　　　　　　　　　　　　　填报时间：　　　年　　月　　日

群别	类型	性别	（月初）结存				（　　）至（　　）变动情况															（月底）结存				备注
			小计	大	中	小	生殖羔羊		转（购）入				转出				出售				死亡				小计	大	中	小
							总数	成活	小计	大	中	小	小计	大	中	小	小计	大	中	小	小计	大	中	小					
		公																											
		母																											
		阉																											

填表人：

5. **屠宰测定记录**　用于记录育种羊群的产肉性能指标，主要记录大体解剖测定的相关指标，包括饥饿前的体重、宰前体重、胴体重、肌肉重、骨重、内脏总重、屠宰率、净肉率、骨肉比、板皮面积等。根据需要还可细分各部位的肌肉重、骨骼重，各内脏器官的重量，以及胃的容积、大小肠的长度等。

6. 放牧补饲记录　主要记录放牧型山羊的放牧时间和补喂草料量。包括日期、出牧时间、收牧时间、草地类型、补充草料的种类和补饲量及采食量与回收量等。

7. 防疫登记　主要记录育种羊群消毒、药浴，种羊的驱虫、治病、防病等，详细记录药品和疫苗名称、生产厂家、生产日期、有效期、药物批号、给药途径、剂量、免疫期等，以便备查。

8. 试验记录　根据试验研究要求设计的试验记录。如对南江黄羊在放牧条件下的行为学观察，包括吃草时间、走动争斗时间、站立时间、卧息时间、卧息次数、采食食团个数、反刍时间、反刍次数、反刍周期等。

二、种羊登记

1. 种羊卡片　种羊卡片（表3-13）专门用于登记育种羊群种羊信息，是对种羊生产性能的反映。南江黄羊种羊卡片记录种羊的个体照片、个体编号、国家种畜编号、性别、出生日期、产地、品种品系，以及种羊的系谱、生长发育、体质外貌、产羔成绩、后裔测定、综合鉴定等级的详细记录。

2. "二维码"管理　四川南江黄羊原种场已将南江黄羊种羊卡片记录信息、饲养方式、饲草饲料投入、驱虫防疫等纳入"二维码"管理（图3-9），建立起种羊追溯平台。引种者可以通过手机扫描"二维码"或网络查询，了解南江黄羊种羊的基本情况，相当于南江黄羊种羊有了"身份证"。

图3-9　南江黄羊种羊二维码

表 3 - 13　南江黄羊种羊卡片

```
┌─────────────────┐
│ 照片            │
│                 │         种羊卡片      No:
│                 │
│                 │
└─────────────────┘
```

移动：＿＿＿＿＿＿＿＿＿＿＿＿

个体编号：＿＿＿＿＿＿＿　　国家种畜编号：＿＿＿＿＿＿＿　　性别：＿＿＿＿＿＿＿

出生日期：＿＿＿＿＿＿＿　　出　生　地　点：＿＿＿＿＿＿＿　　品种：＿＿＿＿＿＿＿

（一）系谱

亲 系		个体编号	国家种畜号	年龄	品种	体型	体质	体重(kg)	母本泌乳	产肉指数	外貌等级	鉴定年度
父系	父											
	祖父											
	祖母											
母系	母											
	祖父											
	祖母											

（二）生长发育

测定年度	年龄	体重(kg)	体长(cm)	体高(cm)	荐高(cm)	胸围(cm)	胸宽(cm)	胸深(cm)	髋宽(cm)	腿围(cm)	管围(cm)	评定等级

（三）体质外貌

鉴定年度	年龄	体型	体质	头型	耳	眼	角	鼻	颈部	体躯	四肢	生殖器官	乳房	毛色	背着生长	评定等级

（四）生产及配种产羔成绩

| 年度 | 泌乳期 | 产乳量(kg) | 平均日产 | 产肉指数 | 与配羊 | | | | | 产羔 | | | | | 双月断奶 | | | | 留种或淘汰 |
					羊号	性别	年龄	品种	等级	公	母	死胎	窝重(kg)	只数	哺育率(%)	窝重(kg)	个体增重(kg)	日增重(g)	

（五）后裔测定

| 与配羊 | | | | 胎次 | 测定只数 | 产羔 | | | 哺育率 | 双月断奶 | | | | | | | 6月龄 | | | | | |
品种	年龄	等级	只数			窝重(kg)	个体重(kg)	胎次		窝重(kg)	个体重(kg)	日增重(g)	体长(cm)	体高(cm)	荐高(cm)	胸围(cm)	体重(kg)	体长(cm)	体高(cm)	荐高(cm)	胸围(cm)	腿围(cm)

（六）综合测定

鉴定年度	年龄	系谱鉴定	后裔鉴定	生长发育	体质外貌	总评等级

第四章
南江黄羊的繁殖

南江黄羊的高效繁殖是生产中的关键性环节，是增加数量和提高质量最重要的途径，直接影响养羊的经济效益。数量的增长需要提高繁殖力，质量的提高除改进培育和饲养条件外，主要也是通过繁殖的途径才能实现。南江黄羊的繁殖工作在于探索其繁殖的自然规律，按照其遗传规律，提出相应的技术措施，使正常的繁殖机能和较高繁殖力得以延续和保持，充分发挥繁殖潜力和高繁的遗传特性，促进生产性能的不断提高。

第一节　生殖生理

羊的生殖生理是羊进行正常繁殖活动的基础，也是我们对羊实施发情控制、人工授精等繁殖技术所必须了解的。

一、公羊的生殖器官与生理机能特性

（一）公羊的生殖器官

公羊的生殖器官包括：性腺（睾丸）、输精管道（附睾、输精管、尿生殖道）、副性腺（精囊腺、前列腺、尿道球腺）。

1. 睾丸　产生精子的场所，成年羊的睾丸重量在 $120\sim150$ g，每克睾丸组织平均每天可产生精子 $2.4\times10^{7}\sim2.7\times10^{7}$ 个，也是合成和分泌雄性激素的器官，它能刺激公羊生长发育，促进第二性征及副性腺发育的作用。

睾丸在胎儿未出生时，位于腹腔外面，当胎儿发育到一定时期（在胎儿期

的中期），它就和附睾一起通过腹股沟管进入阴囊，分居在阴囊的两个腔内。出生后的公羊睾丸若未下降到阴囊，即会成为隐睾。隐睾睾丸的分泌机能未受损害。单侧隐睾公羊具有繁殖力，双侧隐睾公羊有一点性欲，但无繁殖力。

2. 附睾　贴附于睾丸的背后缘，是精子贮存和最后成熟的场所，也是排出精子的管道，附睾温度比体温低 4～7 ℃，呈弱酸性（pH 6.2～6.8）和高渗透压环境，从而使精子在附睾中保持有授精能力的时间持续 60 d。

3. 输精管　是精子由附睾排出的管道，具有发达的平滑肌纤维，管尾厚而口径小。交配时，由于输精管平滑肌强有力的收缩作用而产生蠕动，将精子从附睾尾输送到壶腹，同时与副性腺分泌物混合，然后经阴茎射出。

4. 副性腺　包括精囊腺、前列腺、尿道球腺，主要功能是，形成精清，精清与精子组成精液，精清的主要作用是稀释精子，扩大精液量，有助于精液输出体外和在母羊生殖道内运行、激发精子的活力和营养精子。

5. 阴囊　位于体外，由腹壁形成的囊袋，表面积大。主要作用是保护睾丸和调节睾丸处于合适的温度，当天气炎热时，阴囊的皮肤汗腺分泌增加，同时皮肤松弛，阴囊下垂，使温度易于散发；当天气寒冷时，阴囊收缩，使睾丸贴近腹下，便于保温。阴囊腔比正常体温低 2～3 ℃，通常为 34～36 ℃。

6. 尿生殖道　尿生殖道起自膀胱颈末端，终于龟头，可分为骨盆部和阴茎部。为尿液和精液的共同通道。

7. 阴茎　公羊的交配器官。羊的阴茎较细，呈 S 状弯曲在阴囊后方，在龟头上有一丝状体，呈蜗卷状。其功能是排尿以及交配时输送精液到母羊生殖道里。

（二）生殖机理特点

1. 公羊的性成熟与生殖的初配年龄

（1）概念

性成熟：性的生理机能成熟，并已具备正常的授精能力。

初情期：是指公羊第一次能够释放出精子的时期。

体成熟：公羊基本达到生长完成的时期。

（2）判定方法　生产实践中可以根据个体和性腺发育的程度以及羊在实际生产中的表现来判定初情期或性成熟。公羊一般稍晚于母羊。判断个体发育的程度一般可根据体重酌情而定。

（3）影响性成熟的因素

生态环境：自然环境、群体内的社会环境（气候、光照、营养等方面影响）。饲养管理是人为造成的生态环境，良好饲养水平的羊一般比营养水平低的性成熟早，群居生活的羊性成熟比隔离饲养的早。

个体差异及健康状况：公羊比母羊性成熟迟些。健康状况好的比健康状况差的要早些，间性羊不可能有性成熟。

2. 公羊的繁殖力与环境对繁殖的影响　公羊精子的形成周期为 49 d（46～49 d）。提高精液品质和精子的生产力，必须有适度的营养供给，营养不良或营养过度都有害于公羊的生殖能力。公羊的性欲与受精能力之间不呈正相关，受精能力与射精频度、精子活力、精子成活时间有关系。

高温对公羊的生精能力和繁殖力影响很大，如经过 3～5 d 的高温后，会突然出现射精量减少，精子活力下降，畸形精子和死精子明显增多。公羊精子的适宜发生温度为 15.6～29.5 ℃（配种季节调整为春、秋两季，可对温度进行调控）。光照时间对公羊的生精能力也会产生影响。随着日照时间的增加，公羊的射精量、精子浓度和附睾内的精子数量要降低。饲料成分对公羊的生精机能也有影响，喂富含蛋白质的饲料可以促进精子的生成。经试验表明：生理碱性饲料适于母羊，生理酸性饲料适于公羊；反之，易使繁殖力降低。

二、母羊的生殖器官及繁殖特性

（一）母羊的生殖器官

母羊的生殖器官由内生殖器官——性腺（卵巢），生殖道——输卵管、子宫、阴道，外生殖道——尿生殖前庭、阴唇、阴蒂组成。

1. 卵巢　为母羊生殖器官中最重要的生殖腺体，左右各 1 个，呈杏仁形，位于腹腔肾脏的后下方，由卵巢系膜悬挂在腹腔靠近体壁处，后端有卵巢固有韧带连子宫角。其功能是生产卵子和分泌雌激素。

2. 输卵管　位于卵巢和子宫之间，长度为 10～14 cm，是使精子和卵子受精结合和开始卵裂的地方，并将受精卵送到子宫。

3. 子宫　由两个子宫角、一个子宫体、一个子宫颈组成。主要生理功能：一是发情时，子宫借助肌纤维有节律地、强有力地收缩运送精子；分娩时，子宫强有力地阵缩排出胎儿。二是胎儿发育、生长的场所。三是在发情期前，内膜分泌的前列腺素对卵巢黄体有溶解作用，使黄体机能减退，并在促卵泡激素的作用下引起母羊发情。

4. 阴道 交配器官、产道和尿道，长度为 8～14 cm。阴道的功能是排尿，发情时接受交配，接纳精液，分娩时为胎儿产出的产道。母羊发情时，阴道上皮细胞角化状况有显著变化，依此可对母羊的发情排卵做出准确判断（尤其是开展人工授精时，进行发情鉴定、适时输精）。

(二) 母羊的繁殖特性

1. 初情期、性成熟、初配年龄

(1) 初情期 指母羊初次发情和排卵的时期，是性成熟的初级阶段，是具有繁殖能力的开始。在初情期前，卵巢也有初级卵泡，但后来退化闭锁而消失，新的生长卵泡又再出现，最后又再退化，如此反复进行，直至初情期开始，卵泡才能生长成熟以至排卵。初情期前卵巢中没有黄体存在，因而没有黄体酮分泌，所以只排卵而不发情。

(2) 性成熟 生殖机能达到比较成熟的阶段，已具备正常的繁殖能力，一般为 6～8 月龄。

(3) 初配年龄 开始配种时的体重应为其成年体重的 70% 左右。一般为 10～12 月龄。

2. 影响初情期的因素

(1) 品种 个体小的品种较个体大的品种早，乳用的较肉用的早。

(2) 气候 包括温度、湿度、光照因素等。

(3) 营养 营养水平高的初情期较营养水平低的早。因此，加强营养，提早初情期，这是提高经济效益的重要措施。

(4) 出生季节 早春产的母羔可在当年秋季配种；而夏秋季产的母羔要经历冬季，一般需到第二年秋季才发情，差别较大。

3. 山羊的发情特征表现 母羊能否正常繁殖，往往决定于能否正常发情。正常生殖道发情是指母羊达到性成熟后所表现出的一种周期性活动现象。这种周期性活动同时伴随着母羊卵巢、生殖道、精神状态和行为的变化，表现一定特征。

(1) 季节性 山羊具有四季发情的特性，属短日照动物，一般相对集中在春、秋两季发情，尤其是以秋季最为集中。母羊产羔后 20～40 d 即可再次发情配种，卵泡发育的成熟度要高。同时，秋季和晚春母羊体况较好，配种妊娠有利，产羔后经哺乳到断奶，外界环境条件则有利于羔羊生长发育并安全度过次年冬天。

（2）重复性　羊属四季发情动物，母羊在其繁殖季节内发情周期多次重复，有多次发情表现。

（3）阶段性　母羊在每一个发情期内，无论其内部生殖激素、卵巢、生殖道，还是外在的精神表现和行为表现均具有阶段性。可分为发情前期、发情期、发情后期和间情期。因此，适时观察母羊发情的阶段性变化，确定适时的配种时机是提高受胎率的重要前提。

4. 配种时间、发情鉴定与妊娠诊断

（1）适宜的配种时间　南江黄羊的发情持续期一般经产母羊较初产母羊短，为 24～48 h，发情持续期平均为 33.8 h，时间跨度为 2～3 d。要做到适时配种，需掌握以下特点：

第一，母羊排卵一般出现在发情开始后的 24～36 h。卵子在输卵管内保持受精能力的时间为 12～24 h，且运行速度较精子慢，在输卵管内运行时间为 72 h。

第二，配种后，精子进入母羊生殖道内保持受精能力的时间为 24～48 h，达到受精部位（输卵管壶腹部）的时间很短，最多只几个小时。

第三，最适宜的配种时间，应在母羊开始排卵前后 6～8 h，即在发情后 12～24 h 开始配种，或在发情盛期结束后配种。为确保受胎率可采取 2 次配种，最好早上开始排卵下午配，下午排卵次日早晨配。两次配种时间间隔为 6～8 h。

（2）发情鉴定　发情鉴定的目的是及时发现发情母羊，正确掌握配种时间，防止误配、漏配，提高受胎率。其方法有以下 3 种。

外部观察法：主要是观察母羊的精神状态，性行为表现及外阴部变化情况。母羊发情时，常常表现兴奋不安，对外界刺激反应敏感，食欲减退。外阴部充血、肿胀，有稀薄黏液由多变少，渐至浓稠，糊状。

阴道检查法：采用人工授精方法时，常用此法进行发情鉴定。用开膣器辅助观察阴道黏膜、分泌物和子宫颈口变化判断发情与否。若发情，则母羊阴道黏膜充血、松弛，表面光滑湿润，有透明黏液流出，子宫颈口充血、松弛、开张，有黏液流出。

公羊试情法：该方法在繁殖生产上很适用，尤其是舍饲羊群，用此法效果明显。用试情布围住试情公羊的腹部，防止误配。在试情时，将试情公羊放入母羊群中，当发现母羊寻找、尾随公羊或向公羊接近并发出鸣叫声，示意接受公羊爬跨，或者靠近公羊安静不动的，可确定已发情或排卵，即可配种。在实行人工辅助配种或人工授精的养羊场，至少每天进行两次鉴定，上下午各一次。否则，可能漏检、漏配，影响整个配种工作。

（3）妊娠诊断　准确及时的妊娠诊断，使羊群全配满怀，是提高生产母羊生产水平的关键。除实验室诊断方法外，生产上常用方法有阴道诊断法、体态（外观）诊断法、激素测定法。

阴道诊断法：通常母羊受孕1周后，阴道流出白色黏液（俗称退胎）。怀孕20 d左右的母羊，用开膛器打开阴道。阴道壁黏膜为白色，几秒钟后变为粉红色，且黏液量少透明；20 d后，黏液渐渐由稀薄变得浓稠，即可断定已孕。

体态（外观）诊断：新陈代谢旺盛，腹围增大，阴门紧闭，阴唇收缩，结合配种后20 d左右不再发情，可断定已孕。

激素测定法：羊妊娠后，血液中黄体酮的含量显著增加，羊配种20～25 d后，用放射免疫法测定，山羊血浆中黄体酮含量大于3 ng/mL以上，妊娠准确率为93%。

（三）分娩

1. **母羊分娩前的特征表现**　母羊分娩前，在生理、形态、行为上发生一系列变化，称为分娩预兆。一般分娩预兆表现在：

（1）乳房变化　临产前，母羊乳房肿大，乳头直立，可从乳头挤出少量清亮的胶状液体和少量初乳。但是乳房变化受营养状况影响很大，营养不良的母羊，乳房变化不明显。

（2）软产道变化　临产母羊阴门肿胀、潮红、柔软红润，有时流出浓稠黏液。

（3）骨盆韧带变化　骨盆部韧带变松软，肷窝下陷，特别是临产前2～3 h表现最明显。

（4）行为变化　食欲不振，行动困难。排尿次数增多，起卧不安，不时回顾腹部，喜离群或卧墙角，卧地时两后肢向后伸直。

2. **分娩特点**　羊在一昼夜各时间内都能产羔，但在上午9～12时和下午3～6时产羔稍多。出生时一般是两前肢和头部先出，并且头部紧靠在两前肢的上面。若产双羔或多羔，先后间隔 5~30 min，个别有长达数小时的。羔羊全部产出后，胎衣通常在分娩后 2~4 h 内排出，随后子宫很快复原。

3. 助产方法　一般而言，南江黄羊分娩很少出现难产现象。但个别情况下，难产时有发生，须进行人工助产。

（1）当母羊出现分娩征兆后，就应做好产前的准备工作，助产人员指甲剪短、手臂洗净、消毒。观察母羊分娩过程。

（2）胎头已露出阴户外，而羊膜还未破裂，应立即撕破羊膜，排出羊水，使胎儿的口鼻露出并清理其中的黏液，待其产出。

（3）若初产母羊骨盆及阴道狭窄或胎儿过大，生产困难，则应扩大母羊阴门。具体方法是：一手扶胎儿头，随母羊努责将胎儿斜向下方拉出，动作应轻缓，不要急于拉出，以免子宫内形成负压而外翻脱出，同时还容易使母羊腹压突然下降，导致脑水肿或脑缺血。

4. 乏情、异常发情

（1）乏情　已经达到初情期的母羊不发情，卵巢无周期性的功能活动，处于相对静止状态。

生理性乏情：不是由疾病引起，是因母羊卵巢活动降低而导致不发情的生理现象。如妊娠或泌乳期间、营养不良、衰老、各种应激。

病理性乏情：卵巢和子宫有疾患，引起母羊的不发情。

（2）异常发情　引起异常发情的原因多为营养不足、饲养管理不当、环境温度的突变等。异常发情的类型有 4 种。

安静发情：亦称安静排卵，即母羊无发情征兆，但卵泡能发育成熟而排卵。引起的原因是由于有关生殖激素分泌不平衡，母羊主要是雌激素分泌量不足。安静发情的母羊如能及时配种，也可受胎。

孕后发情：卵泡发育可达到排卵时那样大小，但往往不排卵。有以下几种情况：一种是卵泡尚未达到充分发育即消散，发情表现不明显；另一种情况是卵泡可发育到成熟，但不排卵，有的可以排卵，甚至配种还会受胎，如异期复孕。

短促发情：母羊发情期短，其原因可能是由于发育卵泡很快成熟破裂而排卵，缩短了发情期，也可能由于卵泡停止发育或发育受阻而引起。

断续发情：发情时断时续，卵泡交替发育所致，先发育的卵泡中途发生退化，新的卵泡又在发育，因此产生断断续续发情现象。

三、与繁殖有关的外观性状

选择高繁殖力的羊要将遗传性能与外观性状结合起来，但遗传性能比外观性状更重要。

（一）公羊的选择

1. 毛色　被毛颜色以深黄色或浅黄色的种羊繁殖力高。

2. 唇　上下唇吻合要好，如差异大，容易遗传给后代。

3. 鼻　鼻拱，鼻拱的羊对环境的适应力较强，尤其对高温变化更能适应（羊通过血液循环散热力强）。

4. 角　角型为向后外呈倒"八"字形，内错角的种羊含有半致死基因。深色角较浅色角的繁殖力高。

5. 皮肤　与湿度有关，如湿度较大的地方，一般选择皮肤较松弛、薄一点的好。

6. 体型　自上而下看公羊体型，要背腰平直、步行平稳、肩部匀称、后躯丰满。

7. 睾丸　对称，周径大，弹性好，用手触摸无硬结。睾丸周围皮肤紧凑，与主体色一致。睾丸越大，精子质量越优，数量也多。

（二）母羊的选择

1. 尻部　尻长而宽，充实平坦，倾斜适当，角度为 30°左右，易于配种。如平尻自然交配就很困难。

2. 蹄部　黑色蹄部，蹄壳坚硬（不易得腐蹄病，抗病力强）。如蹄壳较软，母羊怀孕难以承担负重，配种时不易受孕。

3. 乳房　左右乳区发育均等，前部向下腹部延伸，后部突出两股之间，各部宽广，质地柔软，乳头大小适中，挤奶后乳房收缩有小皱纹，乳镜要宽深（后望乳房充满两后肢之间，称为乳镜）。

4. 坐骨　坐骨间距离要宽。

5. 腹部　腹部较大，从上向下看似三角形。

6. 阴部　阴部较大呈桃形。

四、繁殖控制技术

（一）与繁殖有关的主要生殖激素及其作用

1. 催产素　来源于垂体后叶，主要作用于子宫和乳腺。

（1）能强烈地刺激子宫平滑肌收缩，是催产的主要激素。

（2）能有力地刺激乳腺管肌上皮组织收缩，引起催乳。在生理条件下，催产素的释放是引起排乳反射的重要环节，在哺乳（或挤乳）过程中起重要作用。临床上，常用于促进分娩机能，治疗胎衣不下和产后子宫出血，以及促进子宫排出其他内容物，如子宫积脓等。

2. 促卵泡激素（FSH）　来源于垂体前叶，主要作用于卵巢、睾丸、精细管。刺激母羊卵泡的生长发育。一般情况下，FSH能影响生长卵泡的数量，只有在促黄体素的作用下，才能激发卵泡的最后成熟。

3. 促黄体素（LH）　来源于垂体前叶，主要作用于卵巢、睾丸间质细胞。

（1）可促使卵巢血液加速，在FSH作用的基础上引起卵泡排卵和促进黄体形成并分泌黄体酮。

（2）对雄性，可刺激睾丸间质细胞合成及精子成熟。不同家畜垂体中FSH和LH比例和绝对值有所不同，这种差别可能关系到不同家畜的发情期长短、排卵时间的早晚、发情表现的强弱及安静发情出现的多少。

4. 雌激素（雌二醇）　来源于卵泡、胎盘。

（1）在发情期促使母畜表现发情和生殖管道的生理变化。如促使阴道上皮增生和角质化，为交配活动做准备；促使子宫颈管道变松弛，并使其黏液变稀薄，以便于交配时精子通过；促使子宫内膜及肌层增长，刺激子宫肌层收缩，以利于精子运行并为妊娠做准备；促进输卵管的增长和刺激其肌层活动，以利于精子和卵子的运行。

（2）促进乳腺管系统的增长。

（3）促进长骨后部骨化，抑制长骨生长，因而成熟的雌性个体较雄性小。

5. 孕激素　来源于卵巢体细胞。

（1）促进子宫黏膜层加厚，有利于胚泡附值。

（2）促进胚盘发育，维护正常妊娠。

（3）大量黄体酮对雌激素有抗衡，可抑制发情，少量则与雌激素有协同作用，可促进发情表现。

（4）促进子宫颈口吸缩，子宫颈黏液变黏稠，可防止外物侵入，有利于保胎。临床上黄体酮多用于防止功能性流产和卵巢囊肿。

6. 前列腺素（PG）　类型多，PG及其人工合成类似物氯前列烯醇（PGF$_2$）主要作用如下：

（1）溶解黄体　仅限于4 d以后的黄体，对新生黄体无效。在母羊上应用时，繁殖季节有效。因为PG的作用仅限于溶解黄体，故单独使用效果较差。

（2）影响排卵　PG可调节输卵管各段收缩和松弛，因而可影响精子、卵子的运行和在母羊生殖道内的停留时间，间接影响受胎。

（3）刺激子宫平滑肌收缩　PG对子宫平滑肌有强烈的刺激，可使子宫松弛，生产中常用于人工引产。

（二）发情控制技术

1. 同期发情概念　就是利用某些激素制剂人为地控制并调整一群母畜发情周期的进程，使之在预定的时间内集中发情，以便于有计划地合理地组织配种。同期发情最主要的作用是配种时间的相同，以及母羊妊娠、分娩和幼畜的培育在时间上的相对集中，便于成批生产，有利于更合理地组织生产，有效地进行饲养管理，可以节约劳力和费用。

2. 同期发情机理　同期发情的核心问题是控制黄体期的寿命并同时终止黄体期。如能同时使一群母羊的黄体期同时结束，就能引起它们的同时发情。其依据就是以体内分泌的某些激素在母羊发情周期中的作用，再应用合成的激素制剂和类似物，有意识地干预某些母羊的发情过程，暂时打乱它们的自然发情周期规律，继而把发情周期的进程调整到统一的步调之内，人为地造成发情同期化。也就是使被处理的母羊的卵巢按照预定的要求发生变化，使它们的机能处于一个共同的基础上。

3. 同期发情途径

（1）孕激素处理法　向一群待处理的母羊同时施用孕激素，抑制卵泡的生长发育和发情，经过一定时间同时停药，随之引起同时发情。造成人为黄体期，实际上延长了发情周期，推进发情期的到来，为以后引起同时发情创造一个共同的基准线。

（2）前列腺素处理法　利用性质相同的激素即前列腺激素PGF$_{2\alpha}$使黄体溶

解，中断黄体期，停止黄体酮分泌，从而促进垂体促性腺激素的释放，使卵巢提前摆脱体内孕激素的控制，于是卵泡得以同时开始发育，从而引起发情（实际上缩短了发情周期，使发情期提前到来）。

两种处理法的共同点：动物体内孕激素水平迅速降低，达到发情同期化的目的。孕激素处理法，不但可用于有同期活动的母羊，而且也可在非配种季节处理乏情母羊；前列腺素处理法，则只适用于有正常发情周期活动的母羊。

4. 作用激素和使用方法

（1）作用激素分类　作用激素分为 3 类。第一类是抑制发情的制剂，属于合成激素类物质，如炔诺酮、氯地酮、18 甲基炔诺酮等，保持一定水平抑制卵泡生长发育；第二类是促进黄体退化的前列腺素 $PGF_{2\alpha}$ 及其类似物；第三类是在应用前列腺素的基础上，配合使用的促性腺激素（如促卵泡激素、促黄体素、孕马血清促性腺激素、人绒毛膜促性腺激素），以及具有促进内源促性腺激素释放作用的促性腺激素释放激素。使用这些激素是为了促进卵泡的生长成熟和排卵，使发情排卵的同期化达到较高程度，得到较好的受胎率。

（2）施用方法

阴道栓塞法：将一块柔软泡沫塑料浸吸一定量的药液，或用特制的含孕激素硅橡胶环塞于靠子宫颈的阴道深处。优点是一次用药，比较省事；缺点是发情期受胎率较低，且有些发生脱落现象。

口服法：将药物均匀地拌在饲料内饲喂。优点是投药方便、省事；缺点是用药量大，工作量大，个体摄入量不够准确。

注射法：每日将一定量药物注射到肌肉或皮下，连续若干天后停药，个体摄入量准确。

埋植法：将药物装在小管内，埋植于皮下，经若干天取出。和阴道栓塞法一样，使药物缓慢吸收。

前列腺素的施用方法：将少量含有前列腺素的溶液注入子宫或肌内注射。用前列腺素处理的前提是母羊有黄体存在，亦即在发情周期的黄体期投药，才能收到应有的效果。由于前列腺素有溶黄体作用，已孕母畜注射后会发生流产。

第二节　配种方法

一、自然交配

1. 自由交配　按一定公母比例将公羊和母羊同群放牧饲养，一般公母比例为 1：30，母羊发情时便与同群的公羊进行自由交配。这种方法又叫群体交配，其优点是可以节省大量的人力、物力，也可以减少发情母羊的失配率。但这种方法弊端也较多，主要表现在：①影响母羊的采食和抓膘，加大了对种公羊的需求量，不能充分发挥优秀种公羊的作用；②无法进行有计划的选种、选配，并易造成近亲交配和早配且后代血缘不清，不能记录准确的配种日期和推算分娩时间；③由生殖器官交配，接触传染的疾病不易控制。

2. 人工辅助交配　平时将公母羊分开饲养，经发情鉴定后，将发情母羊与选定的公羊交配，这种方法克服了自然交配的缺点，有利于选配工作的进行，防止近亲交配和早配，也减少了公羊的体力消耗，有利于母羊群采食，并能准确记录配种时间，做到有计划地安排分娩和产后管理等。其不足之处在于，因需要对母羊进行发情鉴定、试情和牵引公羊等，花费的人力较多。此外，容易造成发情不明显的母羊漏配。

二、人工授精

人工授精是用人工方法采集公羊的精液，经一系列的检查处理后，再注入发情母羊的生殖道内使其受胎。其最大的优点是增加公羊对母羊的配种头数，扩大良种的推广利用面，减少疾病的传播，有利于做好配种记录，及时发现一些有不孕症的母羊，有计划地安排分娩生产。人工授精的主要技术环节有采精、精液品质检查、精液的稀释和保存、适时输精。

1. 基本设备　输精枪、输精吸管套、胶状润滑剂、带光源的开膣器、记录笔和纸。

2. 设备管理

（1）输精枪用后清洗并擦干净，取出并清洁活塞。

（2）不要使用用过的吸管套。

（3）开膣器用后要用热肥皂水洗净，再用清洁热水冲洗。

3. 采精

（1）制备假阴道　假阴道由外壳、内胎、漏斗、集精杯等安装组成。采精时假阴道内温度调节到接近 45 ℃，压力可借注入的水量和吹入的空气调整，润滑感用消毒过的玻璃棒沾凡士林涂抹产生。

（2）台畜和诱情　羊的台畜一般为活畜，如发情母羊或去势公羊。采精前应先让公羊绕台畜转几圈以适当诱情。

（3）采精　采精员位于台畜右侧，右手持假阴道与台畜平衡，和公羊阴茎伸出的方向一致。在公羊爬跨台畜向前作"冲跃"动作时，采精员左手四指并拢握住包皮，将阴茎导入假阴道内。待射精完毕，立即将集精杯一端竖直向下，先放去假阴道内胎的气，然后取下集精杯，送往精液处理室作精液品质检查。

4. 精液品质检查　检查色泽、气味、云雾状、射精量、精子活力和密度等。

（1）色泽和气味　正常的精液应为白色或淡黄色，无味或略带腥味。凡呈红褐色、绿色并有臭味的精液不能用于输精。

（2）云雾状　肉眼观看刚采集的精液，密度大、活力高的精液呈翻腾滚动的云雾状态。

（3）射精量　羊的射精量为 0.5～2.0 mL，一般为 1 mL。

（4）活力　用精液中前进运动精子的百分数作为活力指标。

5. 输精

（1）输精器械准备　将工作台放置在方便输精操作区，输精器械准备好，检查开膣器有无裂缝或缺口。

（2）保定母羊　将受配母羊保定在输精架中，让其自然站立，最好让母羊后躯略高，在保定过程中要注意不要对母羊生殖道产生压缩，以便更容易找到子宫颈。

（3）准备插入开膣器　用消毒药液擦净母羊的外阴部和尾部，给母羊外阴部和开膣器前端涂上消毒润滑剂。

（4）插入开膣器　按照母羊尻部的倾斜度，缓慢而有力地将开膣器插入母羊体内，使其达到阴道末端。

（5）鉴定子宫颈和黏液　鉴定子宫颈开张度及黏液颜色是否处于发情和适合输精的时期。

（6）输精　将输精器前端插入子宫颈口内 0.5～1.0 cm 深处，缓慢、稳稳地注入精液。

（7）移出开膣器　取出授精器具，最好进行 5 s 的阴蒂按摩。

第三节　妊娠与胎儿生长发育

一、妊娠

（一）妊娠母羊的体况变化

1. 食欲　妊娠母羊新陈代谢旺盛，食欲增强，消化能力提高。

2. 体重　胎儿的生长和母体自身重量的增加，使怀孕母羊体重明显上升。

3. 体况　怀孕前期因代谢旺盛，妊娠母羊营养状况改善，表现为毛色光润、膘肥体壮；怀孕后期因胎儿急剧生长消耗母体营养，如饲养管理较差时，妊娠母羊则表现为瘦弱。

（二）妊娠母羊生殖器官变化

1. 卵巢　母羊怀孕后，妊娠黄体在卵巢中持续存在，从而使发情周期中断。

2. 子宫　妊娠母羊子宫增生，继而生长和扩展，以适应胎儿的生长发育。

3. 外生殖器　怀孕初期阴门紧闭，阴唇收缩，阴道黏膜的颜色苍白。随妊娠时间的进展，阴唇表现水肿，其水肿程度逐渐增加。

（三）妊娠期母羊体内生殖激素的变化

母羊怀孕后，首先是内分泌系统协调孕激素的平衡，以维持妊娠。妊娠期间，几种主要孕激素变化和功能如下：

1. 黄体酮　黄体酮是卵泡在促黄体素（LH）作用下导致排卵后，破裂卵泡处生成黄体，而后受生乳素（LTH）的刺激释放的一种生殖激素，又称孕酮。黄体酮与雌激素协同发挥作用，是维持妊娠所必需的。

2. 雌激素　雌激素在促性腺激素作用下由卵巢释放，继而进入血液。通过血液中雌激素和黄体酮的浓度来控制脑下垂体前叶分泌促卵泡激素和促黄体素的水平，从而控制发情和排卵。雌激素也是维持妊娠所必需的。

（四）妊娠诊断

配种后的母羊应尽早进行妊娠诊断，能及时发现空怀母羊，以便采取补配措施。对已受孕的母羊要加强饲养管理，避免流产，这样可以提高羊群的受胎率和繁殖率。早期妊娠诊断方法很多，如何达到极高的准确性，并且应用方便，常见有以下几种方法。

1. 表观征状观察　母羊受孕后，在孕激素的制约下，发情周期停止，不再有发情征状表现，性情变得温顺。同时，甲状腺活动逐渐增强，孕羊的采食量增加，食欲增强，营养状况得到改善，毛色变得光亮润泽。

2. 触诊法

（1）腹壁滑动触诊　待检查母羊自然站立，然后检查者用两只手以抬抱方式在待检查母羊的腹壁前后滑动，抬抱的部位是乳房的前上方，用手触摸是否有胚胎胞块。注意抬抱时手掌展开，动作要轻，以抱为主。

（2）直肠—腹壁触诊　让待检查母羊保持空腹状态，用肥皂灌洗直肠排出粪便，使其仰卧，然后用触诊棒（或用直径 1.5 cm、长约 50 cm、前端圆如弹头状的光滑木棒或塑料棒作为触诊棒）触诊。其方法：在触诊棒涂抹上润滑剂，注意贴近脊柱经过肛门向直肠内插入 30 cm 左右。一只手用触诊棒轻轻把直肠挑起来以便托起胎胞，另一只手则在腹壁上触摸，如有包块状物体即表明已妊娠；如果摸到触诊棒，将棒位置稍微移动，反复挑起触摸 2～3 次，仍摸到触诊棒即表明未孕。注意挑动时一定要轻，以免损伤直肠。

3. 阴道检查法　主要根据母羊妊娠后阴道黏膜的色泽、黏液性状及子宫颈口形状的相应规律性变化做出判断。在做阴道检查时，要修剪好指甲，手臂消毒。

（1）阴道黏膜　空怀时母羊阴道黏膜为淡粉红，母羊怀孕后，阴道黏膜由空怀时的淡粉红逐渐变为苍白色，但用开腟器打开阴道后，很短时间由白色又变成粉红色。

（2）阴道黏液　空怀母羊和怀孕母羊阴道黏液颜色、稠度、量几个指标都有明显差异。孕羊的阴道黏液呈透明状、量少、浓稠，能在手指间牵成线。

（3）子宫颈　孕羊子宫颈紧闭，色泽苍白，并有浆糊状的黏块堵塞在子宫颈口，人们称之为"子宫栓"。

4. 免疫学诊断　怀孕母羊血液、组织中具有特异性抗原（酶、激素），能和血液中的红细胞结合在一起，用它诱导制备的抗体血清和待查母羊的血液混合时，妊娠母羊的血液红细胞会出现凝集现象。如果待查母羊没有怀孕，就会因为没有与红细胞结合的抗原，加入抗体血清后红细胞不会发生凝集现象。由此可以判断被检母羊是否怀孕。

5. 黄体酮水平测定法　根据母羊空怀与怀孕体内黄体酮水平对比确定母羊是否怀孕。山羊血浆中黄体酮含量大于 2 ng/mL 即可判定为怀孕。将待查母羊在配种 20～25 d 后采血制备血浆，再采用放射免疫标准试剂与之对比，判读血浆中的黄体酮含量。此法对羊做早期妊娠检查准确率达到 90% 以上，快速、简易。在母羊怀羔过程中黄体酮是不断增加的，据报道，在多胎测定中，母羊多怀一只羔羊，黄体酮的浓度相应地增加 1ng/mL，胎儿个数使范围量增加，但不是呈整数增加。

6. 超声波探测法　超声波探测仪是一种先进的诊断仪器。检查方法是将待查母羊保定后，在其腹下乳房前毛稀少的地方涂上凡士林或液状石蜡等耦合剂，将超声波探测仪的探头对着骨盆入口方向检查。时间最好是配种 40 d 后，胎儿的鼻和眼已经分化，易于判断。

二、胎儿生前发育

（一）胎儿的生前发育过程

卵子受精后，合子开始发育，进入胚胎期。胚胎靠输卵管肌层的收缩及纤毛细胞的作用，迅速沿输卵管下降至子宫，边运行边开始卵裂。第一次卵裂，合子分裂成两个卵裂球；之后，卵裂继续进行，分裂为 4 个、8 个、16 个、32 个细胞的胚胎。由于受透明带的限制，形成桑葚状，故称桑葚胚；受精后60～70 h，在细胞团中形成一个充满液体的小腔，即囊胚（或称胚泡）；囊胚进一步发育，出现内胚层，此时期称为原肠胚；直至 8 细胞时，所有的细胞均有相等的发育潜能，这也是合子分割技术得以成功的基础所在。

囊胚进入子宫角后，透明带消失，囊胚变为透明的泡状，称为囊胚泡，胚泡在子宫初期处于游离状态。胚胎于受精后 20～25 d 附植于子宫内膜表面的突出瘤状结构上，即子宫阜上。以后逐渐与子宫内膜密切接触，发生组织与生理上的联系，此过程称为附植。

发育中的胚胎从输卵管和子宫上皮获取营养，在囊胚阶段主要为子宫乳。当黄体生成的黄体酮不足以致敏子宫时，胚胎的附植和营养物的摄取受到影响，此时可能出现胚胎早期死亡。胚胎过早进入子宫，由于黄体酮的致敏作用尚未开始，同样会出现胚胎死亡。正常健康的成年母羊，胚胎早期死亡率为受精卵的 20％～30％，这一点在生产上常被认为是母羊未受胎。幼龄、老龄母羊中死亡率更高。其次，体况不良的母羊或输精期间因受热、惊吓、鞭打等造成的应激，也会有较高的胚胎早期死亡率。所以，母羊配种前后需要提高营养水平并提供安静环境。

（二）影响生前发育的因素

生前发育受遗传、胎次、体格大小、母体营养、胎儿数量等的影响。母体和胎儿有相互作用，但羔羊的遗传型是影响出生时体重和管骨长度的最重要因素。当子宫环境变得较小时，遗传型的差异仍然明显，但幅度则小得多，因母羊能适应由较大羔羊的遗传型所赋予的不断增长的要求。

胎儿在母体内的前3个月，体格较小，母羊的营养能满足它的生长发育，但妊娠的最后2个月，胎儿增重很快，需要供给大量营养，如果营养不足，即使早期营养水平提高，也会导致产生发育不良的羔羊。母羊在妊娠后半期高水平的饲养，对单胎羔羊的初生重并不比中等营养水平有更大影响，因羔羊的生长已经到遗传的上限。但中等营养水平与高营养水平的母羊所生的双羔，在大小上就有明显的差别：由中等营养的母羊所生的双羔要轻得多，而营养水平高的母羊所生的双羔就像单羔一样重。妊娠后期母羊营养缺乏的生物化学结局之一是胎儿肌肉和肝内的糖原减少。在正常情况下这种糖原的供应建立在妊娠后期，作为出生时的能量供应。

第四节　产羔与接羔

母羊配种怀孕后，经过5个月的妊娠期即可分娩，产羔接羔是养羊的收获季节，所以要安排好羊舍，准备好饲草饲料，确保羔羊顺利生产并成活。

一、产前准备

1. 饲草饲料储备　山羊的繁殖都具有相对的季节性，因而产羔也同样具有季节性。南江黄羊的配种产羔主要集中在春秋两季（即秋配春产和春配秋产），夏秋季节，应在产羔羊圈周围留出一片草场或种植一些优良牧草，专用于产羔母羊生产前后放牧，时间在1个月左右为宜。草地应避风、向阳、靠近水源。母羊在生产前后几天一般都不出牧，留在羊舍饲养或羊舍附近放牧，故要有足够数量的优良草料供母羊补饲。为了有利于母羊泌乳，储备一些青贮料、多汁饲料是必要的。

2. 产房和棚圈修整　产羔前要对产羔房进行修整，如在冬季生产，由于羔羊从母体40℃的热环境突然降生到冷环境时，对冷环境的抵抗力很弱，需添置保暖设施。同时不能有贼风侵袭，俗话说："不怕妖风一片，只怕贼风一线"。产房内要铺上干燥的垫草，并注意随时加铺或更换，以保持干燥的环境和适宜的温度，降低羔羊死亡率，而且对于产后的羔羊早期培育也十分重要。

3. 劳动力组织和安排　接羔护羔是一项繁重而细致的工作，要根据羊群分娩头数制定接羔的技术措施和操作规程，做好接羔护羔的各项工作。增加劳动力，安排值班人员值班候产，待产母羊与产后母子群要分别照管，单羔、双羔、三羔、弱羔要分别细心照料。

4. 用具药品准备　消毒用药品如来苏儿、酒精、碘酒、高锰酸钾、消毒纱布、脱脂棉以及药品如强心剂、镇静剂，还有注射器、针头、温度计、剪刀、秤、记录表等。

5. 临产母羊管理　临产母羊行动不便，要精心护理。出入圈要防止拥挤，让羊呈单行通过。出牧和收牧缓行，饮水慢饮喝足，不许追赶，以免滑倒，严禁鞭打和惊扰。为确保羔羊产后有充足母乳，生产前后用黄豆磨浆加温水喂羊。

二、接羔

1. 分娩征兆

（1）母羊临近分娩时乳房胀大，乳头直立，能挤出少量黄色初乳。

（2）阴门紧闭，时常流出浓稠黏液，肷窝下陷，行动困难，排尿次数增多。

（3）起卧不安，不断回顾腹部，有的常独处墙角，放牧时掉队或离队。有时用脚刨地，不时鸣叫，食欲减退，甚至停止反刍。

（4）母羊卧地，四肢伸直努责或肷部下陷特别明显时，表明该母羊马上生产，应立即进入产房管理。

2. 产羔过程　正常分娩时，羊膜破裂后几分钟至半小时羔羊就出生。先看到前肢两个蹄，随后是鼻和嘴，到头顶露出后，羔羊就立即生出了。产双羔时先产出一只，可用手在母羊腹下推举，能触到光滑的胎儿。产双羔前后间隔5～30 min，多至几小时，要注意护理，因母羊无力，需要助产。产羔时要安静，不要惊动母羊，母羊在一般情况下都能顺产。羔羊生下后0.5～3 h胎衣脱出。产后7～10 d，母羊有恶露排出。

3. 接羔

（1）擦干黏液　当羔羊生出后将其嘴、鼻、耳中的黏液掏出，羔羊身上的黏液用抹布擦干或让母羊舐干，这是为母羊识别自己的羔羊打基础，并对调节体温有好处，尤其是在冷湿和有风的环境下，对恋羔性很弱的母羊（多见于初产羊），可将胎儿黏液涂在母羊嘴上或撒麦麸在胎儿身上，让其舐食，以促进母子感情。

（2）假死羔羊处理　若天气寒冷，用软干草或干布将羔羊身上擦干，母子关在一个产羔栏内。有的胎儿生下有假死现象，可提起羔羊两后肢，使其悬空同时拍击胸、背部；或使羔羊平卧，用手有节律地推压羔羊胸部两侧，进行人工呼吸；或从羔羊鼻孔吹气，使其复苏。

（3）断脐　羔羊生后，让脐带自然断掉。有的脐带不断，可用手拧断，然后消毒。若用剪刀，应先掐住脐带根部，再将脐带中的血向外排挤，扭转脐带，涂上碘酒，再用消毒剪刀在距羔羊腹部 4 cm 处剪断。

（4）吃初乳　母羊分娩完毕，用温热消毒水洗乳房、擦干，挤出几滴乳汁，帮助羔羊及早吃到母乳。同时要进行初生称重、鉴定。

羔羊出生后，母羊疲惫，口渴，应给母羊饮水，最好能加进少量麦麸。

4. 胎儿产式

（1）胎向　胎儿产出时身体的方向。胎儿身体与母体平行，分娩时前肢和头部先进入产道称为纵向正生，反之胎儿后肢先进入产道称为纵向倒生，均属正常情况，一般不会形成难产。

（2）胎位　胎儿背部与母体背腹部的相对位置关系。胎儿背部朝向母体背腰伏卧在子宫内的姿势称为上位。上位是分娩时的正常情况，胎儿容易正常通过产道；相反，胎儿背部朝向母体腹部仰卧在子宫内的姿势称为下位，下位分娩时容易形成难产。

（3）难产　少数母羊因胎儿过大或胎儿产式异常，胎儿肢体显露后超过 2～3 h 仍未产出母体外，即作为难产处理。舍饲羊群的难产多于放牧羊群。遇到难产母羊，接羔人员应立即修剪磨光指甲，用 2% 的来苏儿溶液洗净手臂，涂抹润滑剂，无适当润滑剂时，可用肥皂液，然后根据不同情况采取不同的方式助产。如胎儿过大，应把胎儿的两前肢拉出来再送进产道去，反复三四次扩大阴门后，配合母羊阵缩补给外力牵引，帮胎儿产出。如遇到胎位胎向不正时，接羔人员应配合母羊阵缩间隙，用手将胎儿轻轻推回腹腔，手也随着伸进阴道，用中指、食指帮助纠正异常的胎位胎向，待纠正后再行引出。

（4）假死羔羊的处理　由于难产造成分娩时间过长，子宫内缺乏氧气，羔羊过早的呼吸动作而吸入羊水等可能造成羔羊假死。遇到这种情况，首先用手握住羊嘴，挤出口腔、鼻腔和耳朵内的胎水和黏液，再将羔羊两后肢提起来，使羔羊悬空后轻拍其背胸部，或让羔羊仰卧做人工呼吸。假死时间不长的羔羊一般都能苏醒过来。

羊的骨盆入口呈椭圆形，骨盆出口较大，骨盆轴为弧形，所以羊的分娩是较容易的，形成难产的很少。但母羊分娩的环境应相对安静，否则对羔羊的存活率有一定的影响。

5. 胎盘排出　羊的胎盘通常在分娩后 2～4 h 排出。胎盘排出的时间一般需要 0.5～8 h，但不能超过 12 h，否则会引起子宫炎等一系列产科疾病。

母羊产羔后有疲倦、饥饿、口渴等感觉，个别母羊会咬吃胎盘和沾染胎液的垫草，产后应及时给母羊饮喂一些掺进少量麦麸的温水，或饮喂一些豆浆，以防止母羊噬食胎衣。

6. 初生羔羊护理

（1）哺喂初乳　母羊分娩后，应用温水或消毒水清洗乳房，再用毛巾擦干，把乳房内的陈乳挤出几滴，以便羔羊及时吃到干净卫生的初乳。羔羊产下后 10～40 min 便可以站立起来，此时应尽早让羔羊吃到初乳。母羊分娩后在第一周内分泌的乳汁色泽微黄，略有腥味，呈浓稠状，所以初乳又称"胶乳"。初乳的营养物质十分丰富，与 1 周后的常乳相比干物质含量约高 2 倍，其中矿物质约高 1.5 倍，蛋白质高出 3～5 倍，并且富含维生素，尤其是初乳含有多种抗体、酶、激素等。这些物质可以增强初生羔羊对疾病的抵抗能力，并且有轻泻作用，以便羔羊及时排出胎粪，增进食欲和消化功能。

（2）羔羊寄养　羔羊出生后，如果母羊死亡或一胎多羔，便应给羔羊找到保姆羊寄养。产单羔而乳汁多的母羊和羔羊死亡的母羊都可以充当保姆羊。

寄养配认保姆羊的方法：将保姆羊的胎衣或乳汁涂擦在被寄养羔羊的臀部或尾根，或将羔羊的尿液抹在保姆羊的鼻子上。

（3）羔羊的护理　在整个初生羔羊的护理过程中，要搞好"三防"工作。一是要注意防止羔羊冻饿。冬季风雪天，育羔房内应有增温设施，使温度保持在 5 ℃以上。羔羊每天吮乳的次数为 20～30 次，因此在刚分娩 1 周内的带仔母羊不应出牧太远，以保证羔羊每天定时吮乳。二是要预防羔羊挤压。晚上母子可以关在一起，冬季气候寒冷时，要防止羊群拥挤成团，将羔羊挤压踩死，所以要设立母子栏单独关喂。三是要预防羔羊发病。羔羊易发羔羊痢疾，要勤换垫草，保持羊舍干燥，防止羔羊痢疾传染。在羔羊吃过初乳后 24 h 内灌服土霉素溶液或注射预防羔羊痢疾的血清、疫苗。

第五节　提高繁殖力

一、影响繁殖力的因素

（一）遗传

不同的品种，繁殖力有差异，是因为品种不同，其排卵率不同，这与遗传选择有关。卵巢内虽然存在很多原始卵泡，但并不是原始卵泡越多，排卵率就越高，颗粒胞层在 3 以上的卵泡（次级卵泡）数与排卵率呈正相关。排卵率高的原因大概是丘脑下部和垂体对类固醇激素所产生的负反馈作用的感受性降低，从而导致促性腺激素的释放。不同品种繁殖力的差异是自然选择和人工选择的结果，通过选择能有效地提高山羊的多胎性。

（二）营养

营养条件对山羊的繁殖力影响很大。生产实践证明，加强饲养是提高山羊繁殖力的有效措施。在全年抓膘的基础上，在配种前 2～3 周对母羊进行短期优饲，常能提高母羊的排卵率。在妊娠后期，母羊增重越多，双胎率越高，成年母羊营养不良会造成静默排卵，维生素不足会使排卵数目减少。

（三）温度

在夏季气候炎热时，有些品种的公羊有完全不育或繁殖力降低的现象，表现在射精量减少，精子活力下降，数量减少，畸形精子或死精子的比例上升。气温对繁殖力、胚胎存活及胎儿发育有显著影响。家畜精子的生成需要较体温为低的环境，所以在正常情况下睾丸都在阴囊里面，就是因为阴囊温度比体温低的缘故，体温和阴囊之间差别很大。环境温度对公羊生殖机能的影响，除直接对生殖器官作用外，一般是通过甲状腺活动而产生的。当夏季公羊表现不育症状时，可注射甲状腺激素或类似物质，能使不育症状减轻，此时精子数量增加，畸形精子减少，但对精液量和精子的活力都没影响。

（四）年龄

母羊的产羔率一般随年龄增加而发生变化，南江黄羊 3～5 岁时繁殖力最高。无论公羊或母羊，6 岁以后繁殖力逐渐下降，伴随出现繁殖障碍。

（五）季节

山羊属常年发情动物，一般没有限定的发情季节。生活地区的环境温度对山羊的繁殖有一定的影响。

二、评价繁殖力的指标

羊的繁殖力是指羊在正常生理机能条件下繁衍后代的能力，这种能力除受自然生态条件、营养及繁殖方法、繁殖技术水平的影响外，公母羊的生理状况起着重要作用。对于种羊而言，繁殖力就是其生产力。种公羊的繁殖力主要表现在性成熟的迟早、精液的质量和数量、性欲、与母羊的交配能力，以及使母羊受胎的能力；对种用母羊而言，则主要表现在性成熟的迟早，发情的周期数、排卵数、卵子受精能力、妊娠情况，产子能力、哺育羔羊的能力，以及恋羔性的优劣等，这些情况最终反应母羊从适配年龄一直到丧失繁殖能力或在其中的一段时期内能够繁殖后代的能力。

因此，测定羊群的繁殖力可以掌握羊群的增殖效率，反应某项技术措施的使用效果，发现繁殖障碍，以便采取相应措施提高羊群的数量和品质。羊群繁殖率的高低常用平均数和百分数来表现。

（一）评价适繁母羊繁殖力的常用指标

1. 初情期　母羊从出生至第一次发情、排卵的平均天数。

2. 发情持续期　母羊从开始出现发情征状到发情征状消失所持续的平均时间（分钟或小时）。

3. 发情周期　母羊由上次发情开始到下次发情开始所间隔的平均天数。

4. 产羔间隔　母羊某一次产羔到紧相连的下一次产羔所间隔的平均天数（天）。

5. 第一情期受胎率　第一个发情周期内母羊的受胎率。

第一情期受胎率＝（第一情期配种妊娠母羊数/第一情期配种母羊数）×100％

6. 情期受胎率　在一定期限内受胎母羊占本期参加配种母羊总发情周期数的百分率，反应母羊发情周期内的配种质量。

$$情期受胎率 = (妊娠母羊数 / 配种情期数) \times 100\%$$

7. 总受胎率　本年度受胎母羊数占本年度内参加配种母羊的百分数。

$$总受胎率 = (年内受胎母羊数 / 年内配种母羊数) \times 100\%$$

8. 配种率　本年度内参加配种母羊数占羊群内适繁母羊数的百分率。不包括因妊娠、哺乳及各种繁殖疾病造成的空怀母羊。

$$配种率 = (配种母羊数 / 适繁母羊数) \times 100\%$$

9. 繁殖率　当年所产活羔羊数占上年度末时适繁母羊数的百分率，反应羊群的增殖效率。

$$繁殖率 = (本年度内出生活羔羊数 / 上年度末适繁母羊数) \times 100\%$$

10. 产羔率　所产的活羔羊数占分娩母羊数的百分率，反应母羊一胎的平均繁殖效率。

$$产羔率 = (产活羔羊数 / 分娩母羊数) \times 100\%$$

11. 羔羊成活率　断奶时羔羊数占所产活羔羊总数的百分率，反应分娩母羊的哺育能力和羊场管理水平。

$$羔羊成活率 = (断奶羔羊总数 / 产活羔数) \times 100\%$$

12. 繁殖成活率　本年度内成活的羔羊占上年度末适繁母羊数的百分率。

$$繁殖成活率 = (本年度内成活羔羊数 / 上年度末适繁母羊数) \times 100\%$$

(二) 评价适配公羊繁殖力的常用指标

评价适配公羊繁殖力的常用指标一般用精液品质指标。采集有代表性的公羊精液在温度 18~25 ℃条件下，测定如下常用项目：

(1) 外观检查　正常精液为浓厚的乳白色混悬液体，略有腥味。其他颜色或有腐臭味的均不能使用。

(2) 精液量　用灭菌输精器测定公羊的平均射精量。肉用山羊公羊射精量一般为 0.5~2 mL。

(3) 精子活率　37 ℃条件下，一定数量的精子中做直线运动的精子所占比例，用小数表示 (0~1)。鲜精活率一般在 0.7 以上方可使用。

(4) 精子密度　指单位体积精液中精子的数量。

三、提高肉羊繁殖力的途径

肉羊繁殖力受多因素影响，如品种、自然生态条件、饲养管理方式、技术水平等。在实际生产中，通过创造适宜的生产条件，配套一定的技术措施，可保证肉羊繁殖潜力得以充分发挥。而肉羊繁殖效率的高低，又是影响肉羊生产的重要指标。提高肉羊繁殖力可以通过以下途径。

(一) 培育高繁殖力品系

选育高产母羊是提高繁殖力的有效措施，坚持长期选育可以提高整个羊群的繁殖性能，一般采用群体继代选育法，即首先选择繁殖性能较好的母羊组成基础群，作为选育零世代羊，以后各世代繁殖过程中实行闭锁繁育，但应避免近亲交配，第三世代群体近交系数控制在12.5%以内，随机编组交配，严格选留后代种公羊、种母羊。

(二) 导入多胎品种血液

理论与实践表明，在低繁殖力的地方品种中，导入多胎品种是提高其繁殖力最便捷有效的途径之一。

(三) 增加适龄繁殖母羊比例

母羊承担着繁育羔羊的重任，南江黄羊母羊在3～5岁时处于最佳生育状态，随后生育能力会逐渐降低，到6岁后会逐渐出现一些生育障碍。所以在羊群结构中，适龄繁殖母羊的比例大小，对羊群的增殖和效益有很大影响。一般适龄的繁殖母羊比例在羊群中应达到60%以上。实践中推行当年羊羔育肥出栏，及时淘汰老、弱、病、残母羊以增加适龄母羊比例。同时，要合理安排母羊配种时间，缩短产羔间隔，使母羊的产羔频率增加，如一年两产或两年三产等。

(四) 改善种用公母羊的饲养水平

营养条件对山羊的繁殖力影响很大。良好的饲养水平可以提高公羊的性欲，改善精液品质，促进母羊的发情和增加发情时的排卵数。因此，加强对公母羊的饲养是保证其繁殖机能正常的重要基础。实践中，应特别重视配种前一个半月和配种期种用公母羊的饲养，做到满膘配种。但要注意不要使母羊过度肥胖，否则会导致脂肪阻塞输卵管进口形成生理性不孕；公羊过度肥胖会引起睾丸生殖细胞变化，产生较多的畸形精子和死精子。促进母羊发情整齐，排卵数增加，受胎率提高，公羊射精量大，精液品质好，性欲强。同时抓好母羊妊娠后期和哺乳期的饲养管理，提高羔羊的成活率，改善恢复母羊体况，迎接下一个繁殖周期。

（五）诱产多胎

目前我国已研制出诱产多胎类药物，商品名为 h－a 双羔素，配种前 40 d 肌内注射双羔素 2 mL；28～30 d 后再注射一次，用量 2 mL，10 d 后即可发情配种，可提高产羔率 27.97％。此外利用外源激素（如孕马血清），结合补饲催情的方法，可提高排卵率，增加双羔比例。外源激素的用法是：第一天注射孕马血清 800IU，第二天注射前列腺素 1 mg，3 d 内有 95％的母羊发情。此法必须与改善饲养管理条件结合起来，才能收到良好效果。

（六）适时配种

一般而言，山羊属四季发情动物，可在一年任何时间发情、配种、产羔。但是，由于夏季高温、冬季寒冷影响，多数个体则于春季和秋季发情较为明显。因此，做好发情鉴定工作，及时适时地配种，缩短母羊的产羔间隔，减少空怀就具有现实意义，是提高羊群繁殖力、增加养羊效益的有力保证。在实践中，应抓好第一情期的配种，因为一个情期配不上则要延迟至少半个月。另外，要进行母羊的妊娠早期诊断，防止失配空怀，对已确定妊娠的母羊应做好管理，加强保胎，防止流产。

（七）及时治疗不育症

对于先天性不育（如间性羊）和衰老性不育个体应通过个体选择及时淘汰。对于营养性不育，则应通过改善饲养管理加以克服。对于传染性疾病（如布鲁氏菌病等）引起的不育，应加强防疫，及时隔离，淘汰患病个体。而对于一般性疾病引起的不育则应及早诊治，尽快恢复其繁殖机能。同时生产中要克服由于人为因素和利用方式不当而造成的不育情况，如公羊过度采精等。总之，造成公母羊生殖机能异常或受到破坏而失去生殖机能的因素很多，在实际生产中应针对具体情况加以预防和克服。

（八）合理应用繁殖新技术

人工授精、冷冻精液技术的推广，大大提高了公羊的利用率。同期发情、超数排卵、胚胎移植、胚胎分割和细胞核移植等技术的应用，使母羊的生殖机能得到充分的发挥，从而提高了羊的繁殖效率。应用抑制素和公羊效应可促进发情和排卵，有利于提高繁殖力。

第五章
南江黄羊营养需要及饲草饲料开发

第一节　南江黄羊的消化生理特点

一、消化器官的特点

南江黄羊是一种复胃动物。羊的胃由瘤胃、网胃、瓣胃和真胃四部分顺次组成。胃的总体积约占全部消化道体积的 2/3，其总容量约为 30 L。其中瘤胃容积约占胃总体积的 79%。瘤胃的前端伸展成形状为球形的网胃，体积为 2 L。瘤胃和网胃紧密连在一起，生理作用相似，借助微生物对饲草、饲料进行消化，构成一个内有多种微生物的生物发酵罐。网胃右上方连接瓣胃，容积约为 0.9 L，内壁有许多皱褶，能对食糜进行机械压榨和研磨。瓣胃右下方连接圆锥形的真胃，容积约为 3.3 L，胃壁有胃腺，能分泌胃酸和蛋白酶。由于瘤胃、网胃和瓣胃中没有腺体组织，统称为前胃，真胃又称为后胃。真胃的幽门连接十二指肠，胆囊中的胆汁从十二指肠进入小肠，将脂肪分解为脂肪酸和甘油，被小肠黏膜吸收。胰腺也开口于十二指肠，分泌的胰蛋白酶对蛋白质进一步降解后，被小肠黏膜吸收。

家畜中羊的小肠最长，山羊的小肠相对长度又大于绵羊的。南江黄羊小肠的长度约为其体长的 26 倍。羊小肠中有大量的消化酶，食入饲料干物质的 11% 在小肠中消化。

南江黄羊具有反刍动物特有的生理现象"反刍"。羊采食草料后，草料未经充分咀嚼，很快被吞入瘤胃中，在瘤胃中经过浸泡和软化后，羊便进行反刍。南江黄羊的反刍时间与采食牧草的质量、牧草中的纤维含量密切相关。纤维质量差的牧草反刍时间长。一般情况下，进食后 40～70 min 出现第一次反刍周期。南江黄羊每天的反刍次数约为 8 次，逆吞食团约为 500 个。饲草饲料在瘤胃发酵过程中不断产生二氧化碳、甲烷和少量的硫化氢气体，一部分由血液吸收后经肺排出，一部分被瘤胃微生物利用，大部分以嗳气的形式由口腔溢出。如果羊过度疲劳、外界强烈刺激或处于病理状态下，其反刍紊乱或停止，引起瘤胃滞食或臌胀，进而其健康会受到影响。

二、哺乳羔羊的消化生理特点

羔羊出生后，前胃只有真胃的 50%，还需要进一步的发育，羔羊所吃的母乳经食道进入真胃。0～21 日龄的羔羊瘤胃中黏膜乳头软而小，微生物区系尚未建立，反刍功能不健全，耐粗饲能力差，只能在真胃和小肠中对食物进行消化。但真胃和小肠消化液中缺乏淀粉酶，对淀粉类物质的消化能力差，当食入过多淀粉质后，易出现腹泻。羔羊 21 日龄后开始出现反刍活动。随日龄和采食量的增长，羊的消化酶分泌量也逐渐增加，耐粗饲能力增强。如果对羔羊适度早期补饲高质量的青绿饲料，为瘤胃微生物的生长繁殖营造合理的营养条件，可迅速建立合理的微生物区系，增强对饲料的消化作用。

三、瘤胃的消化特点

羊的瘤胃黏膜没有胃腺，不能分泌胃液，但摄入的可消化干物质的 70% 在瘤胃中消化，这主要是瘤胃微生物起的作用。瘤胃微生物主要是细菌和纤毛虫，起主导作用的是细菌。每克瘤胃内容物中含有 500 亿～1 000 亿个细菌，每毫升胃液中含有 20 万～400 万条纤毛虫。瘤胃的消化特点主要表现在分解纤维素、合成微生物蛋白质、合成 B 族维生素和维生素 K。

第二节　南江黄羊的营养需要

一、主要营养物质及作用

（一）水

水是有机体一切细胞和组织的必需成分。构成动物机体的成分中以水分最多，主要功能是运输营养物质、排泄废物，调节体温，促进细胞与组织的化学作用及调节组织的渗透性等。初生羔羊和成年羊身体内含水量分别为 80% 和

50％左右，羊失去全部脂肪或 50％蛋白质，仍能存活，如果体内损失 8％的水分，机体立即出现严重的干渴感觉和食欲丧失，消化作用减慢；如果体内损失 10％的水分则导致严重代谢紊乱；当损失 20％以上水分时，则机体死亡。高温季节的缺水后果比低温时更为严重，所以，在夏季要供应充足的饮水。因此，保证水的供给和饮水卫生，对南江黄羊的健康和生产具有重要意义。在正常情况下，南江黄羊的需水量与采食的干物质量呈一定比例关系，接近于（3∶1）～（4∶1），妊娠母羊要增加对水的需要，产多羔母羊需水量比产单羔母羊需水量多。

环境因素是影响需水量的主要因素。一般当气温高于 30 ℃，羊需水量明显增加，如天气炎热时，尽管羊奶中含水 80％～88％，初生羔羊以奶为食，仍要额外饮水；低于 10 ℃时，羊需水量明显减少。在 10～30 ℃之间，采食 1 kg 干物质需供给 2.1 kg 水；当气温在 30 ℃以上，采食 1 kg 干物质需供给 2.8～5.1 kg 水。在适宜环境条件下，饲料干物质采食量与饮水量呈一定比例，采食水分十分丰富的牧草时，饲草中水分含量可能大于其需要量，则可不饮水。食入含粗蛋白质水平高的饲料，则需水量增加；日粮中粗纤维含量增加，因纤维的膨胀、酵解及未消化残渣的排泄，也同样提高需水量。

（二）蛋白质

蛋白质是一切生命的物质基础，所有动物体内的细胞均由蛋白质构成，也是形成乳、肉、皮、毛的主要原料。饲料中蛋白质供应不足，将影响羔羊生长发育受阻、母羊产乳量下降、胎儿发育不良、孕羊产死胎或弱羔、母羊受胎率低、公羊性欲不强，幼龄羊、羔羊生长受阻，种公羊精液品质降低。蛋白质在营养上有特殊的地位，必须由饲料供给。供给的蛋白质品质的优劣取决于其中各种氨基酸的含量和比例。从生理需要考虑，羊也有必需氨基酸和非必需氨基酸之分。但羊的必需氨基酸可由瘤胃微生物合成以满足羊的需要，一般无需由饲料中提供必需氨基酸。但是羔羊由于瘤胃发育不全，瘤胃内没有微生物或微生物合成功能不完善，因此需提供必需氨基酸。蛋白质在一些青绿饲料、豆科牧草、饼粕、麸皮、鱼粉、血粉等饲料中含量丰富。在放牧季节从牧草中都能获得，对一些高产奶羊、重胎母羊、优良种羊应根据营养需要给以补充。舍饲或半舍饲条件下或饲喂全混合日粮时，应供给动物充足的蛋白质。

（三）碳水化合物

家畜的生存及生产活动，需要机体每个系统正常地、互相协调地执行其各自的功能，实现这些功能过程中需要消耗能量，所需能量来自饲料。碳水化合物是羊能量的主要来源，是各种营养物质发挥作用的基础。碳水化合物由粗纤维和无氮浸出物组成，无氮浸出物包括淀粉和糖，大麦、玉米、薯类等饲料中含有较多的淀粉，是高能量饲料，可以给羊提供势能和机械能，用于羊维持体温和多器官的活动，剩余部分则转变为脂肪贮存体内或用于生产活动。脂肪也是能量的重要来源，在羊体内除供给热能维持体温外，为羊体特别是羔羊的生长发育提供必需脂肪酸，也是构成体细胞和羊奶脂肪的成分，同时具有调节生理机能和作为脂溶性维生素溶剂的功能，在饼粕类和豆类饲料中含量丰富。粗纤维营养价值虽然很低，但对南江黄羊来说，仍然是不可缺少的营养物质，其作用有三：一是粗纤维经过瘤胃消化分解，能部分变成可吸收的营养物质；二是粗纤维可填充胃肠容积，使羊具有饱感；三是能刺激消化道促进胃肠功能正常活动。南江黄羊对粗纤维的消化能力，取决于饲料品质及调制技术、蛋白质供给的水平等因素。

（四）矿物质

矿物质是羊的骨骼、牙齿、血液、淋巴、体液和乳汁的重要组成部分，一旦缺乏则会影响羊的正常生理活动，甚至引起疾病。矿物元素虽然在羊体内含量很低，却是羊生长发育、繁殖、泌乳、育肥不可缺少的物质。它参与体内各种生命活动，是构成羊体组织器官、调节体内渗透压和酸碱平衡、参与三大有机物质代谢、维持细胞膜渗透性及神经肌肉兴奋性的重要物质。矿物质不仅可满足羊生理上的需要，而且还可提高羊的生产力。

（五）维生素

维生素是对羊只健康、生长发育、繁殖后代和维持生命所必需的重要营养物质，是羊体内代谢过程中的活化剂和加速剂，是其体内物质代谢的必需参与者，它虽不是形成机体各种组织器官的原料和能源物质，但它以辅酶和催化剂的形式广泛参与体内代谢的各种化学反应，从而保证机体组织器官和细胞的正常功能，维持健康和各种生产活动。维生素缺乏时将使机体内的新陈代谢发生紊乱，引起各种维生素缺乏症，导致生长缓慢、停滞、生产力下降。育成羊和成年羊对B族维生素不会缺乏，在枯草季节及舍饲条件下往往容易缺乏维生素A、维生素D、维生素E，每当冬春季节或对舍饲的羊，应喂给青贮饲料、胡萝卜、鲜菜叶、鲜树叶等补充维生素的需要或在精料中供给充足的维生素A、维生素D、维生素E。羔羊由于瘤胃尚未发育完全，还不能自身合成B族维生素，在饲料中也应供给充足。

二、南江黄羊的营养需要

（一）维持需要

1. 南江黄羊的维持需要量　维持需要是指维持其生存和生命活动（呼吸、消化、体温调节、各器官正常生理活动等）情况下，不进行生产（包括增重、产肉、泌乳等任何物质积累）的最低营养需要。

（1）南江黄羊在舍饲的条件下，或活动少及早期妊娠母羊，对各主要营养物质的维持需要量见表5-1。

表 5-1　南江黄羊在舍饲情况下维持营养需要（每日每只需要量）

体重 (kg)	干物质采食量 (kg)		代谢能 (MJ)	净能 (MJ)	粗蛋白质 (g)		钙 (g)	磷 (g)	维生素A (1 000 IU)	维生素D (1 000 IU)
	A*	B*			TP	DP				
10	0.28	0.24	2.38	1.34	22	15	1	0.7	0.4	0.084
20	0.48	0.40	4.02	2.26	38	26	1	0.7	0.7	0.144
30	0.65	0.54	5.43	3.05	51	35	2	1.4	0.9	0.195
40	0.78	0.67	6.73	3.81	63	43	2	1.4	1.2	0.243
50	0.95	0.79	7.98	4.52	75	51	3	2.1	1.4	0.285
60	1.09	0.91	9.12	5.15	86	59	3	2.1	1.6	0.327
70	1.23	1.02	10.24	5.77	96	66	4	2.8	1.8	0.357
80	1.26	1.13	11.33	6.40	106	73	4	2.8	1.8	0.369

注：A*——当饲料能量浓度为 8.4 MJ/kg 时的采食量；B*——当饲料能量浓度为 10 MJ/kg 时的采食量；TP——总粗蛋白质；DP——可消化粗蛋白质。

（2）南江黄羊在低活动量条件下，适用于集约化放牧及早期妊娠母羊，对各主要营养物质的维持需要量见表5-2。

表 5-2　南江黄羊在低活动量情况下维持营养需要（每日每只需要量）

体重 (kg)	干物质采食量 (kg)		代谢能 (MJ)	净能 (MJ)	粗蛋白质 (g)		钙 (g)	磷 (g)	维生素 A (1 000 IU)	维生素 D (1 000 IU)
	A*	B*			TP	DP				
10	0.36	0.30	2.97	1.67	27	19	1	0.7	0.5	0.108
20	0.61	0.50	5.02	2.85	46	32	2	1.4	0.9	0.180
30	0.82	0.67	5.67	3.85	62	43	2	1.4	1.2	0.243
40	1.02	0.84	8.45	4.77	77	54	3	2.1	1.5	0.303
50	1.20	0.99	9.96	5.61	91	63	4	2.8	2.0	0.408
60	1.38	1.14	11.42	6.44	105	73	4	2.8	2.0	0.428
70	1.55	1.28	12.84	7.24	118	82	5	3.5	2.3	0.462
80	1.71	1.41	14.18	7.99	130	90	5	3.5	2.6	0.510

　　注：A*——当饲料能量浓度为 8.4 MJ/kg 时的采食量；B*——当饲料能量浓度为 10 MJ/kg 时的采食量；TP——总粗蛋白质；DP——可消化粗蛋白质。

　　（3）南江黄羊在中度活动量条件下，如半干旱地区、缓坡丘陵地区及早期妊娠母羊，对各主要营养物质的维持需要量见表 5-3。

表 5-3　南江黄羊在中度活动量情况下维持营养需要（每日每只需要量）

体重 (kg)	干物质采食量 (kg)		代谢能 (MJ)	净能 (MJ)	粗蛋白质 (g)		钙 (g)	磷 (g)	维生素 A (1 000 IU)	维生素 D (1 000 IU)
	A*	B*			TP	DP				
10	0.43	0.36	3.60	2.01	33	23	1	0.7	0.6	0.129
20	0.72	0.60	6.02	3.39	55	38	2	1.4	1.1	0.216
30	0.98	0.81	8.16	4.60	74	52	3	2.1	1.5	0.294
40	1.21	1.01	10.13	5.69	93	64	4	2.8	1.8	0.363
50	1.43	1.19	11.97	6.78	110	76	4	2.8	2.1	0.429
60	1.64	1.37	13.72	7.70	126	87	5	4.2	2.5	0.492
70	1.84	1.53	15.40	8.66	141	98	6	4.2	2.8	0.552
80	2.03	1.69	16.99	8.62	156	108	6	4.2	3.0	0.609

　　注：A*——当饲料能量浓度为 8.4 MJ/kg 时的采食量；B*——当饲料能量浓度为 10 MJ/kg 时的采食量；TP——总粗蛋白质；DP——可消化粗蛋白质。

　　2. 能量的维持需要计算及其控制

　　（1）南江黄羊活体重范围 10～90 kg，饲料能量浓度 8.36～10.00 MJ/kg，

设定南江黄羊的能量维持需要为 $0.424\text{ MJ} \times W^{0.75}$（注：$W$ 为体重，kg，下同）。

（2）根据南江黄羊运动量不同，给不同的维持能量：在全舍饲条件下，给予维持能量；在人工草场放牧条件下，在维持基础上加 25%；在自然草场上放牧条件下，在维持基础上加 75%。

（3）妊娠后 2 个月，妊娠单羔时，能量需要为 $0.741\text{ MJ} \times W^{0.75}$；妊娠多羔时，每增加 1 羔，相应增加 20% 的能量。

3. 蛋白质的维持需要及其计算　维持、生长和运动的蛋白质需要是按蛋白质与能量之比估测的，即 1 MJ 维持消化能需 22 g 可消化粗蛋白质。

4. 矿物质的维持需要　目前，已知羊必需的矿物质元素有 15 种，根据羊体比例的大小分常量元素（钙、磷、钠、钾、氯、镁、硫）和微量元素（铁、铜、锰、锌、钴、钼、硒）。在通常情况下，首先考虑钙、磷、钠元素的维持需要。矿物质饲料在维持日粮配比中（以干物质计）占 2%～3%。其中，钙的需要量为日粮干物质的 0.25%～0.30%，并按日粮中钙、磷比为（1.4：1）～（1.5：1）的配比添加磷。

（二）生产的营养需要

南江黄羊是肉用羊，其生产过程主要是繁殖（配种、产羔）和生长（增重、产肉）过程。

1. 育肥羊的营养需要　根据不同的日增重需要增加营养需要，见表 5-4。

表 5-4　南江黄羊不同日增重的额外营养需要

日增重 (g)	干物质采食量 (kg)		代谢能 (MJ)	净能 (MJ)	粗蛋白质 (g)		钙 (g)	磷 (g)	维生素 A (1 000 IU)	维生素 D (1 000 IU)
	A*	B*			TP	DP				
50	0.48	0.15	1.51	0.84	14	10	1	0.7	0.3	0.054
100	0.36	0.30	3.01	1.67	28	20	1	0.7	0.5	0.108
150	0.54	0.45	4.52	2.51	42	30	2	1.4	0.8	0.162

从表 5-4 可得出：南江黄羊每增重 1 g，需在维持需要的基础上增加代谢能（ME）30.2 kJ，总粗蛋白质（TP）0.28 g，可消化粗蛋白质（DP）0.2 g，钙 0.01～0.02 g，磷 0.007～0.014 g（幼羊应取上限）。

2. 妊娠母羊的营养需要

（1）妊娠前期在相应维持营养需要的基础上增加日粮（干物质）15％～25％。

（2）妊娠后期见表 5-5。

表 5-5　南江黄羊怀孕后期额外的营养需要量

干物质采食量 (kg)		代谢能 (MJ)	净能 (MJ)	粗蛋白质（g）		钙 (g)	磷 (g)	维生素 A (1 000 IU)	维生素 D (1 000 IU)
A*	B*			TP	DP				
0.71	0.59	5.94	3.34	82	57	2	1.4	1.1	0.213

例如：1 只体重 40 kg 的妊娠后期母羊，在中度活动量的情况下，平均每羊每天需要代谢能为 16.07 MJ（即维持需要 10.13 MJ＋5.94 MJ），以能量浓度 10 MJ/kg 的混合日粮（干物质）计，每羊每天需供给量为 1.16 kg，相当于含水分 85％左右的优质青草 10.7 kg，可消化粗蛋白质（DP）需要量为 121 g（即维持需要 64 g＋妊娠后期需要 57 g），可吸收钙的需要量为 6 g（即维持需要 4 g＋妊娠后期需要 2 g），磷的需要为 4.2 g（即 2.8 g＋1.4 g）。

3. 哺乳母羊的营养需要　每羊每天在相应维持营养需要的基础上，增加消化能供应 4.85 MJ，粗蛋白质 68 g，钙 2 g，磷 1.4 g。并在此基础上，每多哺乳 1 羔增加 40％～50％。

例如：1 只体重 40 kg 的母羊生产 2 只羔羊，平均需能量为［维持需要 10.2＋泌乳需要 4.85×（1＋50％）］＝17.47 MJ，需供给含消化能 11.14 MJ/kg 的日粮（干物质）1.57 kg。粗蛋白质需要量为［维持需要 54＋泌乳需要 68×（1＋50％）］＝156 g，使日粮（干物质）的粗蛋白质占 11.4％，其风干日粮粗蛋白质达到 12.99％。

4. 配种公羊的营养需要　种公羊在配种期间营养需要量大，应在相应维持营养需要量的基础上增加 60％～80％，并适当提高蛋白质的质量，以保证公羊体质和精液的质量。在非配种期，公羊增加 10％～15％，以保持正常的体况。

例如：1 只舍饲条件下体重 60 kg 的成年公羊，在配种期间消化能需要量为［维持需要 13.72×（1＋60％）］＝22.11 MJ，需供给含消化能 12.56 MJ/kg 的日粮（干物质）1.76 kg。蛋白质用量应取上限，其粗蛋白质的需要量为［维持需要 105×（1＋80％）］＝189 g。

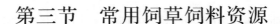

第三节　常用饲草饲料资源

一、粗饲料

粗饲料是指粗纤维含量大于或等于 18%、含水量小于 60%、能量价值低的饲料。主要特点是粗纤维含量高，可达 25%～45%；可消化营养成分低，有机物消化率低，质地粗硬，适口性差。粗饲料资源丰富，分布广泛，通常作为羊饲料的基础饲料，在饲料中所占的比例达 50% 以上，主要包括干草、农副产品类、树叶、糟渣类。

（一）青干草与草粉

青干草是指野生青草或栽培牧草在未结籽实之前刈割下来，经晒干（或用其他方法干制）制成的粗饲料。晒制好的干草仍保持青绿颜色，所以称为青干草。草粉的原料主要是牧草，经干燥至水分含量 13%～15% 时，用粉碎机粉碎得到的产品。

（二）稿秕饲料

1. 秸秆饲料　常用的秸秆饲料包括稻草、麦秸、玉米秸、花生藤、红苕藤、豆秸、高粱秸等。

（1）玉米秸　含量为粗蛋白质 6%～8%、粗脂肪 1.2%～2.0%、粗纤维 25%～30%、钙 0.39%、磷 0.23%。其茎的上部和叶片营养价值较高，羊喜爱采食。

（2）稻草　含量为粗蛋白质 3%～5%、粗脂肪 1% 左右、粗纤维 35%；粗灰分含量高，约为 17%，多为硅酸盐；钙磷含量低。羊对其的消化率在 50% 左右。

（3）豆秸　包括大豆、豌豆、胡豆、蚕豆等的秸秆，其叶片大部分已脱落，秸秆含木质素较高，质地坚硬，作为羊饲料可将其粉碎与精料混饲效果较好。其粗蛋白质的消化率较禾本科秸秆高。

（4）麦秸　难消化，是质量较差的粗饲料。包括小麦、大麦、燕麦等的秸秆。小麦秸含有硅酸盐和蜡质，适口性差，营养价值低。大麦秸适口性较好。

2. 秕壳饲料　农作物籽实脱壳后的副产品，常见的有谷壳、花生壳、豆壳等。一般秕壳的营养价值高于稿秆。

（1）豆荚类　含量为无氮浸出物（NFE）42%～50%、粗纤维33%～40%、粗蛋白质5%～10%，适于南江黄羊。

（2）谷类皮壳　包括稻壳、小麦壳、大麦壳、高粱壳等，营养价值不如豆荚类。

（3）其他　包括花生壳、玉米芯、玉米苞叶等。

二、青绿多汁饲料

青绿饲料以富含叶绿素而得名。按干物质计，青绿饲料蛋白质含量高，如禾本科牧草含13%～15%，豆科牧草含18%～24%；消化能较低，为8.37～12.25 MJ/kg。青绿饲料还富含维生素，钙磷比例适宜，是一种营养比较平衡的饲料。另外，还含有酶、激素、有机酸等有助于消化的物质，使羊对青绿饲料的消化率为75%～85%。

青绿饲料的种类很多，主要包括天然野草、田间杂草、人工栽培牧草、青饲作物、叶菜类、非淀粉质、根茎瓜类、水生植物及树叶类等。青绿饲料可以作为羊唯一的饲料来源而不影响其生产力。

豆科青绿饲料含蛋白质高，如苜蓿干物质中含粗蛋白质20%左右，为玉米所含蛋白质的1.5倍，是供给蛋白质的主要牧草。

禾本科青绿饲料富含碳水化合物。

青绿饲料是羊所需多种维生素和无机盐的主要来源，它含有较多的维生素C、维生素E、维生素K及无机盐等。

栽培牧草是发展羊业的基础工作，栽培牧草应以豆科及禾本科为主。豆科牧草主要有苜蓿、红三叶、白三叶、草木樨、沙打旺、紫云英、野豌豆等，禾本科牧草有黑麦草、苏丹草、墨西哥玉米、无芒雀麦、苇状羊茅、饲用玉米等。

三、青贮饲料

青贮饲料是指在青贮容器中的厌氧条件下经过发酵处理的饲料产品。更确切地说，是在厌氧条件下经过乳酸菌发酵调制保存的青绿多汁饲料。新鲜的和萎蔫的或者是半干的青绿饲料，在密闭条件下利用青贮原料表面上附着的乳酸菌的发酵作用，或者在外来添加剂的作用下促进或抑制微生物发酵，使青贮pH下降而保存的饲料叫作青贮饲料。

青贮饲料在南江黄羊生产上有重要意义。一是青贮饲料营养损失较少。在饲料青贮过程中，其营养物质的损失一般不超过15%，尤其是粗蛋白质和胡萝卜素的损失很少。如甘薯藤青贮时，每100 g干物质中含有胡萝卜素9.49 mg，与新鲜甘薯藤每100 g干物质中含胡萝卜素7.59～10.30 mg的量接近。如果晒制干草，每100 g干物质所含的胡萝卜素只剩下0.25 mg，损失达90%以上。二是青贮饲料适口性好，消化率高。牧草及饲料作物经过青贮后可以很好地保持饲料青绿时期的鲜嫩汁液，质地柔软，并且产生大量的乳酸和少部分醋酸，具有酸甜清香味，从而提高了适口性。有些植物如菊苣、向日葵茎叶和一些蒿类植物风干后，具有特殊气味，而经青贮发酵后，异味消失，适口性增强。青贮饲料的能量、蛋白质消化率与同类干草相比均高，并且青贮饲料干物质中的可消化粗蛋白质（DCP）、可消化总养分（TDN）和消化能（DE）含量也较高。三是扩大饲料来源，有利于羊业集约化经营。玉米秸、高粱秸等农作物秸秆都是很好的饲料来源。但是他们质地粗硬、利用率低，如能适时抢收并进行青贮，则可成为柔软多汁的青贮饲料。羊不喜欢采食或不能采食的野草、野菜、树叶等无毒青绿植物，经过青贮发酵，也可以变成其喜食的饲料。青贮饲料所占空间比干草小得多，1 m³青贮饲料的重量为450～700 kg，其中含干物质150 kg，而1 m³干草重仅70 kg，含干物质60 kg。

四、块根和块茎类饲料

块根块茎类饲料又称多汁饲料，它的特点是水分含量高（达75%～90%），干物质含量少，粗纤维含量低，含维生素较多，质脆鲜美，适口性好，消化率高。主要包括胡萝卜、白萝卜、红薯等块根饲料和南瓜等瓜类饲料。如胡萝卜含胡萝卜素较多，南瓜含核黄素较多，这类饲料是南江黄羊在冬春季节不可缺少的饲料。

五、精饲料

精饲料主要是指禾本科作物、豆科作物及其加工副产品，如玉米、高粱、大豆、麸皮、米糠、菜籽饼、豆粕等，以及一些动物性饲料、矿物质、添加剂饲料。精饲料具有可消化营养物质含量高、体积小、水分少、粗纤维少和消化率高等特点。精饲料是肉用羊的必需饲料，特别是冬春缺草时节更是必不可少。精饲料的种类很多，根据所含营养成分不同分为能量饲料和蛋白质饲料。

1. 能量饲料　为干物质中粗纤维含量低于 18%、粗蛋白质含量低于 20% 的饲料。包括：①禾本科籽实，即玉米、大麦、高粱、燕麦、谷子等；②糠麸类，即谷麦加工后的副产物，包括麸皮、米糠等。能量饲料大多含蛋白质较少，因此，在配制羊日粮时要搭配蛋白质饲料，补充钙和维生素。

2. 蛋白质饲料　为粗蛋白质含量在 20% 以上、粗纤维含量 18% 以下的饲料。包括：①豆类籽实及其加工副产品的饼粕、糟渣，如大豆饼粕、花生饼粕、棉籽饼粕、菜籽饼粕；②鱼类、肉类及乳品加工副产品。注意，根据中华人民共和国农业行业标准《无公害食品　肉羊饲养饲料使用准则》（NY 5150—2002）不应在肉羊特别是育肥期的饲料中添加除蛋、乳外的动物源性饲料；③单细胞蛋白质饲料，如酵母和某些原生物所获得的蛋白质用作饲料，由于考虑该类饲料适口性和安全性，一般在精料中的比例不超过 5%；④非蛋白氮饲料，指尿素、双缩脲及某些铵盐等化合物。

3. 其他矿物质、添加剂饲料　主要补充矿物质和维生素不足。常用的有食盐、骨粉，微量元素和维生素添加剂等。

第四节　草地改良和建植

人工种草的主要目的，一是有效恢复草原植被，促进生态环境的改善；二是增加优质青绿饲草产量，推进畜牧业快速健康发展。人工种草主要包括天然草地改良、永久型高产人工草地建植、短期高产优质人工牧草种植等几种类型。

一、天然草地改良技术

（一）草地改良的概念

在不破坏或少破坏草地原有植被的情况下，通过划破、补播、封育等措施改善草地的牧草生产条件，提高牧草产量与质量。

（二）实施天然草地改良的条件

（1）距离南江黄羊养殖场较近，适合放牧利用。

（2）地势相对较为平缓，相对集中连片，土壤土质较好，土层较厚，具有一定的肥力水平。

（3）气候湿润，无明显极端干旱季节或有一定的灌溉条件。

（4）植被主要以草本植物为主。凡是以木本植物为主并已成林的不适合改良。

（三）草地改良的方法和技术

1. 地表处理　天然草地由于土地板结，透气、透水性差，在进行改良时，采取浅耙、划破草皮、耙平土丘，清除地表石块、废料等杂物的方式处理地表。其中划破草皮是一项关键性的措施，其目的是使补播的草种能直接落到土内，提高出苗率，同时还可改善草地土壤的通气条件，增进土壤的肥力。也可采用机械或人工开沟、挖破等形式划破草皮，增加通透性。人工开沟一般水平带状开沟，宽度 5～10 cm，每隔 50～100 cm 开一条沟。

2. 补播草种的选择　天然草地的产草量受地理、气候等因素的影响大，在选择改良用牧草品种时，应在全面考虑地理、气候、土壤、水源等条件的基础上进行选择。同时，草地改良应兼顾牧草产量提高和水土保持、生态恢复需要。按照上述要求，天然草地改良选择的草种必须具有多年生、根系发达、再生能力强、长势较快、利用效果好的特点。在草地植被较好、但草质较差的地方，采用不破坏或少破坏（划破草地）草地原有植被的情况下，多采用窝播方式，在草地中播种一些适应于当地生长的优良牧草，以增加优良牧草种类及数量，提高草地产草质量。一般补播在秋季进行，补播品种一般以多年生草为主。在海拔 800 m 以下，平缓湿润的撂荒地、荒地可选择牛鞭草、白三叶、鸭茅、苇状羊茅、高秋眠级苜蓿品种等；在海拔 800～2 500 m 平缓湿润的撂荒地、荒地，可选择多年生黑麦草、鸭茅、白三叶、苇状羊茅和红三叶等混播，也可加少量多花黑麦草进行覆盖播种；在坡度较大、相对干燥的撂荒地、荒地，可用苇状羊茅、鸭茅、紫花苜蓿等混播。

3. 土壤肥力的培植和酸碱度调节　通过施用肥料改良土壤，增加土壤有机质，提高肥力，促进牧草生长。通常可施用农家肥、复合肥、化肥等。对草地土壤情况进行测定，并通过配方施肥调节酸碱度。

4. 播种　地面处理后，按实际地段所处位置相适应的种子混播技术进行播种，要求混播草种均匀混合，播撒适量均匀。播种后用叶量少的树枝条轻拖地面，使土壤与种子均匀混合和覆盖。对坡度较大的进行人式穴垦。

5. 管理　多年生牧草品种，前期生长较慢，出苗整齐度差异较大，播种后到第二年春天主要以防止地下害虫和其他野生恶性杂草为主，以后主要以防治暴发性病虫害为主，尤其是每年夏秋之交的时节，应注意防治暴发黏虫。充分利用寄生性、捕食性天敌昆虫及病原微生物，调节害虫种群密度，将其种群数量控制在危害水平以下。通过建立围栏（钢丝围栏、电围栏、生物围栏）等设施屏障进行封育，使草地在一定时期内禁止放牧，使植被得到生长。通过机械人工挖除，药物（除草剂）喷撒方式清除草地上的毒草、杂（不可食）草。对砂质较重和较干旱的区域，可根据具体条件进行灌溉，以提高草地质量。

二、人工草地建植技术

（一）多年生人工草地建植技术

多年生人工草地分为暖季型多年生人工草地和冷季型多年生人工草地。暖季型多年生人工草地是利用暖季型多年生人工优质牧草建立的人工草地，主要是牧草在春季或初夏开始生长，其产量的形成主要集中于一年中较热的季节，冬季一般停止生长。主要草种有扁穗牛鞭草、东非狼尾草、狗牙根草，喜各类湿润土壤，尤其是湿润的酸性黄壤土，最适 pH 为 6～7，能耐短期水淹。

冷季型多年生人工草地是利用冷季型多年生牧草建立的人工草地。主要牧草喜温凉湿润气候，夏秋遇 32 ℃以上高温生长不良。大部分产量形成主要集中于一年中较为凉爽的几个月中。冷季型多年生人工草地建设的主要有多年生黑麦草、鸭茅、苇状羊茅、早熟禾、紫花苜蓿、白三叶、红三叶等。这些草喜温暖湿润气候，不耐炎热，适宜于冬无严寒、夏无酷暑、降水量较多，年平均气温 15～25 ℃的地区种植。最适生长气温 20 ℃，气温高于 30 ℃时生长受阻，高于 35 ℃时可能死亡，难耐－15 ℃低温。多年生黑麦草和红三叶在南方应选在海拔 800 m 以上区域种植。紫花苜蓿可在海拔 400～3 500 m 地区种植，但应选择不同秋眠级品种，气温高的地区选择 7～9 级品种，寒冷地区应选择 1～3 级品种。因不耐涝和酸性土壤，不宜在水田、低湿地和酸性土壤上种植。苇状羊茅较为耐旱耐瘠。冷季型多年生草种主要生长季节集中于 8—11 月和 3—6 月，对土壤要求比较严格。禾本科牧草喜肥不耐瘠，最适宜在排灌良好、肥沃湿润的黏土壤栽培，略能耐酸，适宜的土壤 pH 为 6～7。紫花苜蓿不耐涝，不宜在水田、低湿地和酸性土壤上种植。豆科牧草较耐瘠，根部生有根瘤菌，可固氮。

1. 土地选择 所选土地要有较高的肥力，有部分养殖户认为种草随便用地即可，因草在任何地方都可生长，其实这是错误的，建人工长效草场要根据不同的饲草品种，选择不同的土壤，一般以轻壤土或沙壤土为佳，要求沙土厚度不低于 30 cm，质地疏松，有机质和腐殖质含量高，蓄肥、保肥能力和保水、供水、排水、供氧能力强，土壤卫生，无病虫害，不存在重金属等有害物质。

2. 水质的要求 浇灌用水标准应执行国家农田灌溉水质标准（GB 5084—2005）。尽量用地下水，不能用城市污水、工业废水、生活污水。

3. 草种选择 草种要选择适应性强、特别是选择适应本地气候或直接由本地培育驯化的草种；要适宜于栽植地方的温度条件和旱涝季节要求，有良好的越冬越夏适宜性；选择多年生耐混播品种，并根据混播要求把上繁型和下繁型草互相搭配，还应考虑禾本科、豆科牧草混播。作刈割用的混播草地，其利用年限为 4～7 年，甚至更长，这种草以中等寿命的上繁疏丛型禾草和主根型豆科草为主，为得到头两年的稳定产量，混播中应有一定比例的一年生牧草和根茎型上繁草。同时应选择再生能力强、耐刈割、播种期最好能与大田作物播种期分开和耐粗放管理的品种。

4. 种植方式 主要推广带状种植和最少耕作法种植两种方式。

（1）带状种植 将两种以上的饲料作物按一定幅宽条带状种植。主要特点是带有比较固定的行数、行距和幅宽。优点是充分利用边行优势，发挥密植增产作用。同时在一定带内也可考虑混播方式。利用时分行刈割更互相体现了边际效应。

（2）最少耕作法（免耕法） 只在操作行上进行表土耕作，以备播种，行间不进行表土耕作。利用残槎覆盖地面，使用特定播种手段或特制免耕播种机，只进行播种耕作，播前播后不进行其他耕作。据报道，良好的免耕措施比传统耕作法在 9％坡度的粉沙壤土减少 90％的水土流失。

5. 种植模式

（1）沿江河谷地带的混作模式 可选择的草种为皇竹草、苏丹草、多年生黑麦草、牛鞭草、红豆草、三叶草。根据地势要求，在平行江河的开阔地带，以免耕法穴植经过育苗畦上已生根的皇竹草，按行穴距 90 cm×70 cm 栽植成 360 cm 的宽带，栽前应作定植灌溉和施肥，栽后是烈日天还要薄膜覆盖。随后窄行（20 cm）种植多年生黑麦草，在其后宽行（40 cm）混播铁扫帚，然后窄行、宽行交替混播扁穗牛鞭草加白三叶。河床上还可以在一定行上种植一年生的苏丹草和混播多花黑麦草加红三叶来稳定头年产量。利用上可根据不同宽窄行中牧草生长情况分行刈割，只是需注意皇竹草刈割适时，过早会影响分蘖，过迟易致木质化，牛羊难以利用。另外，苏丹草幼苗含氰化物，不适宜的利用（单喂和过嫩）会引起氰化物中毒。每刈割一次后要灌溉粪水加尿素（每担粪水加 50 g 尿素）作追肥。

（2）25°坡耕地的种植模式　可选择草种为象草、鸭茅、白三叶、狗牙根、紫花苜蓿、球茎草、苇状羊茅、多年生黑麦草、苏丹草、红豆草、一年生黑麦草。在 25°坡耕地种植羊饲草，可在坡地下沿平行穴播 240 cm 宽象草带，行穴距 70 cm×50 cm，随后窄行（25 cm）混播鸭茅与白三叶，随后宽行（40 cm）、窄行（20 cm）交替混播狗芽根加紫花苜蓿（宽）和多年生黑麦草加红豆草（窄），也可按上述比例适当考虑一年生的苏丹草和多花黑麦草来稳定产量。刈割利用同上，刈割后按追肥量要求灌溉。

（3）林荫地的种植模式　可选择的草种为鸭茅、白三叶、多年生黑麦草。从林地边向外采用宽窄行的带状种植，或者全部地块采用宽行混播多年生上繁牧草，窄行混播一年生下繁牧草，刈割后按追肥灌溉。若为果园地，根据果园的果子收获季节，在农闲时可结合对果园空隙地进行人工锄草和人工翻地时，施入底肥，再进行整地，采用穴翻耐荫草种，如鸭茅、白三叶等，果树高大或 9 月播种的还可混播多花黑麦草，根据雨水条件，确定适当的粪水灌溉。根据牧草生长情况和利用要求适时刈割。为不影响水果产量，越冬返青后对有的牧草要齐地刈割，并结合果树及多年生牧草施适量肥料。

6. 利用方法　为使放牧草地的生产力达到较高水平，并且能得以保护利用，必须达到合理利用放牧的基本要求。

（1）适宜的载羊量　载羊量是指单位面积草场，在放牧适当的情况下，能容纳的羊只头数和放牧时间。以头日/公顷表示，其最好测定方法是根据牧草产量测定载羊量，由于测得的载羊量是一个相对稳定数，因此每隔几年要重复测定。

（2）适宜的利用率　草场利用率的表示方法：

$$草场利用率 = 采食的牧草重量/牧草总产量 \times 100\%$$

羊在放牧草场的采食情况有适当、偏高、偏低的现象。常把羊在草场采食牧草的实际重量称为采食量，采食量占牧草产量的百分数称为采食率。常用的测定方法为：在草场上选择几组样方，每组有两个样方，每个样方面积、草的长势、草的品种相同，一个样方在放牧前刈割称重（A），另一个样方在放牧后刈割称重（B），A－B＝采食量。

$$采食率＝采食量/牧草产量×100\%$$

（3）放牧强度的衡量　采食率等于利用率，表示放牧适当；采食率大于利用率，表示放牧过重；采食率小于利用率，表示放牧过轻。

（4）规定利用率的参考数据

① 在牧草危机时期利用率宜低。如早春或晚秋，有干旱、虫灾时，应规定较低的利用率。一般为 40%～50%。

② 人工草场坡度越大，利用率越低。每 100 m 距离升高 60 m，利用率为 50%；每 100 m 距离升高 30～60 m，利用率为 60%；每 100 m 距离升高 10～30 m，利用率为 70%。

③ 在正常放牧时期内，实行划区轮牧利用率为 85%，自由放牧利用率为 56%～70%。

（二）一年生优质高产人工种草技术

1. 播种地的选择

（1）交通方便　优质高产人工种草的土地要选择在交通方便、最好具备耕作道的地方，因为产草量大，便于收割运输。

（2）土地肥沃　许多养殖户认为草在任何地方都能生长，因此常用贫瘠的土地来种草，这是错误的观点。对于人工种植的牧草地，要选择肥沃的土地才能产出高产量的优质牧草。

（3）水源有保障　用于种草的土地，特别是禾本科牧草，需水量较大，因此灌溉用水要有保障。

2. 播种地的准备

（1）清理除杂　播种前要把地里的杂草和石块清理干净，面积大的可用除草剂除去杂草。

（2）翻耕土地　翻耕土地是种植的基本耕作措施。选择适当的翻耕时期和翻耕深度，对保证种植质量有很大关系。翻耕深度可根据土壤情况而定，一般深比浅好，以 20～30 cm 为宜。

（3）施足底肥　建人工草地，应施足底肥。每公顷可施农家肥 15～60 t 或复合肥 0.6 t，施用的农家肥必须经过腐熟发酵，以杀死粪肥中的虫卵和使杂草种子丧失发芽能力。施完底肥后应及时将肥料翻入土层，再进行耕地。

（4）精耕平地　多年生牧草的种子十分细小，贮藏的营养物质不多，种子萌发速度缓慢，萌生的幼苗特别细弱，容易遭杂草侵害。如果土块过大，播种后种子和土壤不易紧密接触，不利于种子萌发出苗，或出苗后幼苗易被土块压死。

3. 播种时期选择　牧草的播种时期，一般分为春播和秋播。温度是确定播种期的主要因素。一般来说，当土壤温度上升到种子发芽的最低温度时，开始播种比较合适。在我国西南地区，多花黑麦草、紫花苜蓿、苇状羊茅、鸭茅、白三叶等冷季型牧草以秋播为主（9—11 月）。饲用甜高粱、青贮玉米、高丹草、墨西哥饲用玉米等暖性牧草以春播为主（3—5 月）。一年生牧草春播：海拔 800 m 以下为 3 月上旬至 5 月上旬，海拔 800 m 以上为 3 月下旬至 5 月下旬。

4. 播种用种量　牧草的播种量直接影响其产量，因此必须适量下种。播种量的大小主要由种子的大小和品质来决定。种子粒大的播种量大一些，反之则小些。种子品质好的播种量小，品质差的播种量则大。一般栽培牧草都有规定的理论播种量，这个播种量是指种子纯净度和发芽率均为 100% 而言的，因此实际播种量还要用理论播种量除以纯净度和发芽率进行校正。

5. 播种方法

（1）播种深度　牧草播种要求有一定深度，过深过浅都不适宜。过深，其幼苗无力顶出表土，过浅则因表层土壤水分不足，种子不易萌发，萌发后幼苗也扎土不牢固。一般来说，牧草都要求浅播，混合草种的播种深度为 2~3 cm。

（2）撒播　播种时将种子均匀撒入地中，对于细小的种子应加入一定量草木灰、磷肥或细土与种子均匀混合再撒入地中。

（3）条播　每隔一定距离将种子播成行的播种方法叫作条播。条播的行距随牧草种类和利用方式不同而异，行距一般为 15~30 cm。

（4）厢播　将地块开厢成 1.5~2 m 宽，在厢里撒播。

（5）点播　一般窝行距 30~40 cm，主要种植高秆饲料作物。播深 1 cm，行距 30 cm。当苗生长到 15 cm 时可以间苗定株，株距 10~15 cm。

6. 田间管理

（1）破除土表板结　在牧草播种以后，出苗之前，土壤表层往往形成板结，影响出苗，甚至造成严重缺苗。所以，在种子未出苗之前，在有土表板结的地块，必须及时破除土表板结。可用短齿耙锄地或有短齿的圆形镇压器破除。如有条件，也可以采取轻度灌溉的方法破除板结，促使幼苗出土。

（2）防除田间杂草　防除田间杂草的方法有人工除草和除草剂除草。在人工草地面积较小的情况下，可采用人工除草。在牧草生长早期，即分蘖或分枝以前，因杂草苗小，实行浅锄；在牧草分蘖和分枝盛期，杂草根系入土较深，应当深锄。对点播和条播的牧草采取以上方法，对撒播和厢播的牧草应采取刈割，能有效抑制杂草生长。除草剂种类很多，一般在生荒地开垦后，牧草播种、栽植前，或草地更新时使用。

（3）追肥　追肥是为了满足牧草生长期内对养分的需要。追肥一般以化肥为主，但也可施用腐熟农家肥料。人工草地第一次追肥应在开始生长到分蘖前进行，以氮肥为主，可兑水泼施，防止烧伤牧草。第二次追肥应在牧草收获前，可施复合肥或尿素。一年收获 3～5 次，刈割后每次追施用量为每亩氮肥8 kg、磷肥 5 kg、钾肥 5 kg，或者将农家肥在刈割后的草地上撒施一次。

（4）灌溉　充足的水分是牧草正常生长必不可少的条件。我国南方地区尽管降雨较多，但由于降雨的季节不平衡以及草地坡度较大，降水得不到有效利用，伏旱时间较长，因此在干旱季节需要适时灌溉。

（5）播后管理　出苗后生长至第 20 天左右应追施腐熟粪水或氮肥一次，并注意合理灌溉。每次刈割后亩施尿素 5 kg 或熟粪水，刈割高度以 60～70 cm为宜。由于籽粒耐涝性差，生长中后期应注意排水，及时除草和间苗。

第五节　常用饲草种植技术

饲料作物的栽培、收贮与加工的任务就是使更多的饲料被家畜采食、消化、利用，变成可消化的营养物质，提高能量的转化率，从而获得量多质优的畜产品。因此，饲草料在很大程度上决定了畜牧业的规模、发展速度及其产品质量。没有足够的营养全面的饲草料，畜牧业生产不可能大幅度提高。因此，种植好饲草，是实现高产、优质、高效的产业化目标和可持续发展战略的重要环节。

一、苜蓿

苜蓿（图5-1）含有丰富的营养物质，适时收割利用，适口性好，各种畜禽都喜食，不仅是草食家畜的主要优质饲草，也是禽、鱼配合饲料重要的蛋白质、维生素补充原料，含有动物生长发育必需的氨基酸和微量元素，加之很好的适应性，因此有"牧草之王"的美称。

图5-1 苜 蓿

叶片大（三出复叶面积大于 8 cm²），抗寒、抗旱性强，持久性长。产草量高，干草产量 9.0～10.5 t/hm²，种子产量 225～300 kg/hm²。对土壤要求不高。根系发达，入土深，能吸收土壤深层水分。生长速度快，再生能力强。春季返青早。粗蛋白质含量：现蕾期为 19.67%，20%开花期为 21.02%，50%开花期为 16.62%，盛花期鲜草为 16.90%；头茬草为 17.90%，再生草为 17.80%。

（一）栽培管理

1. 播种

（1）种子预处理 晒种 3～5 d 或混沙擦破种皮。

（2）播种期 春季在 3 月初至 4 月下旬，以小麦作保护作物保护播种最好。秋季最晚也不迟于 9 月底。

（3）播种量 收草用苜蓿播种量 15.0～22.5 kg/hm²，收种用播种量 7.5～15 kg/hm² 为宜。

（4）播种方法 点播、撒播、条播均可，但条播为最佳。行距为收草者 20～30 cm，收种者 40～60 cm。

（5）播种深度 在紧实的黏重地上为 1.3 cm，沙土则为 2 cm 为宜。

2. 田间管理

（1）杂草防除措施 ①提前精细整地，清除地面杂草；②中耕除草，在苗期、早春返青期及每次刈割后，进行中耕除草，也可以使用化学除草剂进行化学除草。菟丝子是苜蓿的恶性杂草，除在播前进行清选种子外，当苜蓿地只有片状菟丝子发生时，可采用灼烧、刈割等方法防除；当苜蓿地到处都有菟丝子发生时，可用草甘膦、PCPA 等除草剂茎叶喷施。

（2）施肥　播前施用有机肥 30～45 t/hm²、过磷酸钙 2.25～3.0 t/hm²、有效钾 90 kg/hm² 作底肥。在返青期、刈割后及越冬前注意追施磷、钾肥，以提高产量和品质，并利于越冬。

（3）灌溉　是提高苜蓿产量的主要措施。适时适量灌溉，可以促进生长，增加产量。苜蓿从孕蕾到开花需要大量的水分，是灌溉的重要时期。另外，刈割后立即灌溉可提高产量，尤其是盐碱地。

（二）收获

苜蓿的适宜刈割期为初花期。若刈割过早，虽饲用价值高，但产草量低；若刈割过迟，虽产草量高，但品质下降明显。秋季最后一次在早霜来临前 1 个月进行，过迟不利于越冬和第二年的生长。刈割留茬高度一般为 4～5 cm，最后一次刈割留茬高度为 7～8 cm 为宜。

（三）利用技术

利用方法有调制干草、半干青贮等。加工方式有加工成草块、草饼、草粉等。

二、饲用甜高粱

（一）品种特性

（1）甜高粱是禾本科一年生植物。秆粗壮，高 2～4 m，多汁液，味甜；叶片茂密，叶片面积大，叶长约 1 m，宽约 8 cm，叶子多，产量高，营养丰富。

（2）适应性强，抗旱，耐碱，容易栽培管理。对土壤要求不高，一般而言，沙壤土、黏壤土或弱酸性土壤均可种植，对盐碱的忍耐力比玉米还强，在pH 为 5.0～8.5 的土壤上都能生长。然而，为了取得高产，选择好的耕地可以明显地提高品质和产量。

（3）具有很强的分蘖能力和再生能力，可以多次刈割，在一个生长期可刈割 3～5 次。

（4）根系非常发达，不易倒伏。

（5）利用多样，不受时间节气限制。

（二）营养成分

甜高粱具有较强的生物学优势，各项营养指标均优于玉米，含糖量比青贮玉米高2倍，无氮浸出物和粗灰分均比玉米高，其茎秆汁液含糖度高达6%，比苏丹草的含糖量高1倍以上，是同类饲料作物中含糖量最高的。

（三）栽培管理

1. 地块选择　因其具有抗旱、耐涝、耐盐碱这三大适应特性，因此对选择地块要求不十分严格。一般而言，沙壤土、黏壤土或弱酸性土壤均可种植。然而，为了取得高产，选择好的耕地可以明显地提高品质和产量。

2. 播种技术

（1）播种时期　土壤温度达12～15 ℃时播种，一般比播种玉米晚1～2周。

（2）播种量　通常较肥沃土壤，播种量15～22.5 kg/hm² 即可；较贫瘠的土壤，播种量应控制在22.5～37.5 kg/hm² 为好。合理密植，是提高饲用甜高粱品质和产量的一个有效做法，适当提高播种量可以促使个体植株相互竞争而快速生长，增加刈割次数可以提高每亩的总产量。

（3）播种方法　条播，行距30～40 cm 为宜。

（4）播种深度　3～5 cm 为宜。

3. 田间管理

（1）除草　田间管理主要是围绕防除杂、施肥和灌水几个环节。饲用甜高粱幼苗期生长较缓慢，与杂草争养分能力相对较弱，因此，幼苗阶段应及时清除杂草，以确保幼苗生长。

（2）施肥　由于饲用甜高粱根系发达，需要从土壤中吸收大量营养，因此，除施足底肥外，应结合除杂，施尿素45 kg/hm² 以促进幼苗生长，以后每刈割一次施尿素45～75 kg/hm²，并追加适量微肥。

（3）灌水　饲用甜高粱虽然耐旱，但只有供给足够的水肥才能获得高产。因此，要注意及时灌水，即苗长到30～40 cm 时灌水一次，以后每次刈割后及时浇水。

4. **收获** 饲用甜高粱分蘖能力很强，母株分蘖可达 5～10 株，经常刈割有利于植株生长。随着刈割次数的增加，分蘖数也增加，且超割超密。一般的刈割标准是当植物长到 1.2～1.5 m 时进行第一次刈割，以后每隔 25～30 d 可刈割一次。及时刈割是利用饲用甜高粱的最好方法，植株在 1.2～1.5 m 时，粗蛋白质含量最高，粗纤维含量适中，适应山羊采食。如制作青贮饲料则收获株高以 2～3 m 为宜。每次刈割后施足农家肥或氮肥，有利于饲用甜高粱的健康生长。收割后留茬高度为 10～15 cm。

（四）加工利用

1. **青饲** 在株高 1.2 m 以上刈割后，直接饲喂。

2. **调制干草** 要调制高质量的干草，应在抽穗前或其高度达 1.2 m 时刈割。此时刈割后调制的干草蛋白质含量比苜蓿干草稍低一些，但能量含量与好的天然草地的干草和苜蓿干草一样。收割太晚，牧草质量会明显下降。

3. **青贮** 制作青贮的甜高粱刈割后应晾晒一定时间，使水分降到 65%～75% 时青贮效果最佳。青贮甜高粱应在半乳熟期刈割，此时牧草的质量还比较好，水分含量也降低到了适宜青贮的水平。青贮甜高粱的能量水平相当于青贮玉米的 75%～85%，而其他一些一年生夏季作物的能量水平只相当于青贮玉米的 60%～80%。青贮甜高粱钙和磷的含量高于青贮玉米，而且钙磷比例更为合理。甜高粱的青贮形式有圆捆打包青贮、压块青贮、窖贮。

俗话说"青草粉碎，不喂精料也上膘"。甜高粱也可以制成青干草，供冬季饲喂。甜高粱干草最好用铡刀或铡草机铡碎饲喂。

4. **饲用时注意事项** 饲用甜高粱幼嫩的植株和叶片中都含有能释放出氢氰酸的化学物质，虽并不影响它们的饲用价值，但实践中应注意以下几点，以避免羊氢氰酸中毒。

（1）幼嫩的甜高粱植株和叶片不能直接饲喂羊 要避免用幼嫩多汁的鲜草饲喂饥饿的羊，饲用高粱高度在 1.2 m 以下，不要放牧或青饲。其次，用饲用高粱饲喂羊前应先进行适应性锻炼，即第一次放牧或青饲时，先让羊吃饱，羊适应两次后再直接青饲或放牧，而且要备有充足饮水。给羊补充盐和带有硫的矿物质，也能减轻氢氰酸的有害作用。

（2）隔夜的甜高粱鲜草不能直接饲喂 在生产青贮饲料和调制干草的过程中，饲用高粱中的氢氰酸大都挥发掉了，不会引起中毒。但要注意不要给羊饲喂放置了一晚上的甜高粱鲜草，因为鲜草隔夜会发热并放出氢氰酸，变成有毒饲料。

三、苏丹草

苏丹草（图5-2）又名野高粱，原产于非洲苏丹高原，是禾本科一年生饲料作物。

图5-2　苏丹草

（一）特性与品种

抗旱、耐热；再生迅速；适应性强，对土壤要求不严；产量高，一般栽培条件下，产鲜草60～90 t/hm^2。适合西南地区的苏丹草品种是奇台苏丹草。

（二）栽培管理技术

1. 播前准备

（1）深翻　土壤深翻不少于20 cm。

（2）施足基肥　结合深翻施入基肥15.0～22.5 t/hm^2。

2. 播种技术

（1）种子处理　播前10～15 d，晒种4～5 d，可提高种子发芽率。

（2）播种时期　在土壤温度稳定在10～12 ℃时播种。

（3）播种方法　条播为好，行距30 cm左右。

（4）播种量　22.5～30.0 kg/hm^2。

3. 田间管理

（1）防除杂草　苏丹草苗细弱，不耐杂草，出苗后应及时中耕除草。每隔10～15 d除草1次。苗期用0.5％的2,4－D类除草剂液喷雾除草2～3次。

（2）施肥与灌溉　分蘖期、拔节期、孕穗期和每次刈割后，施入硫酸铵150 kg/hm² 或一定量的腐熟的人畜粪尿，适时灌溉。

4. 收获

适时刈割，能保证草产品质量。调制干草时，抽穗前刈割为宜；青贮时，乳熟期刈割为宜；青饲时，长高30～40 cm为宜。

四、玉米

玉米原产于南美洲的墨西哥和秘鲁，是世界上分布最广一种作物，其栽培面积仅次于小麦。玉米在美国栽培最广，其次是中国、巴西，而单产最高的国家是奥地利、意大利、美国和加拿大。在我国，栽培最多的为黑龙江、吉林和河北，其次是山东和辽宁。

（一）特性和品种

玉米是重要的粮食和饲料作物。玉米籽粒是最重要的高能精料。籽粒收获后的秸秆如能及时青贮或晒干，也是良好的粗饲料。玉米植株高大，生长迅速，产量高，茎叶含糖量高，维生素和胡萝卜素含量丰富，适口性好，饲用价值高，适于作青贮饲料和青饲料。玉米在畜牧业生产中的地位，远远超过其在粮食生产中的地位，有"饲料之王"的美称。

（二）栽培管理技术

1. 播种

（1）种子处理

① 晒种催芽：晒种2～3 d可提高种子发芽率13％～28％，提早出苗1～2 d，并且减少玉米丝黑病。

② 浸种催芽：用温水（55～58 ℃）浸种6～12 h。应注意的是土壤干旱，无灌溉条件下不能浸种，因为浸过的种子胚芽已经萌动，播在干旱的土中易造成种子死亡。

（2）播种时期　一般播种时间为4月上旬至5月上旬。

（3）播种方式　条播，行距30～40 cm，株距15～20 cm，每穴下3～4粒种子。

（4）播种量　收籽田，22.5～37.5 kg/hm²；青贮玉米田，37.5～60.0 kg/hm²；青刈玉米田，75.0～100.0 kg/hm²。

（5）适时间苗、补苗、定苗　播后及时检查苗情，若有缺苗，可及时催芽补苗或移苗补栽，或在相邻处留双株，力争全苗。为合理密植提高产量，收籽和青贮玉米要及时间苗和定苗。间苗在 2～3 片叶片展开时进行，间去过密的弱苗，每穴留 2 株大苗、壮苗。定苗在 4～5 片叶片展开时进行，每穴留 1 株。间苗、定苗应在晴天进行。

2. 田间管理

（1）中耕除草　玉米不耐杂，及时中耕除草是玉米增产的重要条件。玉米在苗期一般中耕除草 2～3 次，苗高 8～10 cm 以后每隔 10～15 d 都应中耕除草 1 次。

（2）追肥、灌溉　通常追施苗肥、拔节肥、穗肥和粒肥。在基肥施足的情况下，可不施苗肥，但施足拔节肥，如硫酸铵 75～150 kg/hm²。苗期如缺水，应及时灌水，在多雨季节，有积水的情况下，要开深沟排积水。

（三）收获

在苞叶变白的蜡熟期中末期收获为最佳，此时籽粒中的干物质最高，而秸秆仍鲜绿多汁，适口性好。

（四）利用技术

玉米籽粒是优质高能精饲料。在畜禽的谷物精料中，玉米用量最大。100 kg 玉米籽粒的饲用价值相当于 135 kg 燕麦或 120 kg 高粱或 130 kg 大麦。但在其氨基酸组成中缺乏赖氨酸、蛋氨酸和色氨酸。玉米秸秆用作调制干草、作青贮饲料均可。

五、黑麦草

黑麦草（图 5-3）又名意大利黑麦草，是禾本科黑麦草属一年生或越年生草本植物，株高 50～100 cm，喜温热和湿润气候，耐潮湿，但忌积水，喜壤土，也适宜黏壤土，适宜土壤 pH 为 5～8。在 12～27 ℃ 的环境下再生能力最强。秋季和春季比其他禾本科草生长快，夏季炎热则生长不良，甚至枯死。不耐严寒，在长江流域以南，秋播可安全越冬，并可在早春提供优质青饲料。

9月播种，第二年3月即可收割第一茬，盛夏前可刈割2～3次，4月下旬到5月初抽穗开花，6月上旬种子成熟，地上部结实后植株死亡。

图5-3 黑麦草

（一）播种

1. 播种期　黑麦草春秋季均可播种。秋播收割利用次数较多，总产高。春播可延长收割利用期，且草质鲜嫩，但总产较低。秋播的播种期在8月下旬至11月中旬，春播在2月上旬。

2. 播种量　22.5～30.0 kg/hm²。

3. 播种方式　黑麦草在长江以南地区宜秋播，可以条播或撒播，条播行距15～30 cm。多花黑麦草播种量15 kg/hm²，播深1.5～2 cm，在雨水充足的地区也可以撒播，适当增加播种量，约22.5 kg/hm²。

（二）田间管理

黑麦草播种后很快出苗、分蘖，在苗期即将分蘖时应施氮肥，刈割利用后，每次均应追施氮肥，全期追肥300 kg/hm²。在秋旱及春旱时，需适时灌溉，尤其在追肥时需保持土壤湿润。苗期应防除杂草。对间发性冠锈病，应用20％三唑酮可湿性乳油1 000倍液进行喷雾。

（三）收割利用

播种45～50 d后割第一次，割草时无论长势好坏均须割，以利分蘖。第一茬草适当早割，可促进植株分蘖，以后视牧草长势情况，每隔20～30 d割草一次。饲喂羊可延长收割以提高粗纤维含量。由于特高多花黑麦草的水分含量较高，为防止畜禽"拉稀"，可采取提前一天收割第二天饲喂或搭配其他干燥秸秆饲喂。为了不影响后作水稻生产，在插秧前15 d进行最后一次收割，并犁地放水浸田，撒上石灰225～300 kg/hm²，以加速黑麦草根部的分解腐烂，同时还起到田间消毒作用。

六、墨西哥玉米

墨西哥玉米（图5-4）系一年生草本植物，禾本科玉米属，其株高3～4 m，分蘖力强，具有甜味，耐酸耐水肥、耐热，最好在海拔800 m以下种植，产草量更高。对土壤要求不严，适于我国各地农区种植，生育期为230 d，再生力强，一年可割7～8次。墨西哥玉米在适宜的密度和水肥条件下栽培，年刈割7～8次，产青茎叶15万～30万 kg/hm²。其粗蛋白质含量13.7%，粗纤维含量22.7%，赖氨酸含量0.42%，达到高赖氨酸玉米粒的含量水平，因而它的消化率较高。

图5-4 墨西哥玉米

（一）播种

1. 播种期 墨西哥玉米一般实行春播。

2. 播种量 直播15.0～22.5 kg/hm²，育苗移栽7.5 kg/hm²。

3. 播种方法 播种前对土壤中的地虫进行灭杀，挖好排水沟。温度稳定在20 ℃左右，播种地需要平整和地力较好的耕作地，行株距35 cm×30 cm或

40 cm×30 cm，每公顷实生株群 75 000～90 000 株，开行点播。每穴 1～2 粒，播种后施撒基肥，盖 3～4 cm 碎土，播种深度为 4～6 cm。若采用育苗移栽，3～4 片真叶时移栽，每穴 2 苗，株距 50 cm。直播易被土蚕咬食，不易管理。种植密度要比普通饲用玉米的大，一般 75 000 株/hm² 左右。

（二）田间管理

播种时可用农家肥混拌适量磷肥作基肥，每公顷施 15 000～22 500 kg，或复合肥 112.5～150.0 kg/hm²，留种地应增施磷钾肥。苗期在 5 叶前长势缓慢，5 叶后开始分蘖，生长转旺，应定苗补缺，并亩施氮肥 5 kg。小中耕促苗，苗高 30 cm，每公顷施氮肥 90 kg。中耕培土，促进分蘖快长，以后每次刈割后，待再生苗高 5 cm 左右，即应追肥盖土，注意旱灌涝排。

（三）收割方法

墨西哥玉米株高 3 m，茎叶繁茂。播后 30 d 进入快速生长期，每株可分蘖 20 株以上，多者可达 60～70 株。播后 45 d 株高 50 cm 以上时开始收割，应留茬 5 cm，以利速生。以后每隔 15 d 刈割一次，每次留茬比原留茬稍高 1～1.5 cm，注意不能割掉生长点，以利再生。

七、高丹草

高丹草（图 5－5）用高粱和苏丹草杂交而成，可多次刈割利用，株高可达 2～3.5 m，分蘖能力强，产鲜草量 120～150 t/hm²；肥水充足条件下，总

图 5－5　高丹草

产量可达 210~300 t/hm²。分蘖力强，侧枝多，一般每株 15~25 个，最多 40~100 个。高丹草均为喜温植物，最适在夏季炎热、雨量中等的地区生长；种子出芽的最适温度为 20~30 ℃，最低温度 8~10 ℃，不耐霜冻，生长期需充足的水分，抗旱性强。

（一）播种

1. 播种期　春播（3 月上旬）为宜，当气温达 12~14 ℃，土温达 10 ℃以上播种。

2. 播种量　以 37.5~45 kg/hm² 为宜。

3. 播种方式　撒播、穴播、条播均可。播深 3~4 cm，覆土。条播时行距 30~40 cm。

（二）田间管理

出苗后如有杂草危害，可中耕 1~2 次或用化学除草剂灭草，该草易发生蚜虫危害，要及时喷洒农药灭虫，田间防治主要用抗蚜威或氧化乐果。每割一茬应增施尿素 75~150 kg/hm²，以促进再生草的生长。

（三）收割方法

高丹草以草丛高度 1~1.3 m 刈割为好，一年可刈割 6~8 次，每公顷产鲜草 120 000~150 000 kg。收割采用的刀具要锋利，使茬口容易愈合，不易染病。留茬 5 cm 左右。要选晴天收割，割后次日进行追肥，以利再生。

八、牛鞭草

牛鞭草（图 5-6）喜温暖湿润气候，在亚热带冬季也能保持青绿。冬季生长缓慢，只有最大生长量的十分之一。夏季生长快，7 月日生长量可达 3.6 cm。牛鞭草播种出苗快，出苗 15 d 即分蘖。第一次分蘖 40 d 后可达 47.8 cm。第二次分蘖在出苗后 30 d 左右开始，第三次分蘖在出苗后 50~60 d，第四次分蘖则在 77 d 后发生。全生育期中，第二次分蘖数量最大，约占总分蘖数的 48.6%。牛鞭草再生性好，每年刈割 4~6 次。每次刈割后 50 d 即可生长到 100 cm 以上。刈割促进分蘖，第一次刈割后分蘖数增加 153.1~174.5 倍。牛鞭草喜炎热，耐低温，极端最高温度达 39.8 ℃时仍生长良好。牛鞭草对土壤要求不严格，以 pH 为 6 生长最好，pH 为 4～8 时都能存活。

图 5-6　牛鞭草

（一）栽培

1. 移栽时间　在冬季无霜地区，一年四季均可栽培，有霜地区，一般 3—6 月为最佳栽培时期。

2. 栽培方法　牛鞭草在土质肥沃的土壤上生长良好，产量高。在亚热带用种苗扦插方法进行无性繁殖，全年均可进行，但以 5—9 月扦插为宜，株行距为 5 cm×30 cm 为好。扦插后，施一次猪粪尿，缓苗快，产量高。以后每刈割一次都应施氮肥，促进生长发育。牛鞭草为青饲用，以拔节到孕穗前期刈割为宜；若调制干草则以拔节到抽穗期为好；青贮则以抽穗期至结实期为宜。

（二）田间管理

1. 除杂　影响牛鞭草生长的主要杂草为泽漆、酸模、喜旱莲子草、拉拉藤、鹅儿菜等。这些杂草都极难防除。春季和秋季在杂草开花结实以前应进行除杂。以锄头在两行牛鞭草之间进行浅层除杂，对一年生杂草可减少其竞争能力和阻止其开花结实；对多年生杂草，则阻止其地上部分，并使其因萌发新芽而迅速耗尽贮藏在地下器官的养分；对主根肥厚型的杂草，如酸模等，则应进行挖除；对地表部分高大直立的应进行刈割清除。还可在春秋季节用小羊、山羊进行轻牧，对酸模、刺茄等杂草进行防除。

2. 施肥　牛鞭草在地表覆盖度为 80% 时施用少量尿素；当高度达 35 cm

时，施尿素 225～562.5 kg/hm²。喷撒尿素可在牛鞭草草地灌水以后，土壤湿润时用柴油喷雾器进行。每次刈割后需施入尿素 75～120 kg/hm²。

3. 灌溉　在草地建植中，保持 0～20 cm 土层持水量在 70%～80%，土壤湿度（占干土百分比）应为 18%～25%。扁穗牛鞭草草地在土壤墒情好的情况下，以浅耕除杂保墒为宜，不必灌水；在较为干旱的情况下，则应进行引水灌溉，当水分将地表浸润达 5～10 cm 时即可，并在土干后浅耕松土，切断毛细管，以保蓄土壤水分，防止土壤板结。

（三）刈割利用

拔节期株高达 60 cm 时即可刈割利用，留茬高 3～5 cm。每年刈割 4～6 次，可直接青饲，也可青贮或晒制青干草。

九、玉草 3 号

玉草 3 号（图 5-7）是四川农业大学玉米研究所选育的玉米种子，用川单 29×068 作母本，与 TZ03（繁茂类玉米）作父本组配育成。植株生长繁茂，根系发达，茎秆粗壮，茎直立，不刈割时株高可达 4 m 以上，主茎粗 2.13～2.78 cm，叶片长 80～118 cm，宽 8.8～12.5 cm。该品种在大巴山海拔 1 200 m 的四川南江黄羊原种场种植，平均每公顷产量 82 500 kg。由于其叶片多、宽大，南江黄羊喜食。

图 5-7　玉草 3 号

（一）栽培

1. 移栽时间　栽培适宜季节 4—6 月，以 4 月中旬为最佳栽培时期。

2. 栽培方法　玉草 3 号在土质肥沃、排水性好的土壤上生长良好，产量高。株距 0.4 m，行距 0.5 m 为好。

（二）田间管理

除杂、补播等田间管理，按有关要求实施。基肥用干牛粪 15 000 kg/hm²，追肥 1 次,在拔节期追施尿素 225 kg/hm²。

(三) 刈割利用

刈割时间为抽雄期,可直接青饲,也可青贮。

十、鸭茅

鸭茅(图 5-8)是禾本科鸭茅属多年生草本植物。别名:鸡脚草、果园草。喜温暖湿润气候,耐热性、耐寒性较多年生黑麦草强。须根系,茎直立或基部膝曲,疏丛型,株高 70~120 cm。幼叶成折叠状。耐阴性强,种植在林间长势良好,较耐干旱。生物学特性:鸭茅喜欢温暖、湿润的气候,最适生长温度为 10~28 ℃,30 ℃以上发芽率低,生长缓慢。耐热抗旱能力仅次于苇状羊茅。鸭茅建植后具有良好的耐寒能力,适宜在降水量 500 mm 以上的温带地区种植。对土壤的适应性较广,但在潮湿、排水良好的肥沃土壤或有灌溉的条件下生长最好,比较耐酸,不耐盐渍化,最适宜土壤 pH 为 6.0~7.0。耐阴性较强,在遮阳条件下能正常生长,尤其适合在果园中种植。鸭茅是一种长寿牧草,一般可利用 6~8 年,多者可达 15 年。

图 5-8 鸭 茅

(一) 播种

1. 播种期 播种一般分春播、秋播两种。西南地区以秋播为宜,一般在

9—10 月。春播在 2 月中旬至 3 月中旬。播种鸭茅以雨后最好，雨后趁墒播种，此时水分充足，土壤疏松而不板结，最易获得全苗。

2. 播种量　11.25～15.0 kg/hm²。若与白三叶混播，播种量减半。

3. 播种方法　播种方式为条播、撒播和混播。

① 条播：单播宜条播，行距 15～30 cm。

② 撒播：小块地或坡地上多采用撒播。

③ 混播：鸭茅除单播外，也常与豆科牧草混播。混播能充分利用土地、空气和光照，以提高产量和改善饲草品质。鸭茅可与苜蓿、白三叶、红三叶、杂三叶、黑麦草等混种。

（二）田间管理

水分是鸭茅生命活动中必不可少的物质之一，而灌溉是提高产量的重要措施。正确的灌溉不仅能提供生长所需的水分，而且还能改善土壤的理化性质，促进微生物活动，调节温度和湿度。当水分充足时，其分蘖多，植株生长旺盛。牧草地灌溉可使牧草产量提高 3～10 倍。因此，有灌溉条件的地方，最好对牧草进行灌溉，以确保高产。

（三）刈割利用

鸭茅生长发育缓慢，草料产量以播后 2～3 年最高，播后前期生长缓慢，后期生长迅速。越冬以后生长较快。年可刈割 3～4 次，产鲜草 37.5 t/hm² 左右，高者可达 67.5 t/hm²。春播当年通常只能刈割一次，产鲜草 15 t/hm²。鸭茅收割时，留茬高低首先影响产草量，其次影响再生草的生长速度和质量。刈割时留茬高度应稍高一些，一般 10～12 cm。鸭茅草地割草或放牧高度如低于 6 cm，植株再生生长将受到严重影响。

十一、三叶草

三叶草（图 5-9）为豆科车轴草属多年生草本植物，是豆科牧草中分布最广的一种，也是最适合于放牧的豆科牧草，常见有红三叶、白三叶。喜温暖湿润气候，生长最适温度为 15～25 ℃，生长的适宜年降水量为 600～850 mm，三叶草喜光较耐荫、耐寒，对干旱很敏感，干旱情况下生长缓慢，高温季节有部分枯死现象。对土壤要求不严，可适应各种土壤类型，在偏酸性土壤上生长良好。耐酸性强，在 pH 4.5 的土壤上也能生长，可以在我国许多地区生长。

图 5-9　三叶草

（一）播种

1. 播种期　三叶草可春播或秋播，春季在 3 月下旬，秋季在 9 月中旬。南方以秋播为主，北方以春播为主。夏季亦可播种，但播后必须保证表土湿润或用覆盖物覆盖遮阳。

2. 播种量　$7.5 \sim 22.5 \ kg/hm^2$。与羊尾草、黑麦草等混播，播种量适当减少。

3. 播种方式　可撒播也可条播，条播时行距 $15 \sim 30 \ cm$。播种宜浅不宜深，一般为 $0.5 \sim 1.5 \ cm$。用等量沃土拌种后播种较好。

（二）田间管理

播种后出苗前，若遇土壤板结时，要及时耙耱，破除板结层，以利出苗。三叶草苗期生长缓慢，易受杂草侵害，苗期应中耕松土除草 $1 \sim 2$ 次；发现害虫危害，要及时防治。9 月播种，次年 4 月现蕾开花，5 月中旬盛花，花期草层高 $15 \sim 20 \ cm$，是刈割利用的适期。割后再生能力强，能迅速形成二茬草层覆盖草地。在高温季节，三叶草停止生长。在形成草层覆盖后的 $2 \sim 3$ 年间要及时去除大杂草。如果因夏季高温干旱形成缺苗，可在秋季补播，恢复草地生产力。若大面积种植作为放牧地，可以在播后 1～2 个月、杂草高 20～25 cm 时进行轻牧，抑制杂草生长。三叶草病害少，但收割不及时，有时也有褐斑病、白粉病发生，可先割利用，再用波尔多液、石硫合剂或多菌灵等防治。

（三）刈割利用

当三叶草高度长到 20 cm 左右时进行割草，一年可割 3～4 次，割草时留茬不低于 5 cm，以利再生。人工草地的利用年限，因管理利用及目的不同而长短不一，一般为 3～7 年。刈割利用的适宜生育期为初花期至盛花期，留茬高度 2～3 cm，以利再生。混播草地还应视其他牧草适宜刈割期而定。

第六节 常用饲草收贮

一、饲草的刈割

饲草的刈割是饲草收贮的第一个环节，也是比较重要的环节，直接关系到当年收获干草的数量和品质，而且也间接影响到草地生产量水平的维持与提高，应在最佳的时期选择最佳的刈割方法进行有效合理的刈割。适时刈割的牧草可以青饲，也可以晒制成干草或青贮，以备冬春饲草缺乏时利用。

（一）刈割时期

牧草在适时生育期刈割，可获得高产优质的饲草。刈割过早，虽然质量好，但产量低；刈割过迟不仅降低饲草质量，也影响生长季的刈割次数。留茬高度也影响牧草的再生和产量。牧草在不同的生育时期产量不同，其质量也有很大差异。所以，牧草的刈割时期是影响牧草产量和品质的重要因素，也是影响牧草新芽和再生产量的重要因素。在确定牧草的适宜刈割时期时，首先要根据生长时期内，草场产量动态和牧草营养物质积累动态规律，确定在单位面积营养物质总收获量最高时期进行刈割。以紫花苜蓿为例，其干物质中的粗蛋白质和粗纤维的含量，营养生长期为 25.7％ 和 18.6％，现蕾期为 23.4％ 和 24.5％，盛花期为 19.4％ 和 29.7％，结荚期为 13.4％ 和 41.2％。其次，注意牧草刈割时期对其以后产量的影响。牧草生长早期，营养价值高，适口性好，但单位面积产量低，并且含水量较多，难于调制干草。随着牧草的生长，蛋白质含量减少，而牲畜不易吸收的粗纤维素增加，适口性降低，尤其豆科牧草基部逐渐木质化，适口性更差。一般来说，禾本科牧草适宜在抽穗期刈割，豆科牧草适宜在现蕾或初花期刈割，此时称为最佳刈割期。

（二）刈割高度

牧草的刈割高度对牧草的产量和质量有一定影响。刈割过高时，营养价值高的叶和基层叶留于地面影响牧草的营养价值，降低了产量。刈割高度过低时，当年可多收些草，但由于牧草基部的叶大部分被割去，特别是叶量丰富和着叶均匀的牧草，几乎被割去全部叶片，减少了剩余草的光合作用，影响牧草割后再生和地下器官营养物质的积累，以致影响以后各年的产量。一般上繁草刈割可高些，留茬 5～6 cm；下繁草应低些，留茬 4～5 cm。土壤、气候条件较好，管理水平较高的地区，刈割可低些，相反应高些。越冬前最后一次刈割留茬 10 cm 左右，以利安全越冬。适宜的刈割高度，既能获得高的产草量，又能得到优质的牧草。同时，对于牧草的再生、越冬和以后各年份产草量都有益处。

（三）刈割次数

多年生牧草一年要进行几次刈割，应根据牧草生物学特性、不同地区的气候条件、栽培管理技术水平来定。冬前最后一次刈割应在牧草停止生长前25～30 d。保证牧草在越冬前有 1 个月左右的时间积累养分，供越冬和下年恢复生长之用。

二、青干草

青干草是指将适时收割的牧草及饲料作物，经自然或人工干燥调制而成的，能长期保存的饲草。它具有营养好、易消化、成本低、简便易行、便于大量储存等特点。干草可以缓解草料在一年四季中供应的不均衡性，是制作草粉、草颗粒和草块等其他草产品的原料。制作干草要求干燥的过程越短越好，以免营养物质损失太多。自然晒制干草最好选择晴天、气温较高的时候，在田间或晒坝等比较开阔的场地晾晒，以利于收割后的饲草能够尽快地晾晒成优质干草。收割期适当，调制好的优质干草，叶量丰富，绿色并带有特殊的干草芳香味道，不混杂有毒有害植物。一般调制较好的干草含水量 14％～17％。

(一) 干草调制方法

1. 地面晒制干燥　选择晴天，将刈割的牧草平摊在地面就地干燥 1～2 d，使其含水量降至 40%～50% 时，再堆成小草堆，高度 30 cm 左右，重量 30～50 kg，任其在小堆内逐渐风干。注意草堆要疏松，以利通风。或在便于机械化作业的草地上，选择晴天，将人工或机械刈割的牧草平摊在地面晾晒 1～2 d 后，再用搂草机搂成草垄，注意草垄要疏松，让牧草在草垄内自然风干。

2. 草架干燥法　用木棍、竹棍或金属材料等制成草架。牧草刈割后先平铺日晒 1～2 d，至含水量 40%～50% 时，将半干牧草搭在草架上，注意不要压紧，要蓬松。然后让牧草在草架自然干燥。和地面干燥法相比，草架干燥法干燥速度快，调制成的干草品质好。

3. 机械干燥法　采用鼓风加热等机械使牧草干燥的方法。与自然干燥法相比，机械干燥法迅速，营养物质损失少，色泽青绿，干草品质好，但设备投资和干燥成本较高。一种方法是把刈割后的牧草压扁，并在田间预干到含水 50%，然后移到设有通风道的干草棚内，用鼓风机或电风扇等吹风装置进行常温鼓风干燥，当干草水分降到 14%～17% 时打捆。另一种方法是将鲜草切短，通过高温气流，使牧草迅速干燥，含水量在短时间内下降到 15% 以下。干燥时间的长短，决定于烘干温度的高低。

(二) 青干草的贮存

调制好的青干草应及时妥善收贮保存，以免引起青干草发霉而变质，降低其饲用价值。干草贮存中应尽量缩小与空气的接触面，减少日晒雨淋等。青干草的贮藏方法主要有以下几种。

1. 青干草堆藏

(1) 露天堆垛　一种经济、省事的贮存方法。长期保藏的草垛应选择在地势高而平坦、干燥、排水良好，雨、雪水不能流入垛底的地方。距离畜舍不能太远，以便于运输和取用，要背风或与主风向垂直，以便于防火。同时，为了减少干草的损失，垛底要用木头、树枝、老草等垫起铺平，高出地面 40～50 cm，还要在垛的四周挖深 30～40 cm 的排水沟。一般堆成圆形或长方形草垛。草垛的大小视具体情况而定。堆垛时，第一层先从外向里堆，使里边的一排压住外面的梢部。如此逐排向内堆排，成为外部稍低、中间隆起的弧形。每层 30～60 cm 厚，直至堆成封顶。含水量高的草应当堆放在草垛上部，过湿的干草应当挑出来，不能堆垛。草垛收顶应从草垛全高的 1/2 或 2/3 处开始。干草堆垛后，一般用干燥的杂草、麦秸或薄膜封顶，垛顶不能有凹陷和裂缝，以免进雨、蓄水。草垛的顶脊必须用绳子或泥土封压坚固，以防大风吹刮。堆大垛时，为了避免垛中产生的热量难以散发以及自燃现象的发生，干草含水量控制在 15％以下，还应在堆垛时每隔 50～60 cm 垫放一层硬秸秆或树枝，以便于散热。

（2）草棚堆藏　在气候湿润地区或条件较好的养殖场和农户应建造干草棚或青干草专用贮存仓库，避免日晒雨淋。草棚应建在离牲畜圈舍较近、易管理的地方，堆草时地面应有一层防潮底垫。堆草方法与露天堆垛基本相同。堆垛时干草和棚顶应保持一定距离，有利于通风散热。

2. 干草捆贮存

（1）干草捆的制作　牧草干燥到含水量为 15％～20％以后，即可用打捆机将干草打方形或圆柱形捆，以增大草体的密度，缩小单位重量的体积，便于长期保存、运输和贮存。打捆机的种类不同所打的捆的形状、大小不同。若在打捆的同时喷入丙酸防腐剂，打捆牧草的含水量可在 30％以内，可有效防止叶片和花絮等柔嫩部分在打捆、运输过程中折断、粉碎造成损耗。一般小捆重量为 14～68 kg，易于搬运；大捆重量为 600～900 kg，需要装卸机装卸。

（2）草捆的贮藏

① 露天贮藏：柱形草捆由大圆柱形打捆机打成，重量 600～800 kg，草捆长 1～1.7 m，直径 1～1.8 m。可在田间存放较长时间，也可在排水良好的露天场地成行排列存放，使空气易于流通，但不宜堆放过高，一般不超过 3 个草捆高度。

② 贮草库贮藏：贮草库干草捆贮藏技术。采用输送机或人工将草捆逐层堆码成垛。草捆垛的大小，可根据储存场地加以确定，一般长 20 m、宽 5 m、高 18～20 层干草捆。堆码时，底层一般应架空。草堆应保证稳定、不坍塌，并便于取用。草垛一般沿库长边按条状堆垛。为确保良好通风和遮挡雨雪，敞开式干草库的条垛外侧应设 1.5～2 m 通道。草垛不宜过高，以距檐口 30～40 cm为宜。干草捆在仓库里应注意水分含量、防雨防潮、减少日晒、防止霉变等。

（三）干草的品质鉴定

干草的品质好坏，一般应根据干草的营养成分来评定，即通过测定干草中水分、干物质、粗蛋白质、粗脂肪、粗纤维、无氮浸出物、粗灰分、维生素和矿物质含量以及各种营养物质的消化率来进行评价。在生产实践中，由于条件的限制，只能采用感官判断，判断干草的物理性质和含水量，对干草进行品质鉴定和分级。

1. 颜色气味　　干草的颜色是反映干草品质优劣的重要标志。优质干草呈绿色，绿色越深，其营养物质损失就越小，所含可溶性营养物质、胡萝卜素及其他维生素越多。适合刈割调制的干草都具有浓厚的芳香气味。干草如有霉味或焦灼味，说明其品质不佳。

2. 叶片含量　　干草中叶片的营养价值较高，所含的矿物质、蛋白质比茎秆中多 1～1.5 倍，胡萝卜素多 10～15 倍，纤维素少 50%～75%，消化率高 40%。干草中的叶量越多，其品质越好。鉴定时，取一束干草，看叶量多少，确定干草品质的好坏。禾本科牧草的叶片不易脱落，豆科牧草的叶片极易脱落，优质豆科牧草干草中叶量应占干草总量的 50% 以上。

3. 牧草发育时期　　适时刈割调制是决定干草品质的重要因素，始花期或始花期以前刈割的，干草中的花蕾、花序、叶片、嫩枝条较多，茎秆柔软，适口性好，品质佳。若刈割过迟，干草中叶量少、枯老枝条多、茎秆坚硬、适口性和消化率均下降，品质变劣。

4. 牧草组成　　干草中各种牧草所占的比例也是影响干草品质的重要因素。一般来说，豆科牧草所占比例越高，干草品质越好，杂草数量越多，品质越差。

5. 含水量　　干草的含水量应为 15%～18%，含水量过高不宜贮藏。测定时，手捏或搓揉干草束时无干裂声，干草拧成草辫松开时干草束散开缓慢，且不完全散开，弯曲茎上部不易折断为适宜含水量；当紧握干草束时发出破裂声，松开后，干草不散开，说明草质柔软，含水量高，易造成草垛发热或发霉，草质较差。

（四）干草的利用

1. 利用方式

（1）切碎饲喂　　常用的方法是把干草切短至 3 cm 左右或粉碎成草粉进行

饲喂，以提高干草的利用率和采食量。用草粉饲喂牛羊，不要粉碎得太细，饲喂时添加一定量的长草，以便使牛羊进行正常反刍。

（2）自由采食　为避免粪便污染和浪费，可将干草投放在羊容易采食到、但不易被污染的专用投草架上或食槽内，让其自由采食。

（3）混合日粮饲喂　根据牲畜的饲养标准和饲草料的营养含量等，将干草与其他饲料按比例混合，进行全日粮饲喂。

2. 干草饲喂量　优质干草是羊的优质饲料，适量饲喂可以满足羊反刍对粗纤维的需要，有利于羊的生长健康，节约成本，提高效益。喂量过少，不能满足羊对蛋白质和能量饲料以及粗纤维的需要；喂量过多，羊不能完全消化，不仅浪费，而且对羊生长不利，饲喂效率低。

三、饲草青贮

（一）青贮的概念

青贮饲料是指经过在青贮容器中的厌氧条件下发酵处理的饲料产品。更确切地说，是在厌氧条件下经过乳酸菌发酵调制保存的青绿多汁饲料。新鲜的和萎蔫的或者是半干的青绿饲料，在密闭条件下利用青贮原料表面上附着的乳酸菌的发酵作用，或者在外来添加剂的作用下促进或抑制微生物发酵，使青贮pH下降而保存的饲料叫作青贮饲料。

青贮饲料具有柔软、多汁、气味酸甜芳香的特点，适口性好，能保持较多的原饲料的营养成分。饲料经青贮，其养分损失仅 10%～15%，蛋白质、胡萝卜素损失也少，饲喂后，能为反刍家畜提供较多的营养成分。

可以作为青贮饲料的原料多种多样，除了常用的牧草和饲料作物及其秸秆以外，块根块茎、蔬菜以及蔬菜副产品、野菜、杂草、树叶、各种工业加工副产品（如甜菜渣、酒糟、啤酒糟）均可作青贮原料。

（二）青贮的技术要点

1. 排除空气　乳酸菌是厌氧菌，只有在隔绝空气的条件下才能生长繁殖。如不排除空气，霉菌、腐败菌会乘机滋生，从而导致青贮失败。因此，在青贮过程中，原料应切短（最好在 3 cm 以下），同时要压实、密封，尽可能创造出理想的无氧环境，这是青贮过程中很关键的一点。

2. 适宜温度　青贮饲料的温度应控制在 20～30 ℃的范围内，在这种温度下，乳酸菌能大量繁殖。若温度高达 50 ℃，丁酸菌就会大量繁殖，使青贮饲料出现臭味，以至腐败。如果温度太低，则乳酸菌活动受到抑制。

3. 合适水分　乳酸菌繁殖的最适含水量为 70%。过干不易压实，温度易升高，从而影响青贮饲料的质量；过湿则酸度高，牲畜不爱吃。

直观判断方法：手握紧饲料，仅有水分渗出即过标准。对于质地坚硬的原料，可适当提高水分含量，反之则降低。含水量过高过低的饲料都应经过处理后再进行青贮，高者适当晾晒或加入干饲料，低者喷入适量水分或加入多汁料。

4. 选择好原料　乳酸菌发酵需要一定的糖分，一般情况下，原料中的适宜含糖量为 1%～1.5%，否则乳酸菌不能正常繁殖，青贮饲料的品质就不能保证，含糖量高的原料易青贮，如玉米秸、瓜秧、高粱秸、禾本科牧草、向日葵秆等；含糖量低的难青贮，如花生秧、豌豆秧、大豆秧及豆科牧草等，对于这类饲料，可加入含糖量高的饲料混合青贮，也可以加入 3%～5%的玉米面或麦麸，然后单贮。

5. 选择好时机　利用农作物秸秆青贮，如果过早会影响粮食产量，而过晚就会影响青贮品质。如玉米秸的青贮，时间选择上，一是看籽实成熟程度，"乳熟早、枯熟迟、蜡熟正当时"；二是看青黄叶比例，"黄叶差、青叶好，各占一半稍嫌老"，对于一半叶片青绿的玉米秸，如果当天铡碎入窖，可以不必加水，否则就要加 10%～20%的水。其他一些青绿饲料的青贮可以参考玉米的青贮。总之，要做到既不影响粮食生产，又不至于太干枯的时候为宜。

6. 装填及封窖　青贮制作过程要做到"六边"，即边割、边运、边铡、边装、边压、边封，每一池尽可能做到当天收割，当天贮完，当天封池，最迟不超过 3 d，防止氧化产热。为确保青贮质量，建议贮草户早做准备，相互合作，组织好人力及运输、铡草、压草机械。装原料时要层层铺平、压实，尤其要注意周边部位。在逐层装入时，注意每层厚度在 15～20 cm，直到装满青贮窖。原料应与窖口齐平，中间略高，然后盖上塑料膜，膜上压 30～50 cm 厚的湿土封窖。封窖后，要随时注意观察，发现有裂缝或下降现象要立即修补，以防止透气或漏入雨水。40～50 d 后完成发酵，可开窖取用。取用要做到连续取用，随取随用，每次取完后及时覆盖表面，尽量减少与空气接触，防止变质。每次取用厚度应大于 10 cm，对于少量变质的饲料要及时抛弃。

（三）青贮设施设备

1. **青贮壕建设** 青贮壕应在平坦的地面上修建。其形状是一个长方形的壕沟，壕的宽度、深度和长度根据青贮量的多少而定，宽度一般不少于 4 m，一般宽 4～6 m、高 2～3 m、长 15～35 m 为宜，其长度以不要超过拟覆盖用塑料薄膜整卷的长度为好。两侧壕墙一般用钢筋混凝土，表面用水泥抹光滑。沟底为混凝土，底部和墙面必须光滑。沟底两侧向中间、底端向出口端均成 1‰～3‰缓坡，出口端低，便于机械化作业和青贮料沥水，避免壕底部积水。进出壕的壕口处壕墙修成 40°～50°的斜坡，便于塑料薄膜覆盖。青贮壕的墙顶部修成宽 10～15 cm、深度 8～12 cm 的 U 形槽沟，并用水泥抹光面。覆盖塑料薄膜时将薄膜平铺压入沟内，在上放细沙压紧封严。

2. **地面堆贮坪建设** 应在地势较高、排水方便、无积水、土质坚实、制作和取用青贮料方便的地方修建地面堆贮坪。

（1）**水泥地坪** 修建的水泥地坪应高出地面 15～20 cm，用 15～20 cm 混凝土制作，混凝土向四周地面有一些坡度以便于排水，地面抹平，并经防水处理。四周需有排水沟，保证排水良好。

（2）**泥土地坪** 选择地势较高的平坦地块，将地面平整压紧，四周挖排水沟，清除老鼠，填平鼠洞，四周挖排水沟，保证排水良好。

3. **青贮塔建设** 用砖和混凝土建成圆筒状，半径一般为 3～5 m，高 10～15 m，每隔 3～4 m 处开一个大约宽 0.5 m、高 1 m 的出料口小门。一般用于饲养规模较大、经济条件较好的饲养场。

4. **裹包青贮** 裹包青贮需铡草机、打捆机、覆膜机。用专用的青贮打捆机、覆膜机和专用的青贮膜进行袋贮（图 5 - 10），每袋 50～80 kg。其好处是使用方便，青贮料较少时也可青贮，不必像青贮壕和青贮池必须在较短的时间内贮满。

（四）青贮后的管理

青贮是在厌氧状态下，利用发酵作用保存起来的青绿多汁饲料，空气漏入后，很快腐烂变质。因此，贮后管理十分重要。

1. **袋贮的管理** 装袋后尽可能不搬动，以免破损漏气，袋内有水珠是正常现象，切勿开袋。

图 5-10 裹包青贮

2. 漏气检查　青贮后应经常检查，发现漏气、破损应及时修补，窖、壕表面出现裂缝应及时添土。

3. 取喂　青贮后 40 d 就可以取喂。根据每天喂量一次性取足，塑料袋取料后要将气挤出扎紧口袋。青贮窖、壕则从低端揭开薄膜，取料后将薄膜盖好，以防空气进入引起腐败。

4. 青贮设施用后的管理　青贮料用完后，将青贮袋、窖、壕清扫干净，塑料袋和覆盖用薄膜洗净，修补好，用竹竿卷好挂起以备下次再用。

（五）青贮饲料的品质鉴定

青贮饲料品质鉴定一般用感官鉴定法，多采用气味、颜色和质地等指标。

1. 气味　好的青贮料具有芳香的酒糟或山楂味，酸味浓而不刺鼻，手抓后味道容易洗掉；中等品质的青贮饲料具有刺鼻酸味，芳香味轻；品质低劣的青贮饲料有大粪样的臭味，发生霉变。

2. 颜色　以越接近原料的颜色越好。品质好的青贮料，颜色呈绿色或茶绿色、黄绿色，具有一定光泽；中等品质的呈黄褐色或暗绿色，光泽差；低劣品质的呈褐色或灰黑色，有的像烂泥一样呈深黑色。

3. 质地　良好的青贮料，压得非常紧，但拿到手上很松散，质地柔软，较湿润，茎叶多保持原形，轮廓清楚，叶脉和绒毛清晰可见；相反，青贮料黏结成一团，像污泥一样，或者质地软散、干燥而粗硬，或者霉变结成干块，说明品质低劣；中等品质的青贮，茎、叶、花部分保持原状，水分稍多。

131

（六）青贮饲料的使用及饲喂家畜时的注意事项

青贮饲料经过密封发酵后，产生乳酸。在启用后应将其塑料薄膜按原样密封，以免青贮料与空气接触引起的第二次发酵，造成青贮饲料的变质。取喂时最好将一天所喂青贮料的量一次取足，然后密封好。

妊娠中后期母羊的青贮料喂量不超过日粮的30％，产前应不喂，以免引起流产。部分羊因未食过青贮料，可能出现不适，使用过程中应先在饲料中少许添加，使羊有一个逐步适应的过程，5～7 d 适应后再放开让其采食，但给食量应以每餐不剩为宜。

第六章
南江黄羊饲养管理

科学的饲养管理是饲养好山羊，并获得较多优质产品，提高养羊经济效益的关键技术之一。如果饲养方法不科学、管理工作不到位，即使是优良的品种、丰富的饲料，也不能使山羊的生产性能得到充分发挥，导致生长发育受阻、生产水平下降、诱发多种疾病，更为严重的是造成羊只死亡，最终导致养殖失败。因此，必须采用科学的饲养管理技术，才能取得最佳的生产效益，确保养羊成功。

第一节　饲养方式及常规饲养管理

一、南江黄羊的饲养方式

南江黄羊的饲养方式，在不同的环境条件下，可分放牧、半放牧半舍饲、舍饲等三种饲养方式。羊是草食家畜，不管哪种饲养方式都应以青绿饲料饲喂为主。规模养羊选择什么样的饲养方式，要根据当地草场资源、牧草种植、农作物秸秆的数量、羊舍面积来确定。要充分利用天然草场进行放牧和利用秸秆等粗饲料补饲，在保证羊群正常生长发育和充分发挥生产性能潜力的前提下，尽量做到降低饲养成本，提高经济效益。

（一）放牧饲养

包括粗放放牧、长年性放牧和以放牧为主辅以适当补饲，以及零星饲养羊只的拴牧、系牧等。南江拥有广阔的森林、灌丛草地、林下草地、天然草坡，均可用于放牧。为把发展养羊生产和保护生态环境有机结合起来，在草场资源较为丰富的条件下，采取适度放牧加夜间补饲，达到养羊增收和保护生态的双赢目的。南江黄羊采食力强、采食面广，多种灌木、树枝嫩叶、野草及农副秸秆都喜爱采食，在夏秋季节，由于牧草营养丰富，每天保持放牧时间在 10 h 以上，不需要补充精料也能满足自身的营养需要。南江黄羊四季放牧技术扼要介绍如下：

1. 羊群的组织　　山羊要按品种、性别、年龄、强弱分别组群，羊群的大小可根据放牧草场的牧草质量、地形、面积和人力而定。

（1）草场状况　　牧草质量好，地势开阔平坦，面积又大，并且是位于村庄附近的草场，羊群数量可大一些，否则可适当小些。半农半牧区和山区每群羊的数量要相对少些，农区更少。如果地形复杂，草场又差，放牧定额要低些。每群羊由一二名牧工放牧。

（2）羊群种类　　按羊群的公母、大小、强弱分别组群，有利于放牧和管理。

① 按性别组群：公、母羊应分别组群，种公羊不论数量多少，也必须单独组群，并且不能和试情公羊、商品羯羊混群放牧。

② 按类别组群：成年羊、育成羊、断奶羔羊也应按性别分别组群放牧，特别是临产母羊和病弱羊数量虽少，也必须单独组群放牧，并加强饲养和护理。

（3）羊群数量　　适宜的放牧羊群大小，繁殖母羊：牧区 200 只/群左右，半农半牧区和山区 70～100 只/群，农区 15～30 只/群；育成母羊：牧区 300 只/群，半农半牧区和山区 150 只/群；育肥肉羊：牧区为 500 只/群、半农半牧区和山区 200 只/群，农区 30～50 只/群。

2. 放牧方法　　放牧是山羊饲养的基本方式。在有放牧条件的地区，一年四季均应以放牧饲养为主，这种方法简而易行，经济实惠。山羊的放牧方法主要有以下四种：

（1）头羊领着放牧　　选择体格强壮的羊作为头羊训练，使其在羊群前面领头放牧。这种方法可以控制路途远近、前进方向和速度，有利于合理利用草坡，保护羊群不掉队，不受野兽袭击。但放牧时牧工除控制好头羊外，还要随时观察羊群的采食状况，是否有产羔羊或离群掉队羊只。

（2）驱赶放牧　　牧工在羊群后面驱赶放牧。这种方法在春秋两季，特别是归牧时多采用。平坦宽阔的草场放牧时能观察到整个羊群，不易丢失，但在山坡草场放牧时不易控制羊群前进的方向。

（3）一侧放牧　牧工在羊群的任一侧放牧。放山坡时，牧工站在羊群的中坡位置；放田边时，牧工站在地边，以观察羊群前进的方向和速度，防止践踏庄稼。此法适宜于山区、丘陵地区。

（4）等着放牧　牧工在经常放牧的牧道或从沟底向山坡放牧时，把羊直接往前赶，当领头羊的前进方向正确时，牧工可走近路在前面等着羊群。此法适于枯草的冬季以及无农田、无幼树、无兽害的草坡地区放牧。

3. 放牧羊群训练与调教　合群性强是山羊的生物特性之一。利用山羊这一特性，训练头羊，指挥放牧，给羊群的放牧管理带来许多方便。

（1）领头羊的训练与调教　俗话说"羊群放牧靠头羊，一只羊过河，全群跟着过河"，这说明了领头羊在羊群中的特殊作用。所以只要调教出听指挥的领头羊，是牧工节省劳力放牧好羊群的关键。调教领头羊应做好四项工作：

① 选好苗子：选择体格高大、健壮、胆大、对口令反应灵敏、平时喜欢走在羊群前面的青年母羊作为调教的对象。

② 重点训练：对于选中的羊，要注意保持良好的营养，领头母羊产羔后应偏管偏喂，补充蛋白质、钙质含量丰富的精饲料。

③ 耐心引导：首先用羊喜欢采食的草料加精料、食盐等给予舔食，把头羊引在羊群前面领羊放牧，边走边调教，并且要耐心引导，切忌粗暴鞭打，并与其建立感情，使它俯首听口令指挥，时间长了，被训练的头羊就会在前面带领着羊群放牧了。

④ 树立威信：当其他羊走在头羊前面时，应押住它们不让其前进，而让头羊走在前面。当有其他羊用角顶头羊时，要驱打其他羊，帮助头羊取胜，这样来树立头羊威信。

（2）建立指挥羊群的口令　除调教好头羊外，还必须解决好羊群服从指挥的问题，因此牧工必须建立统一的口令，要让羊群理解牧工口令，而口令就应言简意赅、字正腔圆，还要使口令与手势固定配合。口令和手势一旦配合，就不能更改，时间长了，就可达到指挥若定、令出羊从的预期效果。

（3）给头羊取名字　可根据被调教头羊的外部特征来命名，训练时边喊名字边喂食，然后慢步退走，使羊随同牧工叫声前进。对已建立习惯呼唤的羊，应经常呼唤其名字，直到不需要喂食也一叫就来时，才能间断调教工作。

4. 四季放牧方法

（1）春季放牧　春季的羊最难放，因为经过一个漫长的冬季，特别在补饲条件不足的情况下，消耗了较多的体能和皮下脂肪，羊群普遍消瘦，几乎无肥膘。加之，能繁母羊正处于怀孕后期，对营养需要较多；空怀母羊又面临接受配种怀孕的生产任务。因此，春季是羊群复膘和生产的关键时期。

羊在春季非常贪食，见青就不顾一切地去啃。放牧员必须掌握好放牧时间，过早过迟对羊群都不利，初春时节山区还很寒冷，出牧时间过早羊要抵御寒冷消耗大量体能，不利于抓膘；出牧时间过迟，羊采食不饱，也不利于抓膘。一般初春较宜出牧时间为早晨的 9 时以后，仲春时节较宜出牧时间为早晨的 8 时。春季放牧对建植的人工草地先要"躲青"，仍在黄干草的草场上放牧，只有人工草地上牧草高度达到 10～15 cm 方可放牧。春季放牧还要注意由黄草转换青草，要逐渐过渡，不要猛然改变，以免引起腹泻。一开始，可先放牧黄草，每天只放牧 2～3 h 的青草，逐渐增加放青草的时间，减少放黄草的时间，直至整天放牧青草，其间经过 10～15 d 的转变期。春季采用一条鞭放牧法，一般上午放昨天放过的草场，下午放未放过的牧场。每天按时饮水，即每天接近中午的时候，将羊群慢慢地向有水的地点移动，边赶边放，到中午炎热时，就可以在饮水处饮水和休息。下午又慢慢往回放牧。

（2）夏季放牧　夏季牧草旺盛，一般选择相对较高和较远的草场放牧，由于气温高，做到早出晚归，保证放牧时间。在夏季高山草地放牧，可以上午放阳坡，中午放林地，下午放阴坡；上午顺风放，下午逆风放，可使羊不受热。夏季山区易发山洪和泥石流，放牧员要注意收看天气预报，观察天气变化，一旦天气发生变化，迅速将羊群转移至安全地带，确保人和羊的安全。此外，在高山林间放牧，还要提防狼来袭击，接近平地放牧还要注意农村狗咬伤羊只。

（3）秋季放牧　秋季是一年养羊生产中最为关键时期，是繁殖母羊的最佳配种季节，也是商品肉羊的最佳育肥时期。由于秋季气候凉爽、不冷不热，各种牧草结籽实，营养价值最高，适宜羊群抓膘。抓膘的目的既有利于提高繁殖母羊的受孕率，也有利于提高商品肉羊的出栏率，减少羊群的存栏量，为羊群安全越冬打下基础。因此，秋季放牧工作抓得好与坏，直接关系当年的经济效益和来年的生产效益。

秋季放牧实际就是由高山放牧，逐渐下山，转向中山（山腰）、低山至平坝河谷。因为牧草的枯萎也是按这个顺序而来，坡下草比坡上草枯得晚，平坝和河谷地带的草枯得最晚。这样有利抓膘。

秋季应采取强度放牧，保证每天放牧时间达到 10 h。对草场实行划区轮牧，将现有草场划分成若干个小区，每个小区放牧 2～5 d，几个或几十个轮牧小区为一个单元，供一个羊群利用，逐区采食，轮回使用。划区轮牧还应考虑到轮牧的周期和频率。放牧周期是指每一小区轮回一次所需要的时间，或两次相隔的时间。周期的长短，决定于放牧后再生草的速度，一般再生草生长到 8～20 cm 时，就可再次放牧。再生草生长快，周期短；再生草生长慢，周期长些。放牧频率是指一个小区在一个放牧季节内，轮流放牧的次数。放牧频率随草地类型和牧草再生速度而异。对于一个小区牧草来讲，如果过度放牧，既使羊采食不饱，又使牧草丧失再生能力，还有可能破坏草场植被。

（4）冬季放牧　冬季放牧是最为艰难的，时间长，牧草枯萎，气候寒冷。冬季来临时，需将羊群转移到山下平坝区或山谷地带进行越冬。进入冬季牧场前，需要准备好越冬的羊圈，补饲的草料，羊舍内铺垫一些干树叶或利用价值不高的干草（稻草、蒿草），保持舍内清洁干燥，并封闭门窗，让羊群在夜间睡卧时圈舍温度达到 10 ℃以上。越冬时，有经验的放牧员做法是：先放远坡，后放近坡；先放高处，后放低处；先放山坳，后放平坝。以免下雪后，这些先放的地段，被雪封盖无法放牧。并在圈舍附近保留一块较好的草场，为产羔母羊和羔羊或气候突变时使用。

下面介绍南江黄羊放牧谚语：

南江黄羊好品种，生长又快又耐粗；
农民养殖能致富，节约成本多放牧。
放牧技术虽简单，基本要领要记住；
放羊是个轻松活，老人小孩都能做。
出牧数数羊脑壳，看看有没蔫家伙；
收牧就唤羊吃盐，清完羊数才回圈。
早晨出牧要撒盐，补充钙磷腿不软；
晴天要放远一点，雨天就放屋跟前。
林间放牧多吃喝，野狗野兽不追赶；
十天半月换牧区，合理利用才长远。
春天羊儿最难放，早出晚归莫偷懒；
偷吃庄稼挨骂娘，寻找羊只最艰难。
夏季利用高山草，林间放牧真悠闲；
防蛇防暑防洪水，人羊安全要当先。

秋天牧草营养高，抢住时间抓秋膘；

强度放牧多出栏，卖出一分好价钱。

冬季放牧选河谷，冰天雪地放阳山；

勤添草料又补盐，稳住膘情是关键。

放牧歌谣要记牢，科学养殖是正道；

南江黄羊好门路，勤劳致富奔小康。

（二）半放牧半舍饲

半放牧半舍饲方式包括季节性的夏秋季放牧为主、冬春季补饲为主以及长年性白天放牧夜间补草补料等。这种饲养方式比较适合于丘陵和地势较为平坦的农区。若按照全放牧饲养，由于受草地面积和产草量的限制，羊的采食量将远不能满足其营养需要，所以应根据实际情况科学调配饲料，进行补饲，保证羊只正常生长发育和生产。根据不同季节牧草生产的数量和品质、羊群本身的生理状况，确定每天放牧时间的长短和在羊舍饲喂的次数和数量。夏秋季节各种牧草灌木生长茂盛，通过放牧可以充分吃饱，满足营养需要，可以不补饲或少补饲。冬春牧草枯萎，量少质差，单纯放牧不能获得足够营养，必须在羊舍进行较多的补饲。

（三）舍饲

舍饲指羊只所需大部分或全部草料与营养物质由人工在圈内供给（包括草地式运动场上运动性采食和越冬补青草地上定时放牧补充青绿牧草等），亦称圈养。此种方式主要适合在产粮区和人口较为密集的农区，将羊只长年关在圈舍院内，饲喂青草、树叶、秸秆和其他农副产物，再补加一定的精料或混（配）合饲料。在缺乏放牧草场的农区和城镇郊区，或肉用羊的育肥期均可采用完全舍饲的方式。舍饲饲养要有丰足的草料来源、较宽敞的羊舍和饲喂草料的饲槽和草架，并开辟一定面积的运动场，供羊群活动锻炼。舍饲育肥肉羊，应尽量减少羊只放牧运动对能量消耗，有利于营养物质的沉积，达到育肥的目的。要搞好舍饲饲养必须收集和贮备大量的青绿饲料、干草和秸秆，保证全年饲草的均衡供应。高产羊群需要营养较多，在喂足青绿饲料和干草的基础上，还必须适当补饲精料。舍饲饲养方式人力物力消耗较大，因此饲养成本较高。南江黄羊是生产性能好的优良品种，如能提高羊群的产肉力和出栏率，就能获得较高的经济效益。

1. 舍饲的优点　舍饲养羊是在我国研究"发展肉山羊生产与环境保护"和解决"三农"问题新形势下的产物，是保护生态环境、降低劳动强度、充分利用饲草和秸秆资源，获取最佳经济效益的有效途径。它具有以下优点：

（1）有利于养羊生产的集约化管理和对农副秸秆的综合开发利用，也是农区发展养羊的唯一出路。

（2）有利于提高土地利用效价和充分利用饲草资源。因为舍饲养羊能充分合理利用牧草资源，包括田间（林间）草地、农副秸秆及副产物的合理利用。

（3）有利于发展生态农业和立体农业。如利用冬闲地增（套、间）种一年生牧草，以及采取"果、草、药、牧"立体配套，保证青绿饲料的供给，羊粪又投入生产，形成种植业、养殖业良性循环。

（4）有利于提高土地肥力。因羊粪中富含氮、磷、钾等多种元素，为优质复合有机肥料，可提高土壤熟化力。

（5）有利于劳动力资源的开发利用。特别是家庭式舍饲养羊，数量宜多宜少，老残妇幼均可参与，劳动强度低。

（6）有利于提高养羊科技含量。特别是科学实用技术的推广和应用，使科学技术迅速转化为生产力。

（7）有利于提高养羊生态效益。一是家家户户均可实施，二是可以进行区域性布局，三是可以开展规模化、集约化、工厂化养殖。

（8）有利于缓解林牧矛盾。

（9）有利于提高环境效应。舍饲可以对粪便和病原进行无害化处理，从而达到保护生态环境、杜绝疫病传播的目的。

（10）有利于实施标准化养殖。在舍饲的养羊生产中可以按供（制）种场（户）→育羔户→大面积育肥户的生产模式，各自发挥其功能，从而达到加快出栏、缩短饲养周期、提高养殖效益的目的。

（11）有利于疾病防控。舍饲羊群不易被外界病原感染，发生疾病不易向外界传播。

2. 舍饲的缺点

（1）饲养成本增高，经济效益降低　舍饲山羊所需要的食物是按羊的营养需要由人工采集加工调制而供给，它不同于放牧饲养，主要靠山羊本身在草地（草山）上自由采食来维持其正常的生理、生产活动。舍饲山羊无论是在山丘农区，还是在平坝区，都要考虑圈舍的配套设施建设、饲草饲料的生产、饲养管理、疾病防治等方面的投入，与传统粗放饲养或"放牧＋补饲"相比，无疑是增加了饲养成本。就不同的地理位置而言，山丘区的饲养成本高于平坝区。从饲料转化利用来讲，以南江黄羊4—6月龄后备羊为例，一般料肉比为（3.77～5.85）∶1，加之山羊的生长速度（以幼龄羊和青年羊为例）平均日增重在100 g左右，即使舍饲比放牧生长快一些，但对养羊户来讲，每只羊平均效益舍饲则不如放牧。

（2）圈舍建筑不合理，影响生产发展　农户舍饲山羊多数在房前屋后沿房缘墙缘搭一简易瓦棚或草棚。在南方地区，用木条、竹子等搭建羊床离地面约1 m的吊脚羊圈，用以隔潮湿和通空气。但许多羊舍修建不合理，羊舍面积小，未分类建圈，运动场小或无运动场。通风不良或无遮拦，饲槽或草架或大或小、或高或低，无排粪排尿设施等。饲草浪费大，羊只因斗殴导致外伤时有发生，母羊早孕、早产、流产严重，疾病交叉感染突出，羊只生长发育受阻导致体弱多病，严重影响了生产发展。

（3）饲草单一，营养不良　舍饲山羊依靠人工投料，人工投放什么饲料就吃什么饲料。在饲草饲料生产、加工、供应体系尚未形成以前，饲料的供应随季节变化而变化，夏、秋季以鲜草为主，冬、春季以干粗饲料和多汁料为主，往往饲料单一且不均衡，尤其缺乏青绿多汁饲料，羊只出现食毛、啃土、异食烂布料、烂胶鞋及塑料薄膜等。羊体消瘦，发病率增高。许多养羊农户由于不愿意在饲草饲料开发上下功夫，仅仅依靠现有的饲草资源，靠天养羊，羊群常出现"夏肥、秋壮、冬瘦、春死"的现象。

（4）羊群结构不合理，繁殖力低　舍饲山羊普遍存在不同性别、年龄、体质的羊只一律混养，未进行科学的分类分群饲养。羊群中适龄繁殖母羊的比例较低（不到40％），与养羊水平较高的新西兰、澳大利亚（70％）相比差距大。由于公、母羊混养，造成母羊早孕、早产、流产严重；加之营养缺乏，导致母羊受孕率低，即使受孕，产单羔多、双羔少，生产弱羔的比重较高；由于育羔技术不到位，羔羊死亡率高，成活率低。

（5）缺乏运动，羊只的抵抗力减弱　舍饲山羊改变了山羊原来的放牧游走觅食的生活习惯，使山羊的生理过程发生了一系列变化，但人们往往忽视了这一变化。加之养羊农户往往把舍饲山羊误认为像养猪一样，只要让羊吃饱就能生长发育。因此，羊群出现了很多问题。如长期站立趴卧而运动不足，可造成消化系统许多机能下降、减退，采食量下降，精神状态差，体弱无力，惧冷惧热，抵抗力减弱。生殖方面，母羊不发情或发情不明显，发情经多次配种难以怀孕，分娩无力，出现弱羔、死胎等现象；公羊则过肥或过瘦，运动迟缓，性欲下降，精液品质不高。除此以外，舍饲山羊缺乏运动还影响呼吸系统、循环系统和内分泌系统等。

（6）防疫保健措施不健全，疫病多　目前，我国山羊舍饲还处于探索阶段，无成功的模式可循。养羊户受传统放牧饲养方式观念的束缚，饲养管理简单粗放，认为只要把羊只关在圈里饲养就行了。在疫病防治方面，存在着重治轻防的思想，大多数羊场没有羊群保健程序和严格的疫病检测手段，常常是头痛医头、脚痛医脚。羊群中体内、外寄生虫病严重；由于草料供给不均衡，导致营养缺乏和代谢障碍引发的疾病频频发生；加之，传染病的预防免疫不到位，一些传染病（如羊痘、山羊传染性胸膜肺炎、羔羊痢疾和口疮等）相继发生，羊只死亡量大，给养羊户造成极大的经济损失。

3. 舍饲养殖主要措施

（1）转变观念，提高认识　各级各部门应根据当地的自然资源条件，因地制宜、合理规划圈养规模，草多大规模、草少小规模。决不能贪大求洋、照抄照搬，要循序渐进、由小到大、由弱到强，逐步做大做强舍饲山羊产业。

（2）合理布局，科学规范羊舍建筑　没有规范和科学的羊舍就不能搞好舍饲养羊。具体地讲，羊舍应远离交通主干线 2 km 以上，选择在向阳、通风、干燥、近水源、有饲草地的开阔地带修建。羊舍建筑要因地制宜，因陋就简、就地取材。在北方，由于气候干燥，雨水量少，可用水泥砖块建成；在南方，可用木条、竹子建成半楼（吊脚楼）式漏缝地板的简易羊圈为佳。舍内设施包括：羊只睡卧间、补饲间、草料存储间、种公羊饲养间、料槽和草架等；舍外设施包括：运动场（面积应在羊舍的 2 倍以上）、青（微）贮池（壕）、药浴池、排粪排污处理设施等。此外，应配备疾病诊断室、人工授精室、羊群管理档案室及足够的饲草料地。

（3）大力发展饲草资源，确保草料平衡供应　山羊生产最基本的特点就是利用廉价的草料生产优质的产品，来满足人类的需要。所谓廉价饲草是指天然饲草（包括农副秸秆），但天然饲草营养物质不全面，且随季节变化而变化，呈现淡旺差异。为了解决这一矛盾，唯一的办法就是配套人工种草。值得注意的是，种草养羊不能靠单纯的人工种草来组织山羊生产，必须与天然饲草配套。否则，将失去山羊利用廉价饲草生产价廉物美产品的特点。因此，应采取如下措施来保证舍饲山羊草料的平衡供应。

① 人工种草与天然草地的配套利用。舍饲山羊一方面可利用天然草地进行运动性放牧，每天不少于 6 h，一方面根据天然草地的质量按 5%～15% 的比例配套人工优质草地，实行早、晚各补饲一次。

② 人工种草与利用农作物秸秆养羊配套。我国农作物秸秆的利用率约为20%，许多地方还不到 10%，尚有巨大潜力可挖。养羊农户应做好秸秆饲料的收贮，搞好"三贮一化"的处理，为舍饲山羊提供充足的饲草饲料。但多数农作物秸秆粗纤维含量高，能量浓度低，豆科类秸秆相对较少，因此在配套人工种草上，应以豆科和禾本科为主，其比例以 3∶7 为宜，实现营养物质平衡供应。

③ 草料的合理搭配与利用。草料的搭配应尽量多样化，在调配全日饲草日粮（粗饲料为主）时，精混料与青（粗）料（按干物质计算）的比例为1∶9（仲春和秋季使用），或 2∶8（夏季）或 3∶7（冬季和早春）。在配套精料混合料时，春、秋两季保持维持需要；夏季因气候炎热代谢水平提高，应在维持的基础上增加 5%～10%；冬季因气候寒冷，消耗体能增加，应提高能量供应50%～70%。此外，在精混料中蛋白质饲料不少于 14%，矿物质添加剂占2%。在调制后使用日粮时，应做到青绿饲料切短，干粗饲料粉碎，块茎多汁饲料切碎，与精混料充分拌混，按饲养日程按量投喂。还应特别注意的是：青贮料在日粮中不宜超过 30%，多汁料的萝卜（或菜叶类）不宜超过 10%，长时间使用含玉米的日粮，玉米在日粮中不宜超过 30%。禁喂霉变和冰冻饲料。

（4）遵循"良种良法"，提高舍饲山羊科技含量

① 按照"供种—制种—育羔—育肥—产品（上市）"的肉山羊生产流程，严格分类分群（场、点）饲养。各养羊场（户）因地制宜，建立专门的供种、制种（繁殖）、育羔、育肥、集散（加工、流通）基地，就近利用饲料资源，减少饲草长距离运输。

② 推广繁育新技术，提高繁殖率。繁殖是舍饲山羊生产中的重要环节，要达到"多孕、多产、多羔、多成活"的目的，应采取的技术措施主要有：一是选择繁殖力高且来源于多羔的个体作为亲本；二是提高适龄母羊的比重；三是严格选配，交配的公、母羊至少三代以上无亲缘关系，公羊的品质应优于母羊，公、母之间的年龄差异不超过 2 岁；四是采用同期发情技术，集中配种产

羔，一般为"春配秋产、秋配春产"；五是推广人工授精或胚胎移植技术，提高母羊的受孕率。

③ 落实育羔技术，提高成活率。对初生羔羊应抓好早运动（生后3d户外运动）、早补饲（1周龄诱饲）、早驱虫（1月龄驱杀体内、体外寄生虫）、早阉割（40日龄左右对不能留种的羔羊阉割）的"四早"育羔措施。同时，把握羔羊的初生关、过渡关、越冬度春关，确保育羔成功。

④ 应用育肥技术，提高出栏率。肉山羊生产最终目的是生产更多的优质羊肉，满足消费者的需求。其方法有两种：一是当年羔羊系列育肥，按照"早期补饲（育羔）—断奶优饲（护羔）—强度育肥（上市）"的技术流程，主攻4～6月龄、8～10月龄羔羊育肥；二是对淘汰羊（包括老、弱、病、残羊），经驱虫和健胃后，进行短期强度育肥。

⑤ 强化饲养管理，严格技术操作。根据不同的季节，分类制定配种公羊、繁殖母羊、羔羊、后备培育羊、育肥肉羊的饲养管理技术规程。

⑥ 严格卫生防疫，降低死亡率。一是场区布局符合卫生防疫要求，分设生产区、生活区、隔离区；二是建立卫生防疫制度，主要包括日常卫生管理、定期消毒、外来传染源管理、疫病监测、病羊隔离、定期驱虫免疫、防疫档案管理等制度；三是搞好四季驱虫和春、秋两季预防接种，有效控制各种疾病的发生，降低羊只死亡率。

目前，广大农区养羊最适宜采取舍饲方式；草山草坡较宽阔的地方采取放牧饲养方式；在草山草坡不充足的情况下，亦可采取控制"运动性放牧"的"半放牧半舍饲"饲养方式，即早、晚在圈内各饲喂草料一次，在上午和下午饲养员跟着羊群在草地上进行运动性放牧6～8h。

二、南江黄羊饲养规模

实践证明，以户为生产经营单位的南江黄羊饲养并不是羊群规模越大越好，而是根据具体情况确定。以放牧为主的饲养方式，要根据能放牧的草山草坡面积、草场质量决定养羊规模；以舍饲为主的饲养方式，要根据人工草地面积、牧草产量和其他饲料来源情况来决定养羊规模。我国南方以放牧为主的饲养户，能繁母羊群以30～50只、育肥肉羊群以100～120只、后备羊培育群以80～100只为宜；农区舍饲养殖能繁母羊3～5只、育肥肉羊30只左右为宜。北方地区可在此基础上增大些。当然要进行专业化、规模化、工厂化养殖又另当别论了。

南江黄羊的饲养规模根据不同饲养方式和草地面积及贮备草料物资而确定,家庭羊场的饲养规模见表6-1。

表6-1 南江黄羊不同饲养方式下的饲养规模

羊群类别	定员（人）	放牧（只/人）		半圈半牧（只/人）		舍饲（只/人）	
		定额	最大规模	定额	最大规模	定额	最大规模
断奶过渡群	2	40～50	100	60～70	130	70～80	150
后备培育群	2	50～60	120	70～80	150	90～100	200
特殊培育和配种公羊群	2	30～40	80	40～50	120	50～60	120
繁殖母羊群	2	40～50	100	60～70	130	70～80	150
商品肉羊群	2	60～70	150	90～100	200	110～120	250

三、南江黄羊资源配置

资源的优化配置是提高养羊生产水平和经济效益的重要条件,养殖规模必须与人力、牧草、设施、设备等资源相匹配,否则,会导致养羊成本增加、效益低下,甚至造成养羊生产失败。与养羊相关的主要资源配置方案见表6-2。

表6-2 南江黄羊养殖规模与主要资源配置情况

生产规模		资源配置				
饲养繁殖母羊（只）	年出栏种肉羊（只）	劳动力（人）	林地和草地面积（亩）	人工种植牧草（亩）	建标准化羊舍（m²）	建青（微）贮池（m³）
20～25	40～60	0.5	300	2～3	50	3
40～50	80～120	1	1 000	3～5	100	5
80～100	160～250	2	2 000	5～8	250	10

四、常规饲养管理

(一)日常生产管理

1. 定时放牧或补饲 放牧羊群必须保证足够的放牧时间。南江黄羊放牧饲养的规则是：人不离羊、羊不离人，坚持早出、晚归，出牧、收牧和移地放牧清点羊只。牧谚云：早放阳坡晚放坪，烈日当空放林荫；晴牧远、雨牧近，时刻防备狗（狼）接近；草地分区要划小，潮湿牧地忌放行。半舍饲和舍饲羊群也要保证运动时间，按管理规程规定每日的饲喂次数和补饲量，做到定时、定量、少喂勤添。一般半舍饲羊群每天早、晚各补饲1次；舍饲羊群早、中、晚各补饲1次，有的羊群夜间还需补饲1次。

2. 观察羊只 羊群无论是放牧还是圈养，都要仔细观察羊只。放牧羊群要在出牧、收牧时，舍饲羊群在早、中、晚投料和上、下午活动时进行"毛、温、便、食、精、气、脉、回"的八字观察。毛：指被毛变化，是否光滑或粗乱；温：指体温是否正常；便：指大、小便有无变化；精：看精神状态是否活泼或沉郁；食：看食欲与采食强弱；气：指呼吸变化、次数等；脉：指脉搏跳动次数、强弱是否正常；回：指反刍（即回嚼）有无异常。

3. 保证运动 山羊性情活泼，生来好动。舍饲条件下，南江黄羊每天应保持4~6 h的运动时间，即使在积雪的冬天也要在运动场进行驱赶性运动。其余季节各类羊群的运动量一般应控制在中度和轻度，避免高强度和剧烈运动。临产前2~3周的母羊，只能给予轻微运动。

4. 供给饮水 水是羊只的重要营养物质，但往往被人们忽视。因此，供给饮水应纳入日常管理的重要内容。羊舍内应设置固定饮水池（槽），早、晚喂料后定时供水与自由饮水相结合。在炎热的夏季，白天和昼夜必须供应饮水，让羊只自由饮用。

5. 编号 羊只编号是技术管理上的一项重要措施。通常在羔羊出生后1周内编号，以耳缺记录原始号。羔羊断奶转群时，以佩戴金属或塑料耳标记录永久号，可与原始号一致，也可另外编排。

编号的方法有剪耳法、插耳标法、墨刺法、烙角法等，最为常用的剪耳法和插耳标法。剪耳法就是在羊的两耳上剪缺记数作为羊的个体号，但据《养羊学》教材中介绍的方法最多只能编至999号，对种羊数量超过1 000只以上的育种场，就会出现重号，给选种选配和记录记载造成混淆。为此，对规模较大的育种羊场来讲，为了避免种羊重号，采取在哺乳期剪耳缺记录原始号，被初选为种羊的羔羊经培育达到6月龄中选时，被选留的种羊佩戴耳标记录个体号，原剪耳缺记录的原始号作废。耳标号记录方式：采取5位数记录法，第1位数代表种羊出生地的繁殖羊场，第2位数代表继代选育世代号，最后3位数代表个体号，一般公羊为奇数，母羊为偶数。编号工具如图6-1、图6-2所示。

图6-1　剪耳法用缺号钳　　　　　图6-2　插耳标用打孔钳

6. 去势　凡是不留作种用的羊只，均应阉割（去势），并以在哺乳期（出生后3~5周）阉割（又称奶阉）为佳。采取刀割手术法，公羔摘除睾丸，母羔摘除卵巢。对公羔也可在30日龄内应用结扎法去势，方法是在阴囊颈处用橡皮圈（或麻丝）扎紧，断绝睾丸营养供应，使阴囊和睾丸渐至（半月左右）干枯，实现去势。该种去势方法羔羊能感受到痛苦，一般不用。

7. 药浴　药浴是驱杀外寄生虫的一种常见方法。由于放牧羊群容易被蚊蝇叮咬，感染蜱、螨、蛆、羊虱、疥癣等寄生虫，造成羊体脱毛、瘙痒，影响羊只健康。药浴的目的是为了预防和治疗外寄生虫引起的疾病。药浴主要在夏秋季节进行，可分为池浴、淋浴、喷雾等三种。药浴应注意的问题：一是选择晴朗无风的日子进行，预防感冒；二是羊群药浴前饮足清洁饮水，防止药浴时过多饮用药水造成中毒；三是药浴池不宜过长，羊只通过距离不超过3m；四是药浴池的水位刚好达到被药浴羊群头顶；五是加入药品剂量与药浴池水的容积相匹配，药液浓度过大造成羊只中毒，浓度过低对寄生虫无驱杀效果；六是羊群药浴后应在阴凉处停留1h后才放牧，观察有无中毒现象，发现中毒羊只立即解救。

8. 消毒　每天饲喂草料或羊群出牧后，应打扫圈舍和运动场及场舍四周环境卫生，冲洗饮水槽，同时，每天对场地和器具进行消毒1次。

9. 饲养日程　见表6-3。

表 6-3　南江黄羊的饲养日程

季节	早晨		上午		中午		下午		晚上	
	时间	内容	时段	内容	时段	内容	时段	内容	时间	内容
春季	8:00	出牧或补饲	9:00~12:00	放牧或运动	12:00~14:00	就地休息或补饲	14:00~18:00	放牧或运动	7:00	补饲补水
夏季	6:00	出牧或补饲	7:00~11:00	放牧或运动	12:00~14:00	在林荫间休息补饲	14:00~19:00	放牧或运动	8:00	补饲补水
盛夏	5:30	出牧或补饲	6:00~11:00	放牧或运动	12:00~14:00	圈内休息或补饲	14:00~19:00	放牧或运动	8:00	补草补水
秋季	7:00	出牧或补饲	8:00~12:00	放牧或运动	12:00~14:00	就地休息或补饲	14:00~18:00	放牧或运动	7:00	补饲补水
雨季	7:00	户外运动补饲	8:00	喂草	12:00	选时间放牧运动	14:00	喂草加料	7:00	补饲补料
冬季	8:00	户外运动补饲	9:30~12:00	放牧或运动	12:00~14:00	喂草加料	14:00~17:00	就地放牧运动	7:00	补饲草料

10. 分群（分圈）管理　分群（分圈）管理是实施科学养羊的措施之一，否则，就不能提高山羊生产效益。要求不能公、母混群（混圈），大、小混群（混圈），强、弱混群（混圈）饲养和管理。科学分群的方法如下：

（1）按性别分群　可分为公、母和阉羊群（圈），羔羊3周龄后按公、母羔分圈喂养，断奶后分别转入公、母羊后备群。

（2）按年龄分群　一般分后备羊、特殊培育羊、育成羊、成年羊群（圈）。

（3）按用途分群　繁殖母羊、配种公羊、育肥肉羊群（圈）。

（4）按体况分群　对瘦弱羊要增设专门饲养群（圈），进行特殊饲养管理。

（二）季节性管理

南江黄羊是大巴山独特的生态环境条件下，采取以放牧为主的饲养方式培育而成的。根据原产地四川省南江县的气候特点，将全年划分为暖季（4—10月）和冷季（当年立冬后11月至翌年春分3月底）两个季节。

1. 暖季饲养管理　落实好日常饲养管理措施，保证放牧时间。重点抓好高温和秋雨连绵季节的饲养管理。

（1）炎热季节的饲养管理　在高温条件下羊只的生产力将受到严重影响。据研究表明，当气温达到 26.7 ℃时，公羊的精液品质下降，同时高温可以引起胚胎死亡、胎儿发育不良和流产等；气温高于 25 ℃以上，羊只就会出现掉膘、喘气、中暑等不良反应。南江黄羊最适宜的温度是 10～22 ℃，故在炎热季节饲养过程中应注意：一是保证空气流通。羊舍所有门窗及通风洞、孔全部敞开，让羊舍宽敞明亮通风透气，舍内羊只不能拥挤，舍内温度控制在 22 ℃以下。二是科学调控饲料。注重多汁青绿饲料的供给，减少干草的饲喂量。三是不要在烈日下驱赶运动或放牧。夏天烈日当头时，可在林荫草场放牧和休息，可在淡盐水中加入适量的白糖让其饮用，如出现中暑反应也可灌服清热解暑药物。四是注意圈舍环境的清洁卫生和消毒，防止蚊虫叮咬和疾病传播。

（2）梅雨季节的饲养管理　在我国南方，几乎每年农历八月（俗称"烂八月"），都有一段秋雨连绵、久不见晴的天气，空气中的相对湿度过高。肉用山羊适宜的湿度范围应是 50%～80%，南江黄羊原产地相对湿度为 72%，过度潮湿的环境不仅影响羊只体热的散发，同时还有利于病原性真菌、细菌和寄生虫的繁衍和发育，使羊只易患疥癣、湿疹、腐蹄病、螨病及呼吸系统方面的疾病。此季节主要注意以下几点：一是注意清洁卫生，保持环境干燥。因为在梅雨季节会导致草场土壤及牧道泥泞，羊群游走和放牧不便，羊舍内可能粪便稀浊，垫草发霉，这些都直接影响羊群的采食和健康。所以保持环境的清洁卫生和干燥，可用生石灰对牧道及羊舍内、外消毒，减少病原微生物的滋生和疾病的传播。二是注意饲草饲料的投放质量。如果是放牧羊群，最好是在灌木草场内放牧，减少吃低矮草类的机会。舍饲羊只，要注重草料的贮备，防止投喂霉烂变质草料，同时注意青草和干草的搭配比例，防止消化系统疾病的发生。三是在这个时节有部分羔羊将要出生，要注重羔羊的护理和防寒保暖工作。四是梅雨季节结束时立即对周围环境进行彻底消毒处理和对羊群进行驱虫、防疫。

2. 冷季饲养管理

（1）选择越冬地点　放牧羊群在入冬前（一般在 12 月中下旬）将羊群从积雪的高山转移到海拔 800 m 以下的低山河谷，选择向阳（阳山）、通风、干燥、近水源、天然牧草丰富的地点进行越冬。

（2）实施科学放牧　一是保证放牧时间。冬季放牧羊群每天应选择最佳出牧时间（一般上午 9 时以后），保证羊群有效放牧时间，一般晴天和阴天放牧时间达到 8 h 以上，下雪天达到 6～8 h，积雪天（不能放牧）必须坚持雪地驱赶和户外觅食运动 2~4 h。二是适时轮换牧区。冬季放牧按天气变化选择牧区，一般晴天和积雪天放牧阳山、阴天和雨天放牧阴山、下雪天放牧河谷，做到每周轮换 1 次牧区。三是跟群放牧。由于冬季天然牧草枯萎，羊只觅食范围广，羊只极易离群不归，或发生掉岩、狗咬、被盗等意外事故，造成重大损失。怀孕母羊必须就近放牧平坦优质草场，防止拥挤、跳跃、掉岩、惊吓等造成机械性流产。四是补喂食盐。按成年羊标准，每天补喂食盐 5~8 g/只。

（3）搞好防寒保暖　羊舍门窗夜间封闭，白天敞开透气。羊只睡卧地板用干草（或干燥树叶）铺垫升温，定期添加和清除垫草，保持室内干燥、清洁，夜间室内温度不低于 10 ℃。

（4）供应充足饮水　每天早晚后各供给清洁饮水 1 次，放牧时做到上、下午各饮水 1 次。当外界气温低于 5 ℃时，需将饮水加温到 30 ℃供羊只饮用。

（5）贮备足够草料　为了保证冬羊不掉膘，就要备足羊群过冬的草料。因为温度下降，饲料需求量增大，体能消耗增加，为了满足代谢增强的需要，所以要在原日粮的基础上，能量供给提高 70%~90%。同时做好冬春青绿多汁饲料的种植和精饲料的贮备，保证草不断青、料不缺精。精料的补充以羔羊不超过 50%、青年羊不超过 40%、育成羊约 30%、成年羊 25% 为宜。为了营养的全面性可在舍内悬挂营养舔砖。实践中可按羊的头数和需要的数量，收集各种干草、树叶、菜帮、菜叶及农作物秸秆，可经过氨化、碱化和堆贮饲喂，也可制作青贮和发酵饲料。精料中，玉米、大麦、麸皮及油饼和酒糟等都是喂羊的好饲料，但饲料要搭配饲喂，做到多样化。同时，还可根据羊群数量秋种一定面积的优质高产的三叶草、黑麦草，给羊做冬季饲料，以保证羊群在枯草期有充足的优质青鲜草饲喂。

（6）科学调制草料　草料调制时，应将青绿饲料切短，多汁料和块根料切碎（颗粒直径 2 cm 以内），精混料和干制农作物秸秆必须加工粉碎制成粉粒，青贮饲料揉搓切短。草料使用原则：即配即喂，精混并用；亦可先粗后精或先精后粗。

饲料使用注意事项：①饲料调制做到即配即喂，若调制好的饲料堆放时间过长，极易引起饲料发酵产生热量滋生黄曲霉菌毒素，特别是精混料中含有大量的玉米极易产生，引起饲料中毒；②禁止饲喂霉变、腐烂、被农药污染、冰冷的饲料，防止饲料中毒引起流产和死亡；③若精混料加入非蛋白氮（尿素），总量不能超过 1%，补饲后 2 h 内不能饮水。若饲料中尿素超量、补饲后立即饮水、直接加入水中饮用等情况，均会造成羊只中毒死亡；④配制怀孕母羊补饲日粮时，应考虑饲料的体积不能过大，否则，会引起怀孕母羊腹围增大，导致流产或早产；⑤青贮（微贮）饲料不能单独利用，必须与混合精料和优质鲜草配合使用，增加适口性；⑥注意部分粗饲料的用法和用量。萝卜用量不能超过补饲草料干物质总量的 20%，且必须与青干草（草粉）拌混饲喂，防止羊只采食过多引起拉稀或造成怀孕母羊流产。红苕用量一般成年羊（体重 40 kg 以上）日补饲量不能超过 0.5 kg，幼龄羊（体重 10～25 kg）不能超过 0.25 kg，羔羊（体重 10 kg 以下）不能超过 0.15 kg，若超出用量，易引起羊只瘤胃积食，导致拉稀。饲喂马铃薯（洋芋）必须去掉芽苞，最好熟喂。否则，会导致羊只中毒。

（7）搞好卫生防疫　冬季羊易患口蹄疫、痘病、痢疾、大肠杆菌病、链球菌病、感冒及寄生虫病等疾病，要注意及时清理羊舍，保持羊舍清洁干燥，并经常刷拭羊群体表和被毛，以促进血液循环，增进机体健康。在入冬之前，对越冬羊群进行全面驱杀体内外寄生虫和注射各类疫（菌）苗，以保证羊安全健康越冬。一方面，要抓好以常见传染病为主的防疫工作；另一方面，应经常用驱虫药对羊进行预防性驱虫，可用阿苯达唑每千克体重 12.5～25 mg。口服，或左旋咪唑每千克体重 10 mg 肌内注射，隔 7 d 再用 1 次，可达到理想的驱虫效果。

第二节　分类饲养管理

一、种公羊的饲养管理

（一）种公羊饲养基本要求

俗话说"公羊好，好一坡；母羊好，好一窝"。种公羊饲养的基本要求是常年保持中等体况，具有体质强健、性欲旺盛，精力充沛，配种能力强，精液品质好、精子密度大、活力强，过肥过瘦都不利于配种。由于种公羊数量少，种用价值高，必须精心饲养管理，种公羊的优劣直接影响母羊的受胎率和后代的生产性能。

（二）种公羊饲养管理的要点

1. 合理饲养　种公羊的日粮要求是营养价值高，有适量的蛋白质、维生素和矿物质，易消化，适口性好。种公羊精液数量和品质，取决于饲料的全价性和合理的管理。蛋白质营养对种公羊种用性能的发挥至关重要，种公羊获得充足的蛋白质，则性欲旺盛，精子活力强，密度大，母羊情期受胎率高。同时控制好日粮的能量水平，日粮中能量和蛋白质的比例要适当。此外应注意补充维生素和无机盐，尤其是补充维生素 A、维生素 D、维生素 E。优质的禾本科和豆科的混合干草为种公羊的主要饲料，一年四季应尽量喂给；根据饲养标准补充配合日粮，放牧场地应选择优质的天然和人工草场。较理想的饲料：鲜干草类有苜蓿草、三叶草、青燕麦草、黑麦草、花生秸等，精料有玉米、麸皮、豆粕等，其他有胡萝卜、南瓜、麦芽、骨粉等。动物蛋白质对种公羊也很重要，在配种或采精频率较高时，要补饲生鸡蛋、牛奶等。

2. 合理管理　①合理运动：要求有足够的运动量，保持健壮的体质，有条件时要进行放牧；舍饲为主的公羊每天不少于 6 h 的运动，每天梳刮羊只皮毛 1～2 次，以促进血液循环；②合理分群（圈）：公、母羊要分圈饲养，不能混养，因为混养使公羊长期处于兴奋状态，最终会导致性欲抑制，影响配种质量。

3. 合理使用　掌握好配种（采精）次数，不宜过度，每天配种 3～4 只为宜，最多不超过 5 只。连续配种 2～3 d 应休息 1 d。采精次数多的，其间要有休息，公羊在采精前不宜吃得过饱。

（三）配种期的饲养管理

1. 营养要求　由于种公羊采食的营养物质要经过几周的时间之后才能对其精液品质产生影响，因此，在配种前 0.5～2 个月，种公羊日粮由休闲期的饲养标准逐渐过渡到配种期的饲养标准。配种期公羊所消耗的营养和体力较大，营养要求全面，要特别保证蛋白质供给，日粮中蛋白质的含量在 18% 以上。要补给多种多样的饲草，日粮中粗饲料含量不宜过高，否则会影响到配种能力和精液品质。在配种期，按每只羊每天干草 1～1.5 kg、混合精料 1～1.5 kg、胡萝卜 0.5 kg、鸡蛋 2～4 枚或牛奶 1 kg 进行补饲，每天分 3 次以上给料，保证供给清洁饮水。

2. 日常管理　种公羊在配种前 1 个月开始采精，检查精液品质。开始时，每周采精 1 次，继而每周采精 2 次，再后每间隔 2 d 采精 1 次，成年公羊每日采精可达 3～4 次，一天内多次采精，两次采精间隔时间为 2 h。对精液密度较

低的公羊，需要增加运动量，在放牧运动量不足时，每天早上可酌情定时、定距离和定速运动。

（四）休闲期的饲养管理

在休闲期，种公羊虽然没有配种任务，但仍不能忽视其饲养管理。要让其保持中等以上的体况，除放牧运动外，应补给足够的能量、蛋白质、维生素和矿物质。在非配种期，主要以饲草日粮（粗饲料占 50％以上）为主，种公羊配种刚结束后，应逐渐更换非配种期的日粮，每天补饲混合精料 100 g，并满足青干草和鲜草的供给。

二、繁殖母羊饲养管理

南江黄羊繁殖母羊是指符合南江黄羊品种标准，年龄达到 8 月龄和体重在25 kg 以上，转入繁殖母羊群参繁的适龄母羊。繁殖母羊承担妊娠和哺育羔羊的任务，要求长年保持良好的饲养管理条件，才能达到优质高产。繁殖母羊的饲养管理分为空怀期、妊娠期和哺乳期三个阶段。

（一）空怀期的饲养管理

母羊空怀期（恢复期）只有 1 个月左右。中等以上体况的母羊在第一个发情期的受胎率可达 80％～85％，而体况差的只有 65％～75％。因此，应提倡羔羊适时断奶，使母羊尽快恢复体况。在配种前 1.5 个月，加强繁殖母羊的饲养，放牧时选择牧草丰茂且营养丰富的草场，延长放牧时间，使母羊尽可能食饱食好，同时要适当补饲，并注意维生素和青绿多汁饲料的供应，保证母羊获取足够的营养。从而使其早日复壮，促进早发情、多排卵，提高羊群受胎率和多羔率。

（二）妊娠期的饲养管理

母羊妊娠期的饲养管理对提高其繁殖力和生产力有重要作用。怀孕母羊不仅要保证自身所需营养，还要保证胎儿所需营养。

1. 妊娠前期　妊娠母羊前 3 个月为妊娠前期。妊娠前期胎儿发育较慢，所增重量仅占羔羊初生重的 10％。此期的饲养任务是维持母羊处于配种时体况，在牧草丰茂季节只要搞好放牧就可基本满足其营养需要。

2. 妊娠后期 妊娠的后 2 个月为妊娠后期。妊娠后期胎儿生长发育快，初生重的 90％左右都是在怀孕后期形成。如胎儿平均日增重在妊娠第四个月达到 40～50 g，在妊娠第五个月高达 120～150 g，且骨骼已经矿物化，因而妊娠的最后 1/3 时期，母羊对营养物质的需要在平时日粮的基础上提高 40％～60％，钙和磷提高 1～2 倍。可见妊娠母羊的饲养应把重点放在妊娠后期，此期的饲养管理对胎儿一生的生长发育、生产性能及经济效益都有重要影响。如适逢严冬，牧草枯黄，须加强营养，根据当地草料条件尽可能抓好补饲。除了补饲干草、青贮料（每只每日 2～3 kg）外，有条件的还要适量补饲精料和骨粉。母羊临产前 1 周左右，不得远牧，以便分娩时能及时回到羊舍，但不可把临近分娩的母羊整天关在羊舍内。在放牧时，做到慢赶、不打、不惊吓、不跳沟、不走冰滑地和出入圈不拥挤。对于可能产双羔的母羊及 1 岁多就配种的母羊，更要加强饲养。

（三）哺乳期的饲养管理

母羊哺乳羔羊的时间为 2 个月，重点培育的羔羊和弱羔可以延至 3 个月。母羊在产羔 3 d 后就要补喂营养全面、品质好的饲料，使母羊迅速恢复体况，保证乳汁充足。但饲料中多汁青绿饲料的比例不宜过高，以防止乳房炎和羔羊腹泻。一般情况下，在日常放牧的基础上，每羊每天补喂多汁青绿饲料 2 kg、青干草 0.5～1 kg、混合饲料 0.3～0.5 kg。哺乳后期，母羊除放牧采食外，亦可酌情补饲，以便恢复体况，提早发情受配。

三、羔羊的饲养管理

育羔是南江黄羊育种和生产中的一个重要环节，育羔的成功与否直接关系到育种的成败和养羊的经济效益。因此，必须加强羔羊饲养管理，严格操作规程。羔羊的培育分先天培育和后天培育两个阶段。

（一）羔羊先天培育

羔羊的先天培育是指未出生前在母体内的培育。羔羊在母体内临出生前 3～5 周内，应增加母体营养供应和调控，胎儿生长所需各种营养物质如蛋白质、能量、矿物质（主要是钙、磷）、维生素均通过母体摄取。此期供给母羊的饲料按怀孕后期料与泌乳期母羊料以 7∶3 配备，到分娩时逐渐调整至 0∶1，

并注意妊娠后期母羊的日粮体积，保证胎儿发育充分，初生重大，产后母羊乳量充足，羔羊生长发育快。

（二）羔羊后天培育

羔羊后天培育是指羔羊出生后的培育。此阶段应把好羔羊的初生、断奶过渡、越冬度春三关。

1. 羔羊初生关管理　指羔羊刚出生至 2 月龄阶段的饲养管理。羔羊出生后应立即去掉口、鼻腔黏液，用洁净拭布擦干口鼻。用消毒剪刀断脐，及时（不超过 2 h）喂上初乳，3 d 内每天 4 次喂足初乳。每只羔羊每天补喂土霉素 0.05 g，防止羔羊痢疾；3 d 后开始诱饲，日喂奶 3 次；1 周龄注射口疮疫苗，就近放牧优质牧草；3～5 周龄驱虫和阉割，2 月龄体重达到 10 kg 开始断奶，个别羔羊断奶延迟到 3 月龄。强化育羔具体采用下列"五早"措施：

（1）早运动　3 日龄内的羔羊夜间进入产羔栏，白天在户外吸收阳光自由活动；1 周龄随母放牧运动；3 周龄开始单独组群进行放牧和运动，并逐步由近到远，直至转群。

（2）早补饲　3 日龄以青嫩饲草开始，逐渐投放优质干草和少量炒黄豆进行诱食，并试补液体料（即人工乳）；1 周龄开始补饲液体料每日 1 次，夜间供给羔羊料自由采食；2 周龄补饲液体料，每日 2 次，以优质干草为主的精混料 1 次，夜间供给饲草日粮。以后逐步增加饲草日粮次数和用量，减少液体料、精混合料供应次数，直至转群前停止人工乳。

（3）早驱虫　30 日龄的羔羊要预防驱除莫尼茨绦虫，间月（即 60 日龄）再驱 1 次；对羔羊易感染的蜱、螨、虱等外寄生虫，选择在无风的晴天药浴和擦洗。

（4）早阉割　对不符合种用要求的羔羊，1 月龄前后予以奶阉（阉割时保留副性腺）。此时阉割有母体供给营养，加上人工育羔，有助于增加断奶体重。

（5）早断奶　南江黄羊羔羊年龄达到 2 月龄，体重达到 20 kg 即可断奶。断奶后让哺乳母羊尽快恢复体质，参加下一轮繁殖。

2. 羔羊过渡关管理　羔羊断奶后，分公、母转入过渡群，或就地实行公、母分群，过渡期羔羊采取舍饲喂养。此期间，应特别注意蛋白质、矿物质、粗纤维的供应，以保证骨骼和内脏器官的发育，必要时还要补喂代乳品（液体料），逐渐适应独立觅食，力求缩短过渡期。

3. 羔羊越冬度春关管理　为了确保育羔成功，无论采取哪种饲养方式，均不能忽视羔羊在哺乳和过渡期的越冬饲养，必须提高成活率，采取有效方法避免羔羊死亡。凡秋羔和冬羔在越冬时节一律进入育羔间，垫圈升温，防寒保暖，注重青绿多汁饲料供应，中午抓住天时在补青饲料地放牧或运动 4 h 以上。对泌乳母羊采取补饲为主、放牧为辅的"半圈半牧"饲养方式或增加羔羊人工乳的喂量，必要时可补饲液体料和鲜草。

四、后备羊的饲养管理

(一) 过渡羊群的饲养管理

过渡羊群即羔羊双月断奶至 5 月龄，这时羔羊刚离开母羊，由母乳供养向独立采食转变，可以延长使用人工乳的时间，提高饲料中优质牧草比重，并注重蛋白质、维生素及矿物质饲料的平衡供应，以保证内脏器官和骨骼的生长发育。

(二) 后备羊群的饲养管理

羔羊历经断奶过渡期进入后备期，即投入生产前的后备阶段（一般公羊至 12 月龄，母羊至 8 月龄）。在良好的环境条件下，此阶段可出现 2～3 个生长高峰期，通常公羊在 6 月龄、8 月龄和 12 月龄，母羊在 5～6 月龄、7～8 月龄。为使羊群及早投入生产利用，在饲养上应主攻生长发育，特别应注意能量、蛋白质、矿物质和维生素饲料的平衡调供，粗蛋白质应不低于 20%，以确保各组织器官尽快发育完善。对符合种用的羊只，要进行分群重点培育，放牧优质场，强化饲养管理，达到培育优质种羊的目的。

五、育肥肉羊的饲养管理

南江黄羊的育肥期很短，一般为 60 d 左右。南江黄羊一年四季均可育肥上市，其最佳育肥季节在秋末、冬初时节，由于气候凉爽，牧草丰盛，且营养价值高，最适宜羊只生长且能发挥最大生产潜力。

(一) 育肥前的准备

1. 羊群的准备　南江黄羊要根据 4 个生长发育高峰期拟定育肥计划，但农户育肥的最佳时期还是7～8月龄或10～12月龄比较符合实际。可将不作种用的冬春羔羊进行阉割集中育肥，对老残羊和淘汰羊可在产后整顿羊群调整结构，确定淘汰对象，阉割后实施短期育肥。有条件的农户和羊场可以组织批量生产，小群在30～50只、中群80～120只、大群在150～200只的群体规模。

2. 驱虫和防疫　计划投入育肥的羊群，一律要进行体内、体外寄生虫的驱杀和各类疫（菌）苗的免疫注射，提高羊只免疫力，避免疾病的发生和流行，影响育肥效果。

3. 育肥羊的分类组群　要达到育肥的满意效果，应对育肥羊按照不同的年龄、体重大小及性别进行组群，以消除营养需求差异、采食力强弱、奔跑力不同对羊只生长速度的负面影响。

4. 草（料）及草场的准备　要根据不同类别（型）的羊群，科学调制日粮，定期轮换草场。

5. 营养物质的平衡供应　采取渐进供给，舍饲羊只应保证充足阳光照射和舍外运动，确保羊只保持良好的生长状态。

（二）育肥方法

肉羊育肥的方法很多，常用的方法有7种。

1. 当年羔羊的系列育肥　当年羔羊育肥是目前最佳的育肥方式，对春产的羔羊，夏季强化饲养，秋季强度育肥，冬季出栏上市。

（1）早期补饲　对1周龄以上羔羊通过诱饲，补充富含矿物质和消化率高的蛋白质饲料，补充优质饲草，促进机体消化系统的完善和快速生长发育。

（2）断奶优饲　断奶后的羔羊，在优质人工草场或丰茂的自然草场内进行放牧，获取全面的营养物质，再适当予以补饲，促进各器官尽快发育完善。

（3）强度育肥　在入秋时节，集中2个月的时间，在长时间放牧的基础上，保证补充高营养水平的饲料，进行强度育肥。

2. 阶段育肥法　根据生长发育阶段实施育肥的一种方法。适用于综合式或联营式肉山羊生产场。在"制种＋育羔＋育肥"的生产结构中，平时常规饲养，在育肥季节到来之前，根据南江黄羊的生长高峰进行分群（圈），按照各个生长高峰的营养需要，采取限食、限量与强度放牧相结合的技术进行适时育肥。育肥时间2个月。

3. 短期育肥　主要是针对老、弱、病、残在内的淘汰羊，经过对羊只进行防疫、阉割、驱虫、健胃及 1～2 周的过渡期，然后应用强度优饲法育肥 2 个月左右达到增重 10 kg 体重以上的效果。

4. 放牧育肥　利用天然草场、人工草场或秋茬地放牧抓膘的一种育肥方式，生产成本低，应用较普遍。

（1）选择好放牧地点　天然草地大致可分为林间草地、草丛草地、灌丛草地和零星草地等。根据羊的种类、数量和不同天然草场的情况，确定适宜的放牧地点和方式，充分利用夏、秋季野生牧草和灌丛枝叶在夏秋季节生长茂盛的特点，选择地势平坦、牧草茂盛的放牧地。幼龄羊适于在豆科牧草较多的草场放牧育肥；成年羊适于在禾本科较多的草场放牧育肥。

（2）采用分区轮牧　为了合理利用草场和保护牧草的再生能力，根据天然草场的面积、数量和地形将其划分成若干小区，实行分区轮牧，每个小区放牧 4～6 d 后移到另一个小区放牧。分区轮牧有很多优点：羊只经常采食到营养丰富、适口性好的鲜嫩牧草和枝叶，吃得饱，增重快，有利于育肥；同时也使牧草和灌木得到再生的机会，提高草地的载畜量和牧草的利用率；另外，还可减少寄生虫感染的机会，划区轮牧是预防四大蠕虫即肺丝虫、捻转胃虫、莫尼茨绦虫和肝片吸虫感染的关键措施。

（3）延长放牧时间　每天坚持 10 h 以上的放牧时间，保证采食到量多质优的牧草。

（4）实行白天放牧，夜间补草（秸秆），并适当补饲精料。

（5）放牧育肥的注意事项　跟群放牧，人不离羊，羊不离群，防止羊只丢失；防止损坏林木和践踏庄稼，防止兽害和采食有毒植物；定期驱虫、药浴、防治寄生虫病；添食矿物质营养盐或补喂食盐。

为提高放牧育肥效果，养羊生产上应安排母羊产冬羔和早春羔，这样羔羊断奶后，正值青草期，可充分利用夏、秋季的牧草资源，适时育肥和出栏。

5. 舍饲育肥　将育肥羊只完全在羊舍内喂养，使羊只获得较高的日增重，并在短期内达到育肥的目的。这种方法投入相对较高，但羊的增重快，产肉多，出栏早，周转快，经济效益高，有利于进行规模化、集约化、工厂化生产。舍饲育肥适用于饲料资源丰富的农区及无放牧草场的地区。舍饲育肥的技术关键是根据山羊的营养需要配制混合饲料，采用科学的饲喂方法和管理方式。

舍饲育肥羊的饲料主要由青、粗饲料、农副业加工副产品和各种精料组

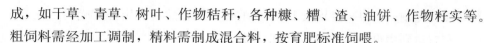

成，如干草、青草、树叶、作物秸秆，各种糠、糟、渣、油饼、作物籽实等。粗饲料需经加工调制，精料需制成混合料，按育肥标准饲喂。

实践中，要注意综合开发利用农副秸秆资源，结合人工种植优质牧草发展养羊生产，根据育肥肉羊的营养需求科学调配饲料，一般舍饲育肥羊的混合精料可占到日粮的45%～60%，随着育肥强度的加大，精料比例应逐渐升高，按先粗后精的顺序分次完成投饲。注意不要过食精料，同时注重饲料的清洁卫生，提高饲料的利用率，保证羊只充足的饮水和必要的运动。

6. 突击育肥法　适用于集散型肉山羊育肥场常年育肥，根据羊肉市场动态，集中育肥肉羊。可用"订单羊肉"生产方式，生产单位根据市场和订单对羊肉的需求，将集中羊只按年龄分类，经过半个月的预饲后，再集中1～2个月的突击性育肥出栏。

7. 异地育肥　在建立供种场（户）和制种场（户）的基础上，再建立大面积的若干育羔户和育肥户。将供（制）种户和育羔、育肥的功能分离，以达到专业化生产，批量出栏，缩短饲养周期，提高养羊效益。

第七章
羊场建设与环境控制

第一节 建设原则

标准化羊场可给羊只提供适宜的生存环境，便于生产管理，可最大限度发挥生产能力，实现高产高效目标。因此，在建设中，既要考虑羊的生物学特性、饲养规模、生产方式、管理模式，又要符合科学合理、因地制宜、经济实用的基本原则。

一、选址原则

（1）羊场用地要符合当地土地管理部门的整体用地规划，在较长时间内尽量不要与其他项目用地冲突，建场地址需在当地政府发布的宜养区内，不得在禁养区和限养区内建场。

（2）距离村民居住点不少于1 km，应避开村庄上风向和居民饮水源头。

（3）远离疫源和污染源，与肉食品加工场、屠宰场、化工厂等应有较远距离。距离城镇或人口集中居住区要大于1 km，远离其他畜禽养殖场，周围1 500 m以内无化工厂、畜产品加工厂、屠宰厂、牲畜交易市场、飞机场、炸石场、兽医院等容易产生污染和噪音的企业和单位。

（4）地势地形：选址最好选在地势高燥，背风向阳，有天然屏障（如高山阳坡、河流、岸边）等外人和牲畜不易经过的地方。既有利于防洪排涝而又不致发生断层、陷落、滑坡或塌方，以坐北朝南或坐西北朝东南方向的斜坡为好。切不可建在低洼涝地、山洪水道、冬季风口处，以免汛期防洪及冬季防寒困难。

（5）要求周围有相应数量的放牧场地和刈割草地，根据饲养规模，以放牧为

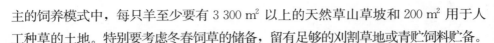

主的饲养模式中，每只羊至少要有 3 300 m² 以上的天然草山草坡和 200 m² 用于人工种草的土地。特别要考虑冬春饲草的储备，留有足够的刈割草地或青贮饲料贮备。

（6）常年有清洁、充足的生产、生活用水水源，水质应符合《无公害食品 畜禽饮用水水质》（NY 5027—2008）。

（7）基础条件：既要交通运输方便，又要距离交通主干道大于 500 m；为了方便加工饲料，要有三相电源，并且稳定有保障；移动通信通畅，最好能通有线通信。

二、设计原则

羊场规划布局应符合《无公害食品 肉羊饲养管理准则》（NY/T 5151—2002）的规定，应坚持利于防疫、利于环境控制、利于生产管理，同时要经济实用和利于减少投资等原则，按建筑紧凑、节约土地、布局合理、生产方便的思路，综合考虑资源、资金、技术、经济的合理性和管理水平等因素。

（一）有利于生产管理

南江黄羊规模养殖场的设计要有利于羔羊、育成羊、繁殖母羊等不同生长生产阶段需求，方便饲草、饲料的运输加工储存等。

（二）有利于环境控制

羊舍是羊只生活和生产的重要场所，是其采食、饮水、活动、排粪、睡眠的地方，与羊只健康和生产性能有着密切的关系。为了给羊只创造适宜的生活和生产环境，首先必须要合理选择场址，营造一个高质量的外界大环境；其次要合理设计和建造羊舍，对羊舍小环境进行有效控制，创造一个适宜羊只生产的小环境。

1. 温度的控制 温度是影响羊只健康和生产力最重要的因素之一，合适的温度可以保证羊只快速生长。舍温夏季不超过 30 ℃；冬季产羔舍不低于 10 ℃，其他羊舍不低于 5 ℃。

（1）夏季降温和防暑 羊舍夏季热量的来源主要是羊体自身的散热、强烈的太阳辐射和过高的大气温度。如果不采取有效的防暑措施，会造成羊舍温度过高而影响羊的繁育和生产；而羊自身的特点是不耐热，所以羊舍的防暑措施就非常的重要。羊舍的防暑就是要防止热辐射、增加羊舍的散热、减少羊体的产热。

①外围结构（屋顶和墙壁）的隔热设计：夏季对舍温影响较大的是羊舍的屋顶。屋顶要选用隔热性能好的材料，并且要采用合理的多层结构增加屋顶的隔热性能。屋顶还要加设一个透明采光带，采用双层中空阳光板，宽度80 cm，通长设置。

②舍内的通风设计：夏季采用自然通风与机械通风相结合的通风方式。自然通风是通过墙壁和窗户敞开的部分，实现羊舍通风，效果非常好。增加羊舍的净高度，也有利于自然通风。

③遮阳和绿化：实践证明，通过遮阳可以使传入羊舍的热量减少。羊舍的遮阳可以选择建筑遮阳和绿化遮阳。在羊舍的运动场上建设遮阳棚（凉棚），在运动场的四周种植绿色的植物来遮阳。

④降温设施：可以采用风机、水帘等设施，来降低羊舍的温度，实践证明效果非常理想。有的羊舍还可以选择移动式冷风机。

（2）冬季防寒保温　冬季羊舍的热量来源主要是羊体的自身散热和太阳辐射。而南江县冬季气温常在0 ℃以下，最低温度是零下十度左右，防寒保暖尤其重要。具体可以采取以下措施：①加强外围结构（屋顶和墙壁）的保温设计，墙壁要有一定的厚度，墙壁的下段选用双层砖墙或用空心砖，屋顶设有采光带，可增加对太阳辐射热的吸收，所以起到很好的保温作用；②采用合理的羊舍形式，羊舍南向有利于冬季的采光，羊舍冬季变成封闭舍有利于保温；③防寒防潮管理：及时清除粪尿，减少冲洗地面的次数以减少污水的产生；在羔羊床上铺设垫草，垫草可选择锯末、小麦秸秆等；加强门窗维护，防止产生贼风。

2. 湿度的控制　湿度表示空气的潮湿程度。湿度可以影响羊只的热调节能力、健康和生产力。潮湿的空气对冬季的防寒和夏季的防暑极为不利，潮湿的空气会使羊体热调节能力下降，还可以引起羊只疾病。羊舍应保持干燥，地面不能太潮湿，空气相对湿度50%～70%为宜。如果羊舍冲洗地面的次数比较多，而且羊群密度高，会使羊舍的湿度升高。为控制羊舍湿度，应重点做好羊舍内的排水。羊舍的排水系统要合理，良好的排水可以保证干燥的地面和空气。羊舍的排水系统包括羊舍的地面、排尿沟、地下排出管、粪水池，要保证羊舍的污水顺利地排出。防潮在管理上要做到以下几点：①场址要选在高燥的地方，建造时要注意设防潮层；②在日常管理中要及时清除粪尿，减少污水的产生；③羊床可以铺设垫草；④保证良好的通风；⑤冬季加强保温，降低舍内的相对湿度；⑥地面要有坡度，不得出现积水、积尿现象。

3. 光照的控制　光照对于羊只很重要，光照可以影响羊只的健康和生产性能。羊舍要求光照充足，一般采用自然光照，光照入射角度应不小于25°，透光角度不小于5°；采光系数（指窗户有效采光面积与舍内地面面积之比）成年羊舍1∶（5～6），羔羊舍1∶（8～10）。羊只一昼夜需要的光照时间：一般羊舍8～10 h，怀孕母羊舍10～12 h。

4. 通风的控制　羊舍的通风换气可以排出舍内的热量，起到防暑降温的作用，还可以排出舍内的有害气体以及空气中的灰尘、微生物等，改善舍内的空气环境。通风换气对羊舍的空气环境影响很大。羊舍的通风换气可分为自然通风和机械通风。自然通风是通过羊舍开敞的部分来进行的，效果受外界气流速度、温度、风向等的影响，羊舍夏季可以调节窗户大小尽可能加大自然通风的通风量，如果仍不能满足通风要求，可以用风机或冷风机来辅助通风。建筑时，在每间羊舍底部设通风孔和开启门窗，实现通风换气；机械通风是采用机械驱动空气产生气流，用鼓风机把舍内污浊空气向外抽，舍外新鲜空气由进入口进入舍内，达到通风的目的。春秋季节通过调节窗户开闭程度来控制羊舍的通风量，冬季通过屋顶风管进行合理的换气。羊舍内通风换气参数为：成年羊冬季0.6～0.7 m³/只，夏季1.1～1.4 m³/只；育肥羔羊冬季0.3 m³/只，夏季0.65 m³/只。

（三）有利于疫病控制

南江黄羊规模养殖场距城区主要交通干线应有一定的距离，并要远离疫病污染源（如屠宰场、活畜市场）。养殖场应设置消毒设施，地面墙壁、圈栏建筑材料应利于清洁消毒，地面墙壁应便于冲洗，并能耐酸性或碱性消毒剂。

三、羊场总体布局

羊场通常按上风向、下风向依次规划排列办公及生活管理区、辅助生产区、生产区、隔离区四个区域。

办公及生活管理区包括与生产、经营、管理有关的建筑物及员工生活使用的建筑物和设施。

辅助生产区主要包括用于饲草饲料生产、加工、贮存、调制等的建筑物和设施，如饲料加工间、干草库、青贮池、兽医室、消毒间、消毒池等。

生产区主要包括公羊舍、母羊舍、分娩羊舍、断奶羊舍、育肥羊舍等羊舍和运动场。

隔离区包括病羊区、病死羊尸体和粪污处理设施，如干粪发酵棚、沼气池、沉淀池及无害化处理池等。

第二节　羊场的建设

一、养羊适度规模的确定

1. 经济条件　确定养羊规模首先要考虑自身的经济条件。决定了养羊规模就要有一定资金作为保障，这些资金包括种羊的购买、圈舍的改造、药品和物资的准备等资金。

2. 饲草条件　以舍饲为主的饲养方式在确定养羊规模大小时，要根据人工草地面积、土壤状况、牧草产量和其他饲料来源情况决定养羊规模。以放牧为主的饲养方式在确定养羊规模大小时，要根据所放牧的草山、草坡面积，以及饲草生长、牧地土壤等情况来决定养羊规模。

3. 劳动力条件　作为养羊户，确定养羊规模要考虑是否有与规模相应的足够的劳动力投入。

4. 养羊技术掌握程度　在养羊技术尚未掌握之前，要少养一些；在逐步掌握养羊技术，并不断总结相关经验后，渐渐增大规模。

二、羊舍建筑参数

（一）羊舍面积

羊舍设计面积太大会造成浪费，面积太小又不利于生产。设计时应根据饲养数量、饲养管理方式等综合考虑。不同类型羊只所需羊舍面积不同，成年公羊 $3\sim4\ m^2/$ 只、育成公羊 $2\sim3\ m^2/$ 只、后备公羊 $1\sim2\ m^2/$ 只；哺乳母羊 $1\sim2\ m^2/$ 只，空怀母羊 $0.8\ m^2/$ 只，后备母羊 $0.5\sim0.8\ m^2/$ 只；肉羊 $0.8\sim1\ m^2/$ 只。产羔室面积按基础母羊舍的 $20\%\sim25\%$ 设计即可。

（二）运动场面积

运动场面积，放牧饲养方式应为羊舍面积的 1 倍以上，半舍饲饲养方式应为羊舍舍饲面积的1.5倍以上，舍饲饲养方式应为羊舍面积的2倍以上。

三、羊舍建设

（一）羊舍类型

1. 半开放式　大部分地区可采用，尤其是炎热地区和温暖地区应用最多，其优点造价低廉、结构简单、管理方便。建造样式分为单列式或双列式两种。半开放单列式普通羊舍适合于北方牧区以放牧为主的养羊，土地广阔，牧草丰富，规划中运动场占地较大，冬季羊在羊舍内居住时间较长，夏、秋季羊只卧息于运动场居多，尤其适宜于北方养羊大户。

2. 开放式　这类羊舍适合于温暖潮湿地区，羊舍通风良好，采光强，干净卫生，操作方便。羊舍内是通圈，用移动式钢栏调节圈舍面积，漏缝地板为拼装式，可不定期启开清扫和消毒，地面为斜坡式，便于定期冲洗打扫。清扫劳动强度小，可提高劳动效率。此类羊舍造价稍高，一般农户养羊可简化结构，降低成本，南方农区可普遍推广。

3. 楼式　多雨潮湿的地区可建楼式羊舍。此类羊舍能很好地满足肉羊生长需求的舍温控制，保持羊舍通风干燥。夏秋季羊住楼上，粪（尿）通过漏缝地板落入楼下地圈；冬春季改住楼下，楼上堆放干草。

（二）地基和基础

1. 地基　支撑建筑物的最底层基础。简易的小型羊舍因负载小，一般建于自然硬基上即可；大型羊舍要求地基有足够的承重能力和厚度，抗冲刷力强，膨胀性小，下沉度应小于2～3 cm。

2. 基础　要求坚固耐久，抗机械能力及防潮、防震、抗冻能力强。一般基础比墙宽10～15 cm，可选择砖、石或钢筋混凝土等做羊舍基础，山（农）区简易羊舍可用全木建舍。

3. 墙和隔墙　主要是对羊舍起保温作用。冬季通过墙体的散热量占畜舍总散热量的35%～40%，不论采用土墙、砖墙、石墙都应考虑造价低、保温好、墙面光滑、易消毒。为便于墙内表面清洁和消毒，地面或楼面以上1～1.5 m高的墙面应设水泥墙裙。隔墙材料可用砖墙、铝板、玻纤板等，也可用竹木。竹木材料透气性好但保温性差，在冬季必须另行增加保温设施。

4. 屋顶　屋顶的保温隔热作用相对大于墙。舍内因上部温度高，屋顶内外的温度差大于墙内外的温度差，通常采用多层建筑材料，可采用玻纤瓦、农作物秸秆增加屋顶的隔热（保温）性，最好是农村常用的小青瓦或水泥瓦，经久耐用。有条件的地方还可采用双层隔热瓦，或设计建造成有天窗的屋顶。

5. 地面和羊床　一般要求地面保温性好，最好使用导热系数小的材料。羊舍内地面应高于舍外地面 20～30 cm，有 2%～5% 的坡度，地面处理采用夯实黏土或三合土而成的斜面，靠饲喂通道方向处高，靠外墙通风口处低，坡度不小于 5%。每间羊舍通风口处各设 1～2 个排粪（尿）口，通风口夏天既作通风又作向外排粪（尿）通道，使粪（尿）全部归于一处，便于清除。羊床多采用竹、木原料制成漏缝地板，为固定式或活动式两种。木条宽 5 cm，厚 3.3 cm，间距宽 1.5～2 cm，10 月龄以下的羔羊舍木条间距可为 1～1.5 cm。

6. 天棚　寒冷地区可增设天棚，降低羊舍净高，既可贮放冬草，又起到保温作用。温暖地区可不考虑天棚设计。楼式羊舍让羊只冬天住楼下，楼上贮草；夏天住楼上，干燥清洁，达到"冬暖、夏凉"的效果。

7. 门和窗　门窗的大小应与羊场的大小成正比，要有利于羊只的出入和便于饲料运输车出入与通风向阳，寒冷地区可设套门。

8. 通道或加料道　专门用于添加饲料及观察羊只的过道。双列式羊舍过道宽度一般为 1.8～2.0 m，单列式羊舍通道宽度为 1.5 m，便于饲料运输及打扫环境卫生。

9. 运动场　运动场位置要比羊舍低 20～30 cm。地面处理要求致密、坚实、平整、无裂缝、不硬滑，卧息舒服。为防止四肢受伤或发生蹄病，可采用砖铺地面或混凝土地面，还可利用草坪作运动场，运动场四周围栏不得低于 1.2 m。

四、南江黄羊常见圈舍建设方案

（一）圈舍建设的类型

根据地形，圈舍常见有单列式（图 7 - 1 至图 7 - 3）、吊脚楼式（图 7 - 4 至图 7 - 6）和双列式（图 7 - 7 至图 7 - 9）。

单排羊圈

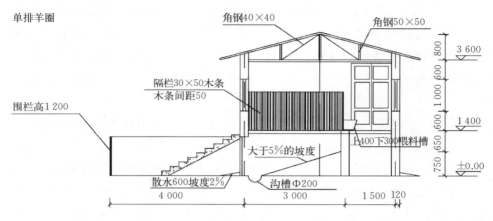

图 7-1 单列式羊圈剖面图（单位：mm）

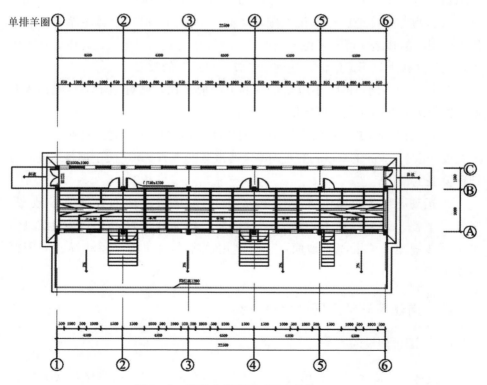

图 7-2 单列式羊圈平面图（单位：mm）

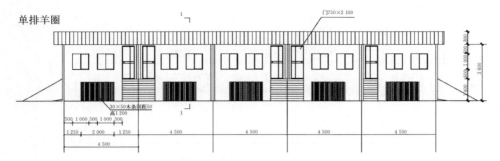

图 7-3　单列式羊圈正立面图（单位：mm）

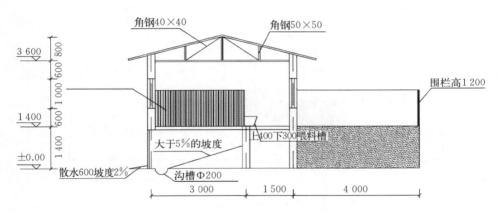

图 7-4　吊脚楼式羊圈剖面图（单位：mm）

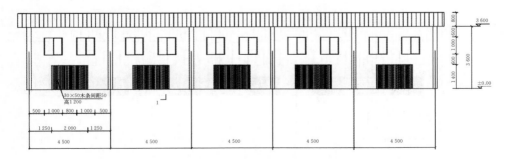

图 7-5　吊脚楼式羊圈后立面图（单位：mm）

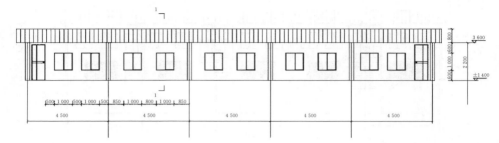

图 7-6　吊脚楼式羊圈正立面图（单位：mm）

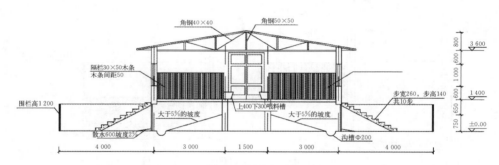

图 7-7　双列式羊圈剖面图（单位：mm）

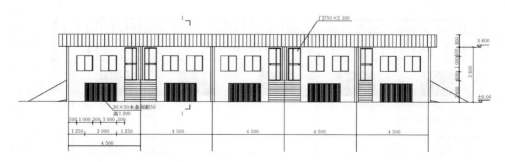

图 7-8　双列式羊圈正立面图（单位：mm）

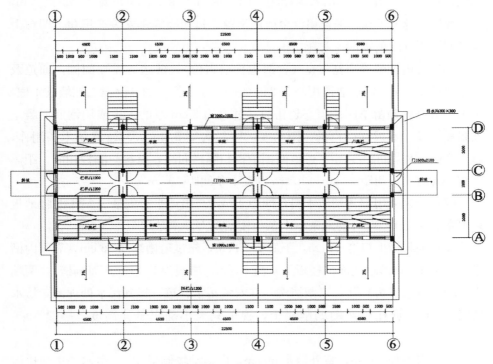

图 7-9 双列式羊圈平面图（单位：mm）

（二）圈舍建设

（1）羊舍为双列式吊楼砖木结构，长 30 m、宽 7.5 m，面积 225 m²，可饲养育肥羊 250 只。

（2）屋顶双坡式，采用厚 5 cm 的双层聚苯夹芯板（外层为镀锌彩钢板，内层为 PV 隔）。

（3）屋架为双坡式钢屋架，置于二四墙柱中间与预埋的扁钢焊接。双坡式屋架及直衬为 50 角钢、斜拉为 40 角钢，直衬间距 1.5 m。

（4）边墙为一二墙，高 3.4 m，每 6 m 设二四墙柱 1 根，高 1.1 m 处预留羊床楼幅的安装孔洞，二四墙柱距离顶部 30 cm 处预埋厚 1 cm 的扁钢（伸出墙体 1～2 cm 以焊接屋架）。山墙 2 m 以下为二四墙，2 m 以上为一二墙，脊高 4.2 m。

（5）山墙上留饲喂通道出入门，高 2 m、宽 1.5 m。在每间羊圈侧墙留高 2 m、宽 0.9 m 的门供羊出入运动场，门下缘与羊床平。窗户宽 1 m、高 1 m，窗下缘距羊床 0.6 m，平开铝合金或塑钢窗。每间圈等距安装 2 扇窗。门窗上缘预制厚 12 cm 的混凝土过梁。

（6）舍内饲喂通道宽 2 m（含两边食槽占位），两边各设 5 间圈，通道及羊床离地 1.2 m。饲喂通道用高 1.2 m 的一二墙支撑，每 6 m 设二四墙柱 1 根，于 1.1 m 高处预留羊床楼幅安装孔洞。过道用 3 cm 厚的木板或用钢筋混凝土预制板铺设，木板宽度自选。圈与圈的隔栏为宽 5 cm、厚 3 cm 的木条制作，高 1.2 m，木条间距 5 cm。过道两侧护栏与隔栏同高，材料与隔栏相同，距羊床 30 cm 内木条间距 20 cm，30 cm 以上木条间距 10 cm。

（7）楼幅采用细密硬质木料，间距 1 m，与山墙平行安装。羊床漏缝地板采用宽 5 cm、厚 3 cm 的木条，木条与楼幅垂直，木条间距 1.5 cm。

（8）饲料槽上口宽 45 cm，下底宽 20 cm，靠过道槽缘高 25 cm，靠圈内槽缘高 20 cm，料槽距地面（楼板上）高 15 cm，槽底为 U 形（水泥饲槽），两端或一端设排水（污）孔，以便清洗，并安装污水管道，接到污水处理池。饮水槽宽 15 cm，悬挂于运动场围栏上，视羊只大小确定悬挂高度，一般 30～70 cm。

（9）出檐长 75 cm，室外散水 60 cm，向运动场倾斜 3%，散水外边缘比运动场内边缘高 10 cm。

（10）运动场位于羊舍侧墙外，与墙同长，宽 4 m，地面为水泥粗糙地面，坡度 3%，砖砌、木制或钢制栅栏，高 1.2 m。砖砌栅栏：一二墙，每 6 m 设二四墙柱；木制栅栏：木板宽 4 cm，厚 2 cm，高 120 cm，间距 5 cm，每两米 1 个柱，柱 8 cm×8 cm×120 cm；钢制栅栏：40 钢管柱，10 钢筋，高 120 cm，间距 5 cm。

（11）出粪口在每间羊圈侧墙正中处，高 1 m，宽 2 m，用栅栏式门，上方用预制混凝土一二梁。粪板用预制板，厚 3 cm，斜向安装，上缘靠过道墙上缘，下缘距出粪口 50 cm。或用素土夯实垒成坡度≥45°的斜坡，用混凝土硬化，表面作光滑处理。

（12）出粪口门框正中处靠墙预埋 110 mm PVC 管排尿和污水，进尿口安装格栅或预制底阀，防止杂物进入，两山墙向中间流向，坡度 3%～5%。

（13）运动场梯步高 13 cm，踩面宽 20 cm。

（三）繁殖母羊圈舍建设

（1）羊舍为双列式吊楼砖木结构，长 30 m，宽 9 m，面积 270 ㎡，可容纳 140 只繁殖母羊。

（2）屋顶双坡式，采用厚 5 cm 的双层聚苯夹芯板（外层为镀锌彩钢板，内层为 PV 隔）。

（3）屋架为双坡式钢屋架，置于二四墙柱中间与预埋的扁钢焊接，双坡式屋架及直衬为 50 角钢、斜拉为 40 角钢，直衬间距 1.5 m。

（4）边墙采用一二墙砖混结构，高 3.8 m，每 6 m 砌二四墙柱 1 根，高 1.1 m 处预留羊床楼幅的安装孔洞，二四墙柱离顶 30 cm 处预埋厚 1 cm 的扁钢（伸出墙体 1～2 cm 以焊接屋架），山墙 2 m 以下为二四墙，2 m 以上为一二墙，脊高 4.5 m。

（5）羊舍山墙上留饲喂通道出入门，高 2 m、宽 1.5 m。在每间羊圈侧墙留高 2 m、宽 0.9 m 的门供羊出入运动场，门下缘与羊床平。每间圈等距安装窗户两扇，铝合金或塑钢平开，窗户宽 1 m，高 1 m。窗下缘距羊床 0.6 m，为防止羊只损坏玻璃，在窗台上安装 0.6 m×1 m 的护栏。门窗上缘过梁为 12 cm 厚预制混凝土梁。

（6）舍内饲喂通道宽 2 m（含两边食槽占位），舍内两边各设 5 间圈，通道及羊床离地 1.2 m。饲喂通道用高 1.2 m 的一二墙支撑，每 6 m 设二四墙柱 1 根，于 1.1 m 高处预留羊床楼幅安装孔洞。过道用 3 cm 厚的木板铺设或用钢筋混凝土预制板，宽度自选。圈与圈的隔栏用宽 5 cm、厚 3 cm 的木条制作，高 1.2 m，木条间距 5 cm。过道两侧护栏与隔栏同高，材料与隔栏相同，距羊床 30 cm 内木条间距 20 cm，30 cm 以上木条间距 10 cm。

（7）楼幅采用细密硬质木料，间距 1 m，与山墙平行安装。羊床漏缝地板采用宽 5 cm、厚 3 cm 的木条，木条与楼幅垂直，木条间距 1.5 cm（产羔栏木条间距 1 cm）。

（8）饲料槽上宽 50 cm，底宽 20 cm，外缘 30 cm，内缘 12 cm，料槽距地面（楼板上）高 20～25 cm，槽底为"U"型（水泥饲槽），两端或一端设排水（污）孔，以便清洗，并安装污水管道，接到污水处理池。饮水槽宽 15 cm，悬挂于运动场围栏，距地面高 25～40 cm，以羊抬头就能饮水为宜。

（9）产羔栏设于靠山墙两边的 4 间单圈，圈舍前后开门，分别于饲喂通道及侧墙处各设置 5 个产羔栏,长 1.2 m,宽 1 m,高 1.2 m,产羔栏门宽 0.9 m(设于宽 1 m 边)。

(10) 出檐长 75 cm,室外散水 60 cm,向运动场倾斜 3‰,散水外边缘比运动场内边缘高 10 cm。

(11) 运动场位于羊舍侧墙外,与墙同长,宽 6 m,地面为水泥粗糙地面,坡度 3‰,砖砌、木制或钢制栅栏,高 1.2 m。

砖砌栅栏:为一二墙,每 6 m 设二四墙柱。

木制栅栏:木板宽 4 cm,厚 2 cm,高 120 cm,间距 5 cm,每 2 m 1 个柱,柱 8 cm×8 cm×120 cm。

钢制栅栏:40 钢管柱,10 钢筋,高 120 cm,间距 5 cm。

(12) 出粪口在每间羊圈侧墙正中处,高 1 m,宽 2 m,用栅栏式门,上方用预制混凝土一二梁。承粪板用预制板,厚 3 cm,斜向安装,上缘靠过道墙上缘,下缘距出粪口 50 cm。或用素土夯实垒成坡度≥45°的斜坡,用混凝土硬化,表面做光滑处理。

(13) 出粪口正中门框处靠墙预埋 110 mm PVC 管排尿和污水,进尿口安装格栅或预制底阀,防止杂物进入,两山墙向中间流向,坡度 3‰～5‰。

(14) 运动场梯步高 13 cm,宽 20 cm,舍外到舍内通道坡度不大于 30°。

第三节　羊舍的主要设施和设备

一、羊舍内的主要设施

1. 饲料槽和饲草架　饲料槽和饲草架可制成单独槽架或联合槽架,有固定式、活动式,或单面式和双面式之分。如可用铁皮、木料或钢筋混凝土制成长方形固定式的饲槽,一般料槽上宽 45～50 cm,槽深 10～20 cm,底宽 20 cm,料槽距地面(楼板)高 15～25 cm,产羔母羊舍可分别设计母羊料槽及羔羊补料槽,也可各设计一端。靠通道加料方向略高,槽底为 U 形,两端或一端设排水(污)孔,以便清洗。也可以用三块木板钉成"斗形"料槽,悬挂在羊舍羊栏上,前板可用合页钉成开启活动式,便于清洗。饲槽长短依据羊只多少,按每只幼羊占位 20～25 cm,成年羊 30～40 cm,制成活动颈架。也可以制成简易单面固定或联合活动槽架。草架可以在饲槽上方以木条或钢条制成活动的收架或放开架,收架在饲槽内喂料,放开架在栏内投草,供羊自由采食，羊只可以埋头吃料、抬头吃草，以适应嗜食高草的生物学特性，而且饲草落在饲料槽内仍可回收利用。

2. 颈架　为固定羊只和安静采食，可设置颈架，用简易木制颈架，也可以采用钢筋焊接颈架，并用活动铁框让羊只进入饲槽铁栏后，放下活动铁框卡住羊颈，达到固定的目的。颈架宽度：成年母羊 10～15 cm，公羊 18～20 cm，幼羊 8～10 cm。

3. 活动母仔栏　用于母羊产羔或弱羊的隔离饲养，一般采用木制栅板，以合页连接而成，也可在整间羊舍内隔成数个 1.2 m×1.5 m 的小间，供母子羊单独使用。同时在羊舍靠墙处设栅门，门大小以母羊不能入内、羔羊可以自由出入为宜，栏内设置补饲槽供补饲用。

4. 饮水设备　中型以上羊场一般在羊舍外靠围墙边沿设流动水源饮水槽或自动饮水器，槽高离地面 10～30 cm，宽 10 cm，以羊能抬头饮水且不能站在水槽内为最佳，也可将自动饮水器设置在羊舍饲槽上方，羊抬头就能饮水。

二、羊场的附属建筑物及机械设备

（一）羊场附属建筑物

1. 人工授精室　人工授精室要求保温，采光好，精液检查室温度能达到 25 ℃，输精、采精室达到 20 ℃，其他房舍不低于 15 ℃，北方寒冷地区应设置取暖设备。输精室的采光系数不低于 1：5，人工授精站建设原则上靠近羊舍。为便于管理，在人工授精室中间隔出几个相应大小的小房舍，分别设置采精室、精液检查室、输精等待室、输精室、贮藏室、已输精母羊室。

2. 兽医室　中型以上羊场均要建设独立的兽医室，配备专门的兽医人员、常用兽医器械、药物。可以与人工授精室合建或在生产管理区单独建设，要求兽医室离羊舍不宜太远，便于兽医随时观察检查羊只。一般饲养户必须配备兽医保健箱及常用器械、药物。

3. 药浴设施　在场内选择适当地点修建药浴池。可采用水泥、砖、石等材料砌成表面光滑的长方形浴池，长 1.0～1.2 m，池底宽 0.4～0.6 m，池顶宽 0.6～0.8 m，池深 1～1.2 m，池底设活动排水孔一个，便于污水排放。池入口处设漏斗型围栏，入口为斜坡，使羊很快滑入池中，出口处斜坡台阶倾斜度小，便于羊上台阶。同时，在出口处设滴流台，羊出浴后停留一段时间使身上多余的药液流回池内。小型羊场或分散农户可用浴槽、浴缸、浴桶代替，也可机械喷雾。

4. 精料加工贮存间　一般建在生产区，其建筑面积按 1 m²/只的标准规划，建设时对所安装设备参数要有充分了解，以便建设中安埋预埋件。

5. 磅秤及羊笼　为了解饲养管理情况，掌握羊只生长发育动态及对外销售和定期进行称（测）体重的需要，羊场应设置小型地磅或普通秤。磅秤上设置羊笼，羊笼一般长 1.4 m，宽 0.6 m，高 1～1.2 m，两端设活动门供羊进出，羊笼多用木条或钢筋制成。

6. 饲料青（微）贮设施　可分为青贮塔、青贮窖和青贮壕三种。近年来还有个别农户用青贮袋贮藏青饲料。建造青贮塔（窖）时应选择地势干燥、离羊舍近、排水好的地方。

（1）青贮塔　分为全塔式和半塔式两种，全塔式直径 4～6 m，高 6～16 m；半塔式埋在地下深度为 3～3.5 m，地上部分 4～10 m。建造方法一般用砖或石头砌成，内壁用水泥抹平，底部呈锅底型（在底部设有可密闭的排水孔）。塔壁要求有足够的强度，表面光滑，不透水不透气。因其出料口小，深度大，饲料自重力压紧程度大，空气含量少，青贮料损失较少，但建造费用高，仅限于大型羊场使用。

（2）青贮窖　分为地下式和半地下式两种。地下式适用地下水位低的地区，一般要求窖底应高出地下水位 0.5～1 m，建造方法：选好窖址，制成圆形坑，直径 2～3 m，深 3～4 m，要求窖壁光滑、平整，窖口制成"凹"字形便于封顶压膜，防止空气进入窖内，窖壁未干时不宜青贮。因其建造简单，成本低，易推广，适于小型养羊农户。

（3）青贮壕　青贮壕的建造与青贮窖大致相同。近年来，大型羊场采用地上式青贮代替青贮壕，用大型机具操作填压，厚塑料膜加盖，效果好，使用方便。此外还可使用青贮袋等。

7. 干草库　干草库应建在羊场的辅助生产区，采用钢架结构，敞开式或三面围墙阳面敞开，便于机械或人工作业堆料。屋顶宜用双坡屋顶。敞开式棚架的迎风面应设风障，其高度应高于檐口 40～50 cm。其建筑尺寸应根据设施规模及堆料机械作业要求、草捆密实度等确定。干草库长度不宜超过 60 m，跨度不宜超过 20 m。地面应有良好的防潮性能，宜采用混凝土地面，地面应高于室外地面 20 cm 以上。干草库周围应设有排水沟，沟宽 30～40 cm，深

40～60 cm，纵向坡度 1.5%，排水沟表面铺设盖板，库房配备防火设施设备、工具。

（二）羊场常用机械设备

饲养肉用山羊要达到优质、高效，规模化、标准化生产，配置必要的养羊机械可提高劳动效率，降低生产成本。

1. 割草机　常用背负式割草机。

2. 切草（揉草）机　根据功能大小分为小型、中型、大型三种。小型切草机适合农户采用，可将饲草、农副秸秆切短，揉软便于羊只食入；大、中型切草机又叫青贮切草机，是养羊场必不可少的机械设备之一。

3. 饲料粉碎机　将籽粒饲料、块根饲料及农副秸秆饲料，通过高速运转的锤片打击碎成颗粒，再由筛片孔漏出，加工成粉状饲料。

4. 防疫机械设备　将配制好的预防药液或消毒药液对场内羊舍及羊只进行防疫、圈舍消毒，达到防病治病的目的。

第四节　羊场粪污处理

一、漏缝圈板排污

羊舍内建成漏缝式地板，可提高劳动生产效率。漏缝式羊舍只要按规格要求设计，羊只粪（尿）从漏缝中漏下，稍微清扫，就能保证整个圈舍内地板清洁。在南方潮湿地带，羊舍楼下建设成水泥斜坡（坡度不低于 5%），羊粪及圈舍消毒清洗液从上漏下后，羊粪全部归于出粪口一侧，尿液及污水直接进入排尿（污）沟。在北方干燥地带，漏缝地板大多采用拼接式，羊床设于粪沟之上，便于清扫和消毒，并与粪（尿）沟相通。

二、排尿沟排污

羊舍内排尿沟，设于羊舍（栏）外墙端，沟宽 25～30 cm，深 8～10 cm，中间低、两端高，或两端高、中间低，坡度 3%。在最低处接地漏，将尿液引入沼气池或化粪池。羊粪从出粪口清除后，通过堆积发酵处理后作农家肥使用。地下排水沟为开放式，与排尿沟平行，场内地下水或雨水由高向低进入污水沉淀池，通过沉淀后供作生产用水。

三、干粪棚

堆粪棚修建在养殖场的下风处，地面混凝土硬化，厚度 15 cm；四周按 18 页岩砖墙或 20 水泥砖墙砌体，高度 1.0～1.5 m；加彩钢瓦顶棚，防雨水浸入。

四、沼气池

沼气池建在养殖场最下方，地面混凝土硬化，厚度 15 cm；四周池壁用 24 标准砖或混凝土，表面用水泥抹光滑；顶盖采用预制水泥板，留有出污口。

第八章
南江黄羊疫病防控

第一节　羊病综合防治

引发羊病的因素很多，临床上常将羊病分为传染病、寄生虫病和普通病三大类。羊病中危害最大的是传染病，国家把羊的传染病分为三类，口蹄疫、痒病、蓝舌病、小反刍兽疫、羊痘（绵羊痘和山羊痘）等为一类传染病；炭疽、伪狂犬病、狂犬病、魏氏梭菌病、副结核病、布鲁氏菌病、弓形虫病、棘球蚴病、钩端螺旋体病、山羊关节炎脑炎、梅迪-维纳斯病为二类传染病；李氏杆菌病、类鼻疽、放线菌病、肝片吸虫病、丝虫病、肺腺瘤病、绵羊地方性流产、传染性脓疱皮炎、腐蹄病、传染性眼炎、肠毒血症、干酪性淋巴结炎、绵羊疥癣为三类传染病。巴氏杆菌病、炭疽病、狂犬病、口蹄疫、副结核病、弓形虫病、绦虫病、棘球蚴病等为人羊共患病。其次是寄生虫病，常见的寄生虫病有肝片吸虫病、绦虫病、多头蚴病（脑包虫病）、肺线虫病（丝状网尾线虫）、疥螨、蜱、毛虱病等。除此之外，流产、难产和瘤胃臌气、食物中毒等普通病也常有发生。羊病造成的危害最严重的是引起羊只死亡，或传染其他羊、其他动物及人类；其次是损害羊的组织器官，造成暂时或永久性的功能障碍；同时，羊病还消耗营养、降低生产性能。羊病导致羊只数量减少，质量下降，养羊经济效益低下，甚至威胁人畜安全，影响社会稳定。因此，搞好羊病的防治工作意义十分重大。

一、羊病防治原则

（一）坚持防胜于治原则

到目前为止，虽然重大传染病在南江黄羊中尚未发生过，但也不能掉以轻心。特别是一些常见传染病，尤其重要。目前养殖者在羊病防治中普遍存在以下误区。

1. 重视疫苗不重视疾病　有人以为羊已经打过疫苗了，就不需要再对此病操心了，其实任何疫苗都有一定的期限。任何疫苗也不能百分之百免疫成功，有免疫抑制或者免疫失败现象发生。

2. 重视病羊个体不重视整体　当我们看到羊的病症时已是十分明显的时候，这时真正危害大的是那些潜在的病菌携带者。

3. 重视羊病不重视羊的环境　羊病了，大家都十分着急，都想知道是什么病，可很少有人问是什么原因造成的。事实上，对于群居动物来说，特别是传染性疾病，很多与环境有关，如果羊群中有羊发病，那么和这些羊接触的大群也就处于亚健康状态，是最容易继续发病的易感群体。

针对以上原因，我们要树立防胜于治的思想。首先要按要求进行免疫，还要根据气候、环境、羊的健康情况，采取整治环境、搞好清洁卫生和环境消毒等防治措施。

（二）小病早治

有不少病包括传染病，在早期治疗很快就会痊愈，但如治疗不及时，不仅疾病加重，而且还会出现其他并发症，特别是当病变部位损害至难以恢复时，治愈的难度就更大。若是传染病，将有更多传播时间和机会。因此，在放牧和饲养管理过程中一定要细心观察，早治疗早痊愈。饲养员平时要观察羊只的眼睛、被毛、反刍、大小便情况，一旦发现羊只异常，及时测体温，体温是判定病情最主要的证据。不要让小病发展成大病，才知道你的羊得病了。

（三）个病群治

传染病的明显特征就是具有传染性，因此当某只羊生了病，要采取整群防治的综合措施。养羊生产中不少人习惯于"万病不离青、链霉素"，殊不知很多疾病使用青、链霉素根本就无效，只能起到控制并发症的作用。而长期滥用抗生素，还易使羊产生耐药性，如口服过多，还会对瘤胃微生物起到破坏作用。所以，一定要准确诊断，正确用药。羊的有些疾病病程较长，有的还发生并发症，因此，必须持续用药，否则就可能前功尽弃。为了避免买到伪劣兽药，建议养羊户从正规商家购药。

二、羊病综合防治措施

南江黄羊是以体格健壮、适应性和抗病力强而著称。随着南江黄羊交易日趋活跃,频繁的流动、环境的恶化等因素,给南江黄羊疾病的发生和流行提供了更多条件,影响了南江黄羊产品和种肉羊的推广。加强饲养管理、增强羊只体质,是防止羊病发生的关键。

(一)定期消毒

每月或每季度对圈舍及周围环境进行一次彻底消毒,每周对圈舍消毒一次,在疫病流行期每天消毒。羊场工作人员进出羊场要进行消毒同时更换工作服装,进出车辆及用具、器械都要严格消毒。消毒池的消毒水要定期更换。消毒药物可选用10%~30%的石灰乳或10%的漂白粉溶液、30%草木灰水、3%的氢氧化钠等。针对不同的病毒和细菌及用途采用不同的用法用量,氢氧化钠主要用于场地、栏舍消毒,2%~4%溶液可杀死病毒和繁殖型细菌,30%溶液10 min可杀死芽孢,如加入10%食盐能增强杀死芽孢的能力;生石灰主要撒在阴湿地面、粪池周围及污水沟等处消毒;漂白粉主要用于栏舍、地面、粪池、排泄物、车辆、饮水消毒,饮水消毒可在1 000 kg井水中加入6~10 g,10~30 min后即可饮用,地面和路面消毒可撒干粉再洒水,粪便和污水消毒可按1:5的用量边搅拌边加入干粉的方法。二氧化氯消毒剂可用于羊只活体、饮水、鲜活饲料保鲜、栏舍空气、地面、设施等环境消毒、除臭。常用消毒药的使用见表8-1。

表8-1 常用消毒药的使用

药物名称	作　用	使用浓度	使用范围
氢氧化钠	可杀灭病毒、细菌及芽孢、寄生虫卵等,但对金属有腐蚀作用	2%~3%	羊场出入口、运输用具、料槽
石灰乳	对芽孢无效	10%~20%	圈舍墙壁、畜栏和地面
过氧乙酸	对细菌、病毒、霉菌、芽孢均有效	0.3%~0.5%	喷洒,现配现用
次氯酸钠	广谱	0.1%~0.3%	0.1%用于带畜消毒;0.3%用于羊舍和器具;现配现用

（续）

药物名称	作　用	使用浓度	使用范围
漂白粉	广谱	5%～20%	厩舍、饲槽、车辆喷洒；饮水 1%，30 min 后可用
强力消毒灵	强力、广谱、速效	0.05%～0.1%	带羊消毒，其他消毒
新洁尔灭	主要对细菌作用；忌与肥皂、碘、碱、高锰酸钾配合使用	0.1% 0.01%～0.05%	用于皮肤、手术器械 用于黏膜及伤口
百毒杀	广谱高效；无色、无味、无刺激、无腐蚀	0.03%	圈舍、环境、用具
福尔马林	广谱；熏蒸消毒：每立方米用福尔马林 30 mL，高锰酸钾 15 g，室温≥15 ℃，相对湿度 70%，密闭 12～24 h，开门窗除去气味	2%～5%	熏蒸墙壁、羊舍、料槽及用具

（二）合理制定免疫程序

定期对南江黄羊进行预防接种，是控制羊群某种传染病最有效的方法。根据南江黄羊传染病流行情况及国家对羊强制免疫接种的要求，目前主要接种的疫苗包括羊痘疫苗、口蹄疫疫苗、羊传染性胸膜肺炎疫苗、羊梭菌病多联干粉灭活疫苗、羊小反刍兽疫苗、羊传染性脓疱皮炎灭活苗。

1. 定期预防接种　羊场每年都要进行春节和秋季预防接种，根据疫苗的免疫期限不同制定不同的免疫计划。

（1）羔羊免疫程序

7 日龄：羊传染性脓疱皮炎灭活苗，口唇黏膜注射，免疫保护期为 1 年。

15 日龄：羊传染性胸膜肺炎灭活苗，皮下注射，免疫保护期为 1 年。

2 月龄：山羊痘灭活苗，尾根皮内注射，免疫保护期为 1 年。

2.5 月龄：牛 O 型口蹄疫灭活苗，肌内注射，免疫保护期为 6 个月。

3 月龄：羊梭菌病三联四防灭活苗，皮下或肌内注射，免疫保护期为 6 个月；气肿疽灭活苗，皮下注射，免疫保护期为 7 个月。

3.5 月龄：羊梭菌病三联四防灭活苗，第二次皮下或肌内注射，免疫保护期为 6 个月。

4 月龄：羊链球菌灭活苗，皮下注射，免疫保护期为 6 个月。

7 月龄：牛 O 型口蹄疫灭活苗，肌内注射，免疫保护期为 6 个月。

（2）休产期母羊免疫程序

每年 2 月下旬至 3 月上旬：羊三联四防疫苗（或五联苗），按说明书注射，免疫保护期 6 个月。

每年 2—3 月：羊痘疫苗，不论大小一律皮内注射 0.5 mL，6～10 d 产生免疫力，免疫期 1 年。

每年 3—4 月：羊口疮弱毒细胞冻干苗，大小羊一律口腔黏膜内注射 0.2 mL，免疫期 1 年。

9 月下旬：羊四联苗（或五联苗），按说明书注射，免疫期 6 个月。口疮弱毒细胞冻干苗，大小羊一律口腔黏膜内注射 0.2 mL，免疫期 1 年。

（3）妊娠母羊的免疫程序

产羔前 6～8 周：羊梭菌病三联四防灭活苗、破伤风类毒素，皮下注射或肌内注射。

产羔前 2～4 周：羊梭菌病三联四防灭活苗、破伤风类毒素，第二次皮下注射。

产前 20～30 d：羔羊痢疾疫苗，按说明书免疫，隔 10～14 d 再免疫 1 次，羔羊获得母羊抗体。

产后 1 个月：羊梭菌病三联四防灭活苗皮下或肌内注射，免疫保护期为 6 个月。

产后 1.5 个月：皮下注射羊链球菌病灭活苗、山羊传染性脑膜肺炎灭活苗。前者免疫保护期为 6 个月，后者为 1 年。山羊痘灭活苗尾根皮内注射，免疫保护期为 1 年。

（4）成年公羊的免疫程序

配种前 2 周：牛 O 型口蹄疫灭活苗，肌内注射，羊梭菌病三联四防灭活苗，皮下或肌内注射。免疫保护期均为 6 个月。

配种前 1 周：皮下注射羊链球菌灭活苗，免疫保护期为 6 个月。

2. 入群严格检疫 坚持自繁自养是减少羊群流动，防止传染病感染羊群的有效措施；禁止从疫区购羊。凡购入或调入的羊只必须严格检疫、详细了解其来源地的疫情、健康状况后，方可进入。入群后先要隔离 1 个月，确认健康无病后才能与原有羊只同群饲养。患病羊只应隔离饲养，完全病愈后方可混群饲养。

3. 免疫接种的注意事项

（1）接种疫苗前，要了解被预防羊群的年龄、生理状况（妊娠、泌乳）及健康状况，体弱或原来就生病的羊接种疫苗后可能会引起各种反应，应了解清楚，或暂时不接种。有传染病流行时，一般都不要注射疫苗。

（2）在疫苗使用之前，应注意疫苗有效期、批号及厂家，逐瓶检查。发现盛药的玻璃瓶破损、瓶塞松动、没有瓶签或瓶签不清、过期失效、制品的色泽和形状与制品说明书不符或没有按规定方法保存的，都不能使用。

（3）注射器械和针头事先要严格消毒，吸取疫苗的针头要固定，做到一只一针，以避免通过针头将带菌（毒）羊病原体传给健康羊。

（4）接种疫苗后，在反应期内应注意观察，若出现体温升高、不吃、精神委顿或表现有某传染病的症状时，必须立即隔离进行治疗。

（5）实行羊只免疫标识管理制度，按《中华人民共和国动物防疫法》的要求，对免疫过的羊只加挂免疫耳标，并建立免疫档案。

（6）加强免疫抗体水平检测，定期或不定期对羊只的免疫抗体水平进行集中采样、监测，保证免疫抗体水平达到70%以上。规模羊场如果检测抗体水平达不到要求，要采取措施进行重新免疫。

（7）对病、幼、产后和新补栏羊只及时开展补针工作，确保羊只的有效免疫密度常年保持在100%。

（三）定期防治寄生虫

1. 防治要求　药浴池要防渗漏，并建在地势较低处，远离居民生活区和人畜饮水水源；药浴、药淋设备应按操作要求使用。驱（浴）前，先小群试驱（浴），确认安全后方可大群驱（浴）治。驱虫羊应在清晨投药前空腹，药浴羊应提前饮足水，犬驱治前应禁食12 h以上。

2. 驱治原则　根据各地不同生态条件和不同寄生虫病的流行病学规律，采取以本地区重点寄生虫病为主的集中、定期驱（浴）治的防治原则。

3. 药物使用原则　药物的使用必须符合《中华人民共和国兽药典》《中华人民共和国兽药规范》《兽药质量标准》《进口兽药质量标准》的相关规定。所用兽药必须来自具有《兽药生产许可证》和产品批准文号的生产企业，或者具有《进口兽药许可证》的供应商。所用兽药的标签应符合《兽药管理条例》的规定。

4. 驱治时间　于春季和秋冬季节进行，视各地情况可适当调整。

5. 驱虫防治　实施两次综合防治驱虫，第一次春季驱虫应在成虫期前进行，第二次冬季驱虫应在感染后期进行（羊绦虫病在虫体未成熟前驱治，羊消化道线虫在幼虫感染高峰期时驱治，而羊狂蝇蛆应在幼虫滞育前驱治）。

6. 药浴防治　一般放牧羊群每年进行 3～4 次药浴，春季药浴选择晴天擦洗，夏季和秋季各药浴 1 次以上。不同地方和不同羊群视情况而定，但每年至少进行 1 次药浴。整群全驱、全浴，不漏驱（浴）分散羊。技术要求如下：

（1）保证投药剂量准确，药浴液充分溶解或混悬，搅拌均匀，当天配制当天使用。药浴过程中注意及时补充药液，保持药液有效浓度。

（2）药浴羊只浸浴时间须达 1 min，并按压羊头入药液 3 次。

（3）药淋以浸透羊毛为原则，羊投药后固定区域排虫。

（4）犬应定点栓圈，投药前禁食 12 h，投药后原地排虫不少于 3 d。

（5）牧地净化与饲养管理：有计划地实行划区轮牧制度，保护草场和减少寄生虫感染。采取不同畜种间轮牧，减少寄生虫交叉感染。污染牧地，特别是潮湿和森林牧地，草场休牧时间一般不少于 18 个月，以利净化。尽量避开在低湿的地点放牧，避免清晨、傍晚、雨天放牧。禁止饮用低洼地带的积水或死水，建立清洁的饮水地点。幼羊与成年羊应分开放牧，以减少感染机会。病羊应及时隔离治疗，严禁混群放牧饲养，以防感染传播。扩大和利用人工草场，采用放牧与补饲相结合的饲养方式，合理补充精料和必要的添加剂，增强羊只抵抗力。

（四）科学饲养管理

1. 科学合理饲喂，提高羊只免疫力　俗话说"羊儿壮，百病传不上"。羊属草食性反刍动物，饲喂应以青贮饲料为主，并根据不同季节和生长发育阶段，合理搭配饲料；饲喂定时定量，并供应充足洁净饮水，利于饲料消化吸收，提高饲料利用效率。要经常检查羊只的营养状况，适时进行重点补饲，防止营养物质缺乏。当易感羊已处于疫病威胁的情况时，除了改进饲养管理，增强机体抗病力以外，还须用疫苗或抗血清进行紧急预防注射，提高其免疫力。

2. 科学合理分群，实行分类管理　根据羊场规模与圈舍条件、性别和年龄因素等进行科学合理分群。比如性成熟前和性成熟后的羊要合理分群，体质强、弱羊和病羊、健康羊之间要分开喂养，便于管理和护理。

3. 保持环境卫生，切断传播途径　羊场环境卫生不仅影响着动物生长发育，还与疾病发生有关，必须制定严格可行的环境卫生制度。首先，保持羊场及用具清洁、干燥，加强羊舍通风换气；第二，定期消毒、灭蝇、灭鼠，定期驱虫，以减少传染病传播，避免引发寄生虫病。定期驱虫应根据本地实际情况和羊只体况进行，常用驱虫药有阿苯达唑、左旋咪唑、伊维菌素等。

（五）建好防疫设施

1. 建好病羊隔离舍和病死羊处理设施　在羊场下风方向按生产羊舍面积的8%建设病羊隔离舍。病死羊处理池一般建在远离羊场2km以外的地方，并在四周建设围墙隔离。

2. 建好隔离屏障　主要包括围墙（高度不低于2m）、围栏（高度不低于1.2m）、防疫壕沟、绿化带等设施。

3. 设置必要的生物安全设施　包括符合要求的消毒池、消毒通道、装有紫外灯的更衣室等。

（六）建立防疫制度

1. 引种和交易要严格检疫　若需引进种羊或进行羊只异地交易必须进行检疫，从非疫区购入羊只，要经产地检疫，取得检疫合格证，才能运输；羊只购回后，经过隔离观察一段时间，确认健康无病羊才能混群饲养，对新进羊只确定最佳接种时机并及时免疫接种。

2. 对羊群要按期检疫诊断　加强疫情监测，及时发现并控制传染源。对现有羊群要分期分批进行检验检疫，尤其是常见重大传染病，做到早发现、早隔离、早治疗、早处理，将发病率和病死率降到最低，尽可能减少损失。

3. 坚决贯彻落实防疫管理制度　羊场门口最好设立消毒池、隔离消毒室，并安装紫外线灯，进入羊场更衣换鞋、消毒。控制人员进出羊场，原则上谢绝参观，外来人员确需进场必须消毒、换服装、换鞋子；羊场内不同羊群饲养人员不能串舍，相互之间不能借用用具；技术人员检查羊群时按种羊、后备羊、育肥羊的顺序进行，若有病羊，先检查健康羊，最后才检查病羊。羊场应尽量减少出入通道，场区、生产区和羊舍最好只保留一个经常出入的通道；生物安全通道要设专人值守，限制人员和车辆进出，监督人员和车辆遵守生物安全制度。

4. 疫病发生后的处理措施

（1）对病羊及时诊断和隔离　及时诊断和发现疫情是防控传染病的重要手段，怀疑发病羊进行早期隔离，防止疫情扩散和蔓延；如果不能对病情进行确诊，立即将病料送检。隔离场所禁止人畜出入，工作人员出入前须消毒。当暴发某些危害性大的传染病时，及时报告当地畜牧兽医部门，划定疫区并进行封锁。

（2）紧急接种治疗　为控制疫病蔓延和暴发，对疫区未发病的羊和可疑病羊，使用高免血清紧急接种。有治疗价值的病羊，在隔离条件下紧急治疗；可以采取针对病原体治疗和对羊机体的治疗双管齐下。对症治疗主要是针对病羊症状应用适当的药物来恢复和调节病羊生理机能，增强其抗病力；对病羊的护理是通过加强饲养管理来提高抵抗力。对于无治疗价值的病羊，尽快淘汰；病死羊尸体深埋或焚烧处理。

（3）羊场环境卫生治理　疫病发生后，要先对整个羊场进行彻底清扫，再进行严格消毒，尤其是病羊分泌物、呕吐物、排泄物进行无害化处理；对于污染的饲料、饮水、空气、土壤、用具、畜舍也要严格消毒。

三、羊病的诊断方法

只有了解南江黄羊的各项生理指标，才能更好地作出对南江黄羊羊病的诊断。生理指标正常值：体温39 ℃，脉搏90（70～135）次/min，呼吸12～20次/min，反刍4～8次/24 h，瘤胃蠕动3（1.5～6）次/min。

（一）饲养过程中观察诊断

南江黄羊一般在发病初期没有明显的症状，如有明显临床症状时，羊的疾病就很重了，治疗的难度也就增大了。

1. 勤观察　放牧时要留心观察羊采食、精神状态、反应灵敏度、鼻镜湿润情况、有无鼻液、皮肤弹性和被毛光泽、运动状态、大小便等情况。早发现、早治疗往往起到事半功倍的效果。健康羊只一般吃草快，反应敏捷，眼睛有神，对外界反应灵敏；鼻镜湿润，很少有鼻液，被毛紧密有光泽，皮肤红润有弹性，呼吸均匀，斜卧姿势，听到怪声或生人接近时，立刻惊起远避，能吃能喝能拉。发病羊只一般放牧时总是常卧在群外或阴暗潮湿处，见人走近不愿躲避，闻怪声也不惊起，呆立、掉队，对外界反应迟钝，精神不振，独处；咳嗽，流眼泪，流鼻液，鼻镜干燥甚至裂开；被毛松乱无光泽、易脱落，皮肤干燥增厚、弹性降低或消失，有的皮肤有痂皮或龟裂、流黄水或脓水；舔毛，擦痒，采食骤减或停止，大便变稀，小便变黄或血尿等。发现上述现象基本可以判断已发病，应及时报告、及时治疗才能抓住最佳治疗时机，使羊只转危为安。

2. 量体温　肛门测温或手摸角根、耳、四肢及躯干部皮肤。健康山羊体温为 38～39 ℃，若体温升高，可能有中暑、急性传染病及炎症；体温下降，可能有神经系统和血液循环障碍、大失血、衰竭症及某些中毒病；皮温分布不均匀，表示血液循环及神经支配有障碍。

3. 测心跳（或摸脉搏）　将羊只站立保定，用听诊器听诊心区（第 3～5 肋间）左侧肘关节内侧股内侧动脉。健康羊心律、脉律整齐，无心杂音；心跳（脉搏）次数为 70～80 次/min。发病山羊的心律、脉律不整齐，有心杂音；心跳（脉搏）加快，见于运动、兴奋、恐惧、发热、疼痛、衰弱；心跳（脉搏）减慢，见于贫血、某些药物中毒等。

4. 听呼吸　通过检查鼻孔呼气次数或胸腹壁起伏次数来检查呼吸数，健康山羊 10～20 次/min；发病山羊呼吸数会增多，呼吸音变得粗厉或减弱。

（二）临床症状诊断

临床症状是通过问诊、视诊、触诊、嗅诊、听诊等方法来判定的。问诊是向畜主或饲养员询问病羊的发病史（发病时间长短）、生活环境、周围及同群羊只是否有疫病流行发生、发病过程和发病表现出的症状、用药后有无好转情况，分析发病原因、性质来初步明确诊断方向。视诊是对南江黄羊病羊的精神状态（中枢神经的兴奋或抑制）、营养状况（肌肉的丰满度及皮下脂肪蓄积量）、皮肤（皮温、皮肤干湿度和皮肤肿胀震颤与否）、可视黏膜的颜色、排粪尿的动作姿势及粪尿的颜色形状、呼吸的强度和节律等情况进行仔细察看，以判定病因，病变部分的性质。触诊是通过触摸或用仪器设备检查羊的体温、脉搏、皮肤、淋巴结及必要时压迫内脏等以感知温度、硬度、压痛、移动性和表现状态，以确定病变的位置、大小和性质。嗅诊是通过嗅闻病羊的分泌物、排泄物、呼出的气味等以判断内脏的病变。听诊是直接或用仪器设备听取病羊内脏器官发出的声音来推断其病理变化。临床诊断是一项专业性较强的工作，同时还要具备一定的实践经验才能做出准确的判断。

（三）病理剖检诊断

病理剖检诊断是通过对病羊的尸体解剖，观察组织及内部器官的病理变化的一种方法。尸检前一般要了解发病情况、临床症状及表现、治疗用药情况，尸检愈早愈好，特别是在夏天尸体极易腐败变质，影响尸检的准确性。注意对传染病的尸检要格外小心，一是做好个人防护，防止人畜共患传染病感染剖检人员；二是慎重选择剖检地点，剖检地点应选择在远离住房、畜舍、水源、交通要道的偏远地方，以防止病原污染；三是剖检后要对尸体和污染物进行深埋，并做好相应的消毒处理。法律规定禁止解剖的病羊不应剖解。

（四）实验室诊断

当剖检后仍难以确诊时，只有将病料送实验室进行进一步诊断。实验室诊断是诊断结果更准确、成本低廉的诊断技术。

（五）药物鉴别诊断

有些地方没有条件进行实验室诊断或不能进行剖检而临床诊断又难以确认时，使用药物鉴别诊断也不失一个好办法。具体的方法是：按初步诊断怀疑的几种病，采用几种不同的敏感药物分组治疗，按治疗后的效果判断是什么疾病。

四、羊的给药方法

（一）内服给药

1. 饮水或饲料给药法　将药物按一定比例均匀地拌入饲料或饮水中，让羊自由采食或饮用。这种方法常用于药物预防。

2. 手喂和长颈瓶给药法   一人骑在羊背,将羊固定于两胯之间,抬起羊头,使羊口角与眼呈水平,另一人站于羊头前,左手用食、中两指从羊右口角伸入羊口中,轻轻按压舌面,右手用原已装兑好药物的长颈瓶进行灌服或徒手将药投入羊口舌面中部,再灌入少量清水。

(二)注射给药法

注射前,必须对注射器、针头严格消毒,一般可煮沸 15～20 min,病羊多时要多备一些针头,做到只羊只针头,注射前先剪去注射部位的毛,用碘酒消毒、酒精脱碘,注射后也要用碘酒、酒精消毒。

1. 皮下注射   常用于易溶解无刺激的药物。注射部位:颈侧或股内侧皮肤松软处。方法:以左手的食指和大拇指捏起注射部位的皮肤,右手持注射器,使皮肤和针头呈 30°角向下方刺入 2～4 cm 时注入药液。

2. 肌内注射   常用于有刺激性或难以吸收的药物。注射部位:颈侧或臀部肌肉丰满处。方法:以左手大拇指、食指分开压绷注射部位的皮肤,右手持注射器垂直刺入肌肉内 2～4 cm,回抽注射器如无回血即可缓慢注入药液。

3. 静脉注射   对刺激性较大、药液剂量大、希望尽快发生药效时多采用这种方法。静脉注射要求注射器械消毒必须严格,药物纯净,注射速度不宜太快。注射部位:颈侧上 1/3 与中 1/3 交界处的颈静脉沟的颈静脉内。注射方法:将注射器或输液管中的空气排尽,注射时以左手大拇指按压注射部位的下部,使颈静脉扩张,其余 4 指在颈的对侧固定。右手持针头与静脉管呈 45°角刺入静脉内,松开左手见到有回血后,再将药液缓慢注入。大剂量静脉滴注时可使用一次性输液器。

除此之外,还有以下三种给药方法:一是气管注射,适宜肺炎、蠕虫性肺炎等;二是穴位注射,如交巢穴(适应腹泻等);三是腹腔注射,适宜小羊注射药量大时。

(三)外用法

1. 洗涤   将药物配成适当浓度的溶液,清洗局部皮肤或鼻、眼、口腔黏膜及创伤等部位。

2. 涂擦   将药物制成软膏或适宜剂型,涂擦于皮肤或黏膜、创伤表面。

第二节　羊的常见传染病

羊的传染病的完整流行过程，是由传染源、传播（传递）因素和易感羊三个环节构成的。

1. 传染源　经验证明，患传染病的病羊是最主要的传染来源，其次是没有临床症状或恢复期的带菌（毒）者，再次为死于传染病的羊的尸体。因为病原微生物在这些羊体内存在和繁殖，而且能够以此为来源，传染其他易感的健康羊，使其发生相同的传染病。如果没有这个环节，传染病就失去了流行的起码条件。患传染病的病羊及其带菌（毒）者，能够从粪、尿、唾液、鼻涕、眼泪、眼眵、奶、血、脓、生殖道分泌物和皮痂、皮屑等排出病菌。如果是多种家畜共患的传染病，当然其他病畜和带菌（毒）者也可以成为羊只发生传染病的传染来源。

2. 传播因素　传播因素是指将病原由病羊传给健康羊所需要的条件，可以概括为传染方式和传染门户两个方面。

（1）传染方式　将病原由病羊传染给健康羊的方式有两种：一种是直接接触传染，大多数是通过咬伤或交配而传染的，如狂犬病，必须有疯狗咬伤才能发生；另一种是间接传染，通过媒介物而传染的，如通过饲料、饮水、土壤、空气、畜产品（未经严格检查的肉、乳、皮、毛、肠衣等）、吸血昆虫、老鼠及护理用具等引起的传染。大多数传染病都是通过间接传染方式传染的，直接传染方式比较少见。

（2）传染门户　病原侵入健康羊体内的地点，也叫传染途径，一般来说，有以下几种途径：①皮肤，皮肤上轻微的损伤，甚至昆虫的咬伤，都能成为发生传染的条件。如气肿疽、假结核等；②黏膜，未损伤的黏膜就可以成为某些疾病的传染途径，若黏膜损伤，就成为更加有利的传入门户；③消化道，大多数传染病，都可随着采食或饮水把病原带入消化道。例如结核、副结核及布鲁氏菌病等；④呼吸道，如羊痘、结核及山羊传染性胸膜肺炎等，都可通过呼吸道发生传染；⑤泌尿生殖道，如绵羊传染性阴道炎就可通过生殖道传染。

3. 易感羊只　有了前两个环节，如果还没有易感的羊，传染病仍然不可能发生流行。只有在有了传染来源和传播因素（传递因素），同时又有易感羊只存在，才算具备了传染病流行过程的三个条件。这三个条件相互依赖、相互制约，从而构成了传染病流行过程的一条链条。如果切断其中某一个环节，链条即发生断裂，传染病的流行过程即被制止。在兽医临床实践中，就是根据这一原理对传染病进行防制和扑灭的。例如施行隔离和封锁，就是为了切断传染源；进行消毒、毁尸、灭鼠、灭蚊等，就是为了切断传播因素的传递作用，使传染病失去传播的媒介物和传染途径；施行预防注射，就是为了使易感羊只获得免疫力，变成无感受性，使病的传染没有对象。从理论上讲，切断上述链条中的任何一个环节，就可以中断和制止传染病的流行过程。可是，在兽医实践中，为了迅速制止传染病的流行和尽快干净地扑灭传染病，通常都是采取综合措施，对所有三个环节同时发动积极的全面的攻势。

一、小反刍兽疫

[病原]

小反刍兽疫是由副黏病毒科麻疹病毒属小反刍兽疫病毒引起的，以发热、口炎、腹泻、肺炎为特征的一种急性接触性传染病。

[流行特点]

主要感染山羊、绵羊、羚羊、美国白尾鹿等小反刍动物，山羊发病比较严重，绵羊次之，牛、猪等可以感染，但通常为亚临床经过。该病主要通过直接或间接接触传播，感染途径以呼吸道为主，饮水也可以导致感染；本病的传染源主要为患病动物和隐性感染动物，处于亚临床型的病羊尤为危险。潜伏期一般为 4～6 d，最长可达 21 d，易感羊群发病率通常达 60% 以上，病死率可达 50% 以上，在严重暴发时，死亡率为 100%。该病对养殖业危害重大，一旦发生可能造成严重损失。

[临床症状]

一些感染山羊的唇部形成口疮样病变，急性型体温可上升至 41 ℃，并持续 3～5 d。感染动物烦躁不安，背毛无光，口鼻干燥，食欲减退。流黏液脓性鼻漏，呼出恶臭气体。在发热的前 4 d，口腔黏膜充血，颊黏膜进行性广泛性损害，导致多涎，随后出现坏死性病灶，开始口腔黏膜出现小的粗糙的红色浅表坏死病灶，以后变成粉红色，感染部位包括下唇、下齿龈等处。严重病例可见坏死病灶波及齿垫、腭、颊部及乳头、舌头等处。后期出现带血水样腹泻，严重脱水，消瘦，随之体温下降，出现咳嗽，呼吸异常。

[防制措施]

严禁从存在本病的国家或地区引进相关动物。一旦发生本病，应按《中华人民共和国动物防疫法》规定，采取紧急、强制性的控制和扑灭措施，扑杀患病和同群动物。疫区及受威胁区的动物进行紧急预防接种。

二、羊传染性胸膜肺炎

[病原]

本病的病原是丝状支原体，为一种细小、多形性的微生物，革兰氏染色阴性。

[流行特点]

本病只感染山羊，各个品种的山羊均可感染发病，尤以 3 岁以下的山羊发病率最高。病羊和隐性病羊是主要传染源。主要经呼吸道感染，病羊接触健康羊而传染。在新疫区，发病急促，病势重，死亡率较高；在老疫区，则疫势缓和，多呈慢性经过。一年四季均可发生，但冬春发病死亡率最高，因这时为枯草季节，缺乏营养，羊只瘦弱，抵抗力减弱，易受寒感冒；加之寒冷潮湿、羊群拥挤等因素，常可诱发本病。

[临床症状]

本病潜伏期一般为 4～10 d 不等，有的可长达 2 周以上。多呈急性经过，病羊发病初期体温高达 41 ℃以上，精神委顿，离群呆立，懒于采食，两眼无光，被毛松乱无光泽，发抖，呼吸困难。眼结膜发炎，眼睑肿胀，流浆液性眼泪。有浆性或脓性鼻液，呈铁锈色。按压胸壁有疼痛感。病情恶化，则呼吸困难，弓背，颈伸直，衰弱，最后倒地、窒息死亡。有的发生腹胀、腹泻，甚至口腔发生溃烂，唇、乳房皮肤出现疹块，孕羊流产或死胎，濒死羊体温降至常温以下，急性病例不超过 4～5 d，一般病程 7～15 d。死亡率可达 60%以上。剖检病死羊，主要表现在肺呈红灰色，切面呈大理石样；胸膜变厚，表面粗糙不平，有的与胸壁发生粘连。有的病例中，肺膜、胸膜和心包三者发生粘连，胸腔积有多量黄色黏性胸液。

[诊断]

本病确诊，除根据临床症状、流行特点和剖检病变外，还需进行实验室诊断。

[防制措施]

1. 预防　不从疫区购羊。新引进的山羊，应隔离观察 1 个月确认无病后方可混群。疫区每年用山羊传染性胸膜肺炎氢氧化铝苗进行预防注射，病菌污染的环境、用具等要严格消毒。

2. 治疗　主要用大环内酯类药物，如泰乐菌素、强力霉素、阿奇霉素、环丙沙星，对本病疗效较好。

三、羊痘

[病原]

羊痘是羊的一种急性、热性、接触性传染病，病原是山羊痘病毒。

[流行特点]

羊痘病毒主要存在于病羊的皮肤、黏膜的丘疹、脓疱、痂皮内及鼻黏膜分泌物中，在发病羊体温升高时，其血液中存有大量病毒，病羊为传染源，主要通过传染的空气经呼吸道感染，也可以通过损伤的皮肤或黏膜侵入机体。饲养管理人员、护理工具、皮毛产品、饲料、垫草及体外寄生虫都为传染媒介。气候寒冷、雨季、霜冻、枯草期和饲养管理因素都是发病和加重病情的诱因。

[临床症状]

潜伏期5～6 d，病羊发热，体温升高达 40～42 ℃，精神不振，食欲减退或不食，呼吸、脉搏次数增加。痘疹大多发生在皮肤无毛或少毛部位，如在尾根、乳房、阴唇、尾内肛门的周围、阴囊及四肢内侧，有时还出现在头部、腹部及背部的毛丛中，痘疹大小不等，数日后突出皮肤的丘疹形成水疱，内含清亮浆液，继而体温下降，水疱液逐渐混浊而成脓疱，随后破裂或干燥结痂。有些病羊全身症状严重，在痘疹聚集部位，甚至在消化道和呼吸道发生出血，死亡率很高。呈圆形红色结节、丘疹，迅速形成水疱、脓疱及痂皮，经3～4周痂皮脱落。发病期出现并发症或同时感染其他传染病时，其病死率可达50%以上。

[防制措施]

定期注射羊痘疫苗，禁止从疫区购羊，坚持自繁自养。

四、羊传染性脓疱病（口疮）

[病原]

病原为羊口疮病毒，该病毒对外界环境抵抗力强。干燥痂皮内的病毒于夏季日光下经 30～60 d 开始丧失其传染性；散落于地面的病毒可以越冬，至来年春季仍具有感染性。病料在低温冷冻条件下保存，可保持毒力达数年之久。本病毒对高温较为敏感，60 ℃ 30 min 即可被灭活。

[流行特点]

本病主要传染源为病羊和其他带毒动物。感染羊无性别、品种差异，以3～6月龄羔羊发病最多，成年羊也可被感染，人和猫也可感染。潜伏期4～7 d，主要通过皮肤或黏膜擦伤而感染。本病一年四季均可发生，以秋季多发。可在羊群中连续危害多年。

[临床症状]

本病只危害绵羊和山羊，且以3—6月龄的羔羊发病为多，成年羊也可感染发病，传染性很强。传染源为病羊和带毒羊，传播途径主要通过损伤的皮肤、黏膜感染。自然感染是由于引入病羊或带毒羊，或者因被病羊污染的圈舍或草场而感染。

本病在临床上一般分为唇型、蹄型和外阴型3种病型，也见混合型感染病例。

1. 唇型　病羊首先在口角、上唇或鼻镜上出现散在的小红斑，逐渐变为丘疹和小结节，继而成为水疱或脓疱，破溃后结成黄色或棕色的疣状硬痂。如为良性经过，则经1～2周痂皮干燥、脱落而康复。严重病例，患部继续发生丘疹、水疱、脓疱、痂垢，并互相融合，波及整个口唇周围及眼睑和耳廓等部位，形成大面积龟裂、易出血的污秽痂垢。痂垢下伴以肉芽组织增生，痂垢不断增厚，整个嘴唇肿大外翻呈桑葚状隆起，影响采食，病羊日趋衰弱。部分病例常伴有坏死杆菌、化脓性病原菌的继发感染，引起深部组织化脓和坏死，致使病情恶化。有些病例口腔黏膜也发生水疱、脓疱和糜烂，使病羊采食、咀嚼和吞咽困难。个别病羊可因继发肺炎而死亡。继发感染的病害可能蔓延至喉、肺及真胃。

2. 蹄型　病羊多见一肢患病，但也可能同时或相继侵害多数甚至全部蹄端。通常于蹄叉、蹄冠或系部皮肤上形成水疱、脓疱，破裂后则成为由脓液覆盖的溃疡。如继发感染则发生化脓、坏死，常波及基部、蹄骨，甚至肌腱或关节。病羊跛行，长期卧地，病期缠绵。也可能在肺脏、肝脏及乳房中发生转移性病灶，严重者衰竭而死或因败血症死亡。

3. 外阴型　较为少见。病羊表现为黏性或脓性阴道分泌物，在肿胀的阴唇及附近皮肤上发生溃疡；乳房和乳头皮肤（多系病羔吮乳时传染）上发生脓疱、烂斑和痂垢；公羊则表现为阴囊鞘肿胀，出现脓疱和溃疡。

[防制措施]

1. 预防

（1）严禁从疫区引进羊或购入饲料、畜产品。引进羊须隔离观察2~3周，严格检疫，同时应将蹄部多次清洗、消毒，证明无病后方可混入大群饲养。

（2）保护羊的皮肤、黏膜勿受损伤，捡出饲料和垫草中的芒刺。加喂适量食盐，以减少羊只啃土啃墙，防止发生外伤。

（3）本病流行区用羊口疮弱毒疫苗进行免疫接种，使用疫苗毒株应与当地流行毒株相同。

（4）加强隔离和消毒。发现病羊及时隔离治疗，用2%氢氧化钠溶液、10%石灰乳、20%热草木灰溶液对圈舍、环境、设施设备等进行消毒。

2. 治疗 除去病羊痂垢后用0.1%高锰酸钾溶液冲洗创面，然后涂2%龙胆紫、碘甘油溶液或土霉素软膏，每日1~2次，至痊愈。蹄型病羊则将蹄部置5%~10%福尔马林溶液中浸泡1 min，连续浸泡3次。

五、传染性角膜炎、结膜炎

[病原]

病原有鹦鹉热衣原体、结膜支原体、立克次氏体、奈氏球菌和李氏杆菌等。

[流行特点]

不同年龄和性别的羊易感性均较强，甚至出生数日的羔羊也能出现典型症状。带菌动物是主要传染源，病原体存在于眼结膜以及分泌物中。传播途径主要是直接或密切接触传染，蝇类和一些飞蛾也能机械地传播本病。本病的季节性不强，一年四季都有流行，但春、秋发病较多，一旦发病，1周之内可迅速波及全群，甚至呈流行性或地方流行性。山羊的发病率可达40%~100%。刮风、尘土、厩舍狭小和空气污浊等因素有利于本病的发生和传播。

[临床症状]

本病潜伏期一般为2~7 d，病羊主要表现为结膜角膜炎。多数先是一只眼患病，然后波及另一只，有时一侧眼炎症较轻，另一侧眼炎症较重。病初呈结膜炎症状，流泪、畏光、疼痛、眼睑半闭，眼内角流出多量浆液性或黏液性分泌物，以后可转变成脓性分泌物。上下眼睑肿胀，结膜和瞬膜潮红，甚至有出血斑点。随着病情发展,炎症可蔓延到角膜和虹膜,在角膜边缘形成红色充血带,角膜上出现白色或灰色斑点或浅蓝色云翳。严重者形成溃疡或角膜瘢痕。有时全眼球组织受到侵害,眼前房积脓或角膜破裂,晶状体可能脱落,造成永久性失明。病程一般为 20 d 左右,长者可达 40 d。绝大多数病例能自愈,即使角膜混浊者也多能逐渐复明。本病很少引起死亡,少数病羊多因结膜、角膜白斑双目失明而被淘汰。

[防制措施]

1. 预防　保持圈舍干燥凉爽,通风透光,背风向阳;热天定期驱杀蚊蝇,保持环境清洁卫生。

2. 治疗

(1) 4%硼酸水冲洗病眼,每日 3 次,痊愈为止。

(2) 用生理盐水冲洗眼部后,用红霉素、金霉素等眼药点眼,每日 3 次,痊愈为止。用黄绛汞软膏涂眼效果也较好。

六、羊布鲁氏菌病

[病原]

病原是布鲁氏菌,是革兰氏阴性需氧杆菌。该菌在皮肤里能生存 45～60 d,土壤中存活 40 d,乳中存活数周。对热抵抗力弱,一般消毒药能很快将其杀死。

[流行特点]

病菌存在于流产胎儿、胎衣、羊水、流产母羊阴道分泌物及公羊的精液中。本病常呈地方流行,发病无季节性,但以春夏季发病概率较高。新疫区常表现大量母羊流产,老疫区流产比例较少。母羊较公羊易感性高,性成熟后对本病极为易感。消化道是主要感染途径,也可经配种感染。羊群一旦感染此病,首先表现孕羊流产,开始仅为少数,以后逐渐增多,严重时可达半数以上。

[临床症状]

临床症状多数病例为隐性感染,无明显症状。怀孕羊发生流产是该病的主要症状,多发生在怀孕后的 3～4 个月。流产后多伴有胎衣不下或子宫内膜炎,且屡配不孕。有时患病羊发生关节炎和滑液囊炎而致跛行,少数病羊发生角膜炎和支气管炎。公羊发生该病时,可发生化脓性坏死性睾丸炎和副睾炎,睾丸肿大，后期睾丸萎缩，失去配种能力，关节肿胀和不育。确诊要依靠实验室诊断。

[防制措施]

最好进行自繁自养，不从疫区引进羊。定期进行血清学检查，对阳性羊扑杀淘汰。引种时不仅从非疫区引进，而且要做到只只检测，全群呈阴性方可引进，一旦发生疫情，应及时隔离，以净化处理方式为宜。严禁病羊与健康羊接触。对被污染的用具和场地用10％～20％石灰乳、2％氢氧化钠溶液等进行消毒。流产胎儿、胎衣、羊水和产道分泌物要深埋或无害化处理。该病无治疗价值，一般不予治疗。

七、钩端螺旋体病

[病原]

本病的病原是致病性钩端螺旋体。钩端螺旋体对理化因素的抵抗力较其他致病螺旋体为强，在水或湿土中可存活数周至数月，这对本菌的传播有重要意义。钩端螺旋体对干燥、热、日光直射的抵抗力均较弱，56 ℃10 min 即可杀死；对常用消毒剂，如0.5％来苏儿、0.1％石炭酸、1％漂白粉等敏感，10～30 min 可杀死；对青霉素、金霉素等抗生素敏感。

[流行特点]

钩端螺旋体的自然宿主主要是鼠类，某些哺乳类动物也是其主要宿主。钩端螺旋体随病畜和带菌者的尿排出体外，通过黏膜或受伤的上皮表面侵入畜体，鼻腔、咽喉、口腔和食道的黏膜以及眼结膜常是感染的门户。

[临床症状]

本病潜伏期2～20 d。羊通常表现为隐性传染，临床表现为体温升高，呼吸和心跳加速，黏膜和皮肤坏死、水肿，消瘦，黄疸，血红蛋白尿，黏膜深度黄染，迅速衰竭而死。孕羊流产。

[防制措施]

1. 预防　驱鼠、灭鼠，严禁饲喂病畜肉及带菌动物的生肉及其他产品。避免羊与带菌动物及被其尿所污染的水、饲料接触。被污染的环境，可用2％～5％漂白粉溶液，或2％氢氧化钠，或3％来苏儿消毒。常发地区应提前预防接种钩端螺旋体疫苗或接种本病多价疫苗。严禁从疫区引进羊只，必要时引进的羊应隔离观察1个月，确认无病后才能混群。

2. 治疗　①小剂量青霉素，肌内注射，每只每次 20～60 万 U，每日 2 次，连用 3～5 d；②四环素，肌内注射，按每千克体重 5～10 mg，每日 2 次，连用 3～5 d；③土霉素，肌内注射，按每千克体重 10～20 mg，每日 2 次，连用 3～5 d。

八、破伤风

[病原]

本病的病原是破伤风梭菌。

[流行特点]

破伤风是常和创伤相关联的一种特异性感染。各种类型和大小的创伤都可能受到感染，特别是开放性骨折、含铁锈的伤口、伤口小而深的刺伤、盲管外伤、火器伤，更易受到破伤风梭菌的感染。羊常因断角、去势、断脐、剪毛和其他创伤或擦伤而感染。

[临床症状]

感染破伤风梭菌至发病，有一个潜伏期，破伤风潜伏期与伤口所在部位、感染情况和机体免疫状态有关，通常为 7～8 d，可短至 24 h 或长达数月、数年。潜伏期越短者，预后越差。约 90% 的患者在受伤后 2 周内发病，新生羔羊破伤风的潜伏期为断脐带后 5～7 d，偶见患者在摘除体内存留多年的异物后出现破伤风症状。

1. 前驱症状　起病较缓者，发病前可有全身乏力、头晕、头痛、咀嚼无力、局部肌肉发紧、扯痛、反射亢进等症状。

2. 典型症状　主要为运动神经系统抑制的表现，包括肌强直和肌痉挛。通常最先受影响的肌群是咀嚼肌，随后顺序为面部表情肌，颈、背、腹、四肢肌，最后为膈肌。肌强直的征象为张口困难和牙关紧闭，腹肌坚如板状，颈部强直、头后仰，当背、腹肌同时收缩时，因背部肌群较为有力，躯干因而扭曲成弓，形成"角弓反张"或"侧弓反张"。阵发性肌痉挛是在肌强直基础上发生的，且在痉挛间期肌强直持续存在。相应的征象为蹙眉、口角下缩、咧嘴"苦笑"（面肌痉挛）；喉头阻塞、吞咽困难、呛咳（咽肌痉挛）；通气困难、发绀、呼吸骤停（呼吸肌和膈肌痉挛）；尿潴留（膀胱括约肌痉挛）。强烈的肌痉挛，可使肌断裂，甚至发生骨折。患者死亡原因多为窒息、心力衰竭或肺部并发症。上述发作可因轻微的刺激，如光、声、接触、饮水等而诱发，也可自发。轻型者每日肌痉挛发作不超过 3 次；重型者频发，可数分钟发作一次，甚至呈持续状态。每次发作时间由数秒至数分钟不等。病程一般为 3～4 周，如积极治疗、不发生特殊并发症者，发作的程度可逐步减轻，缓解期平均约 1 周。但肌紧张与反射亢进可继续一段时间；恢复期还可出现一些精神症状，如幻觉、言语、行动错乱等，但多能自行恢复。

3. 自主神经症状　为毒素影响交感神经所致，表现为血压波动明显，心率增快伴心律不齐，周围血管收缩，大汗等。

4. 特殊类型　一是局限性破伤风，表现为创伤部位或面部咬肌的强直与痉挛。二是头面部破伤风，头部外伤所致，面神经、动眼神经及舌下神经瘫痪者为瘫痪型，而非瘫痪型则出现牙关紧闭，面肌及咽肌痉挛。

[防制措施]

加强饲养管理，防止羊只发生外伤，若发生外伤，及时消毒。在断角、去势、断脐时，要做好对用具和术前术后的消毒。

九、羔羊大肠杆菌病

[病原]

本病的病原是革兰氏阴性致病性大肠杆菌。

[流行特点]

本病多发生于数日龄至 6 周龄的羔羊，有些地方 6～8 月龄的羔羊也可发病。呈急性经过，多发于冬春季舍饲期，主要是消化道感染。气候多变，通风不良，初乳不足，圈舍潮湿易发本病。

[临床症状]

本病潜伏期 1～2 d，分为败血型和下痢型两型。

1. 败血型　多发于 2～6 周龄的羔羊。病羊体温 41～42 ℃，精神沉郁，迅速虚脱，有轻微的腹泻或不腹泻，有的有神经症状，运步失调，磨牙，视力障碍，有的出现关节炎，多于病后 4～12 h 死亡。胸、腹腔和心包大量积液，内有纤维素；关节肿大，内含混浊液体或脓性絮片；脑膜充血，有很多小出血点。

2. 下痢型　多发于 2～8 日龄的新生羔。病初体温略高，出现腹泻后体温下降，粪便呈半液体状，带气泡，有时混有血液，羔羊表现腹痛，虚弱，严重脱水，不能起立；如不及时治疗，可于 24～36 h 死亡。

[防制措施]

1. 大肠杆菌对土霉素、磺胺类和呋喃类药物都比较敏感，但必须配合护理和其他对症疗法。土霉素：按每日每千克体重 20～50 mg，分 2～3 次内服；或按每日每千克体重 10～20 mg，分 2 次肌内注射。对心脏衰弱的，皮下注射 25％安钠咖 0.5～1 mL；对脱水严重的，静脉注射 5％葡萄糖盐水 20～100 mL；对于有兴奋症状的病羔，用水合氯醛 0.1～0.2 g 加水灌服。

2. 要加强饲养管理，做好母羊的抓膘、保膘工作，保证新产羔羊健壮、抗病力强。同时应注意羊的保暖。对病羔要立即隔离，及早治疗。对污染的环境、用具要用 3％～5％来苏儿消毒。

十、羊巴氏杆菌病

[病原]

本病病原为多杀性巴氏杆菌和溶血性巴氏杆菌。

[流行特点]

病羊和健康带菌羊是传染源，病菌一般存在于病羊的血液、内脏器官、淋巴结及病变局部组织和一些外表健康动物的上呼吸道、黏膜及扁桃体内，经呼吸道、消化道及损伤的皮肤而感染。带菌羊在受寒、长途运输、饲养管理不当使抵抗力降低时，可发生自体内源性传染。

[临床症状]

最急性多见于哺乳羔羊。羔羊突然发病，于数分钟至数小时内死亡。急性精神沉郁，体温升高到 41～42 ℃，咳嗽，鼻孔常有出血。初期便秘，后期腹泻，有时粪便全部变为血水。病期 2～5 d，严重腹泻后虚脱而死；慢性病程可达 3 周，病羊消瘦，不思饮食，流黏性脓性鼻液，咳嗽，呼吸困难，腹泻。

[防制措施]

加强饲养管理，做好羊场清洁卫生，对病羊和可疑病羊立即隔离治疗。庆大霉素、四环素及磺胺类药物都有良好的治疗效果。

十一、羊快疫

[病原]

本病病原是腐败梭菌。

[流行特点]

腐败梭菌常以芽孢形式分布于低洼草地、耕地及沼泽之中。羊采食被污染的饲料和饮水，芽孢进入消化道，多数不发病。在气候骤变、阴雨连绵、秋冬寒冷季节，引起羊感冒或机体抗病能力下降时，腐败梭菌大量繁殖，产生外毒素引起发病死亡。常呈地方性流行，发病率 10%～20%，病死率为 90%。以 6～18 月龄羊多发，主要通过消化道感染。

[临床症状]

羊突然发病，往往未表现出临床症状即倒地死亡，常常在放牧途中或在牧场上死亡，也有早晨发现死在羊圈舍内。有的病羊离群独居，卧地，不愿意走动，强迫其行走时，则运步无力，运动失调。腹部膨胀，有疝痛表现。体温有的升高到 41.5 ℃，有的体温正常。发病羊以极度衰竭、昏迷致发病后数分钟或几天内死亡。

[防制措施]

1. 预防 加强饲养管理，防止羊受寒冷刺激，严禁吃霜冻饲料。在易发地区每年春、秋两季注射羊梭菌三联四防灭活苗（简称羊三联苗），每年秋冬、初春季节尽量少在潮湿地区放牧，加强饲养管理，增加营养，提高抗病能力，不让羊采食冰冻草，防寒，防止感冒。

2. 治疗 大多数病羊来不及治疗即死亡。对那些病程稍长的病羊，可用青霉素肌内注射，每只羊每次 160 万～320 万 U，每日 2 次；或每次每千克体重内服磺胺嘧啶 0.1～0.2 g，每日 2 次。辅助疗法是：强心、补液，解除代谢性酸中毒。可用含糖盐水 500～1 000 mL，5% 碳酸氢钠 100～150 mL，10% 安钠咖 10～15 mL，混合后静脉注射。

十二、羊猝狙

[病原]

本病的病原是 C 型魏氏梭菌。

[流行特点]

羊猝狙发生于成年羊，以 1～2 岁羊发病较多。常见于低洼、沼泽地区。羊猝狙多于冬春季节，常呈地方流行。

[临床症状]

病羊开始表现为精神委顿、不吃草、离群卧地，多体温升高；排出不成形的软粪便,有的死前腹泻,有的口吐胃内容物。中、后期病羊急起急卧,腹痛剧烈,呻吟磨牙,口吐白沫,侧卧,头向后仰,全身颤抖,四肢乱蹬。发现症状 1～4 h 内引起急性死亡。病变主要见于消化道和循环系统,胸腹腔和心包大量积液,小肠严重充血,糜烂,可见大小不等的溃疡及腹膜炎等。

[防制措施]

加强饲养管理,提高羊只的抗病能力。定期注射羊快疫、羊猝狙和羊肠毒血症三联苗。对发病羊只肌内注射或静脉注射抗生素。

十三、羊黑疫

[病原]

本病的病原是 B 型诺维氏梭菌,或称水肿芽孢梭菌。

[流行特点]

本病多发生于夏季肝片吸虫流行的低洼潮湿地区,以营养良好的 2～4 月龄羊发病较多,山羊也可感染。梭菌能在土壤中存活较长时间。羊多因吃了被污染的草料或饮水而感染。当羊感染肝片吸虫时,肝片吸虫幼虫游走损害肝脏后,存在于该处的诺维氏梭菌芽孢即获适宜的条件,迅速生长繁殖,产生毒素,进入血液循环,引起毒血症,导致急性休克而死亡。本病主要发生于低洼、潮湿地区,以春、夏季节多发,发病常与肝片吸虫的感染侵袭密切相关。

[临床症状]

发病急,常突然死亡。病羊主要表现为掉群,不食,反刍停止,精神不振,呼吸急促,最后昏睡而死。病羊尸体皮下静脉显著充血,其皮肤呈暗黑色外观(黑疫之名即由此而来)。胸部皮下组织经常水肿。浆膜腔有液体渗出,暴露于空气易于凝固,液体常呈黄色,但腹腔液略带血色。肝脏充血、肿胀,从表面可看到或摸到有一个到多个凝固性坏死灶,坏死灶的界限清晰,灰黄色,不整圆形,周围常为一鲜红色的充血带围绕,坏死灶直径可达 2～3 cm,切面呈半圆形。

[防制措施]

流行本病的地区应搞好控制肝片吸虫感染的工作;常发病地区定期接种羊快疫-肠毒血症-猝狙-羔羊痢疾-黑疫五联苗;本病发生、流行时,将羊群移牧于高燥地区；病程稍缓的羊只，肌内注射青霉素80万～160万U，每日2次，连用3d。

十四、羊肠毒血症

[病原]

本病的病原是D型魏氏梭菌。魏氏梭菌在羊肠道内大量繁殖并产生毒素所引起的羊急性传染病。该病以发病急、死亡快、死后肾脏多见软化为特征。

[流行特点]

以2～12月龄羊最易发病。病羊多为膘情较好者。通常在农区多发于蔬菜、粮食收获季节，羊吃了大量蔬菜和谷类时发病。在牧区多发于春末夏初，青草萌发和秋季牧草结籽后的一段时期。

[临床症状]

羊肠毒血症潜伏期短，多呈急性经过，突然发病，几分钟后死亡。病程缓慢的病羊表现离群呆立或卧地，体温不高，口吐白沫，有时磨牙，角弓反张，眼结膜苍白，全身肌肉抽搐，腹泻，粪便呈暗黑色，混有黏液或血液。有的病羊有食毛癖，濒死前可见转圈或步态不稳，呼吸困难，倒地后呈四肢划水状，颈向后弯曲，继而昏迷或呻吟，最后衰竭死亡，死后腹部膨大。急性病例从发病到死亡仅1～3h，病情缓慢的延至3～10h或1～3d后死亡。

[防制措施]

1. 加强饲养管理　及时清扫羊舍内外并认真执行消毒制度；及时将运动场的积水滩填平，避免羊饮用受病原菌芽孢污染的积水。同时，控制好饲养密度，保持栏舍通风，给羊群提供优质饲草。放牧尽量选在高燥地区，春季和夏季避免过量食用青绿多汁、富含蛋白质的饲草，秋冬季节不宜食用过量的结籽饲草。

2. 免疫接种　由于羊肠毒血症病程短，发病突然，因此每年春季（3—4月）和秋季（9—10月）注射羊三联苗。

对于已发病的羊群，全群及时接种羊三联苗，并且尽快转移到高坡干燥地方，尽量少饲喂青绿饲料和谷物饲料，多喂粗饲料，并且严格执行消毒制度。对病死羊要及时焚烧或深埋处理，尽快清扫圈舍内外的粪便、垫草及其他异物，并堆积到指定地方进行焚烧处理，然后使用生石灰水或5%来苏儿溶液喷洒消毒。

3. 治疗　对于有症状的羊只，每只羊肌内注射160万U青霉素3支，每日2次，连用3d。

十五、羔羊痢疾

[病原]

羔羊痢疾由多种病原微生物引起，其中主要是大肠杆菌、产气荚膜梭菌、沙门氏菌、轮状病毒等。

[流行特点]

羔羊在生后数日内，魏氏梭菌等病原微生物可以通过羔羊吮乳、饲养员的手和羊的粪便而进入羔羊消化道。外界不良诱因包括：母羊怀孕期营养不良，羔羊体质瘦弱；气候寒冷，羔羊受冻；哺乳不当，羔羊饥饱不匀。羔羊抵抗力减弱时，细菌大量繁殖，产生毒素。羔羊痢疾的发生和流行，表现出一系列明显的规律性，主要危害7日龄以内的羔羊，其中又以2～3日龄羊发病最多，7日龄以上的羊很少患病。传染途径主要是通过消化道，也可能通过脐带或创伤。

[临床症状]

自然感染的潜伏期为1～2d，病初精神委顿，低头拱背，不想吃奶。不久就发生腹泻，粪便恶臭，有的稠如面糊，有的稀薄如水。到了后期，有的还含有血液，直到成为血便。病羔逐渐虚弱，卧地不起。若不及时治疗，常在1～2d内死亡。羔羊以神经症状为主者，四肢瘫软，卧地不起，呼吸急促，口流白沫，最后昏迷，头向后仰，体温降至常温以下，常在数小时到十几小时内死亡。

[防制措施]

1. 预防　加强妊娠母羊饲养管理，母壮羔肥，增强羔羊抗病能力。搞好卫生工作，产羔前对栏舍进行严格消毒，做好母体、乳房及用具的清洁卫生，注意保暖防寒。做好预防接种，每年秋季给母羊注射羔羊痢疾菌苗或厌气菌五联菌苗，产前2～3周，再给母羊注射1次，可预防本病发生。

2. 治疗

（1）板蓝根5～15g，煎汤内服，或用板蓝根冲剂1～2包，温开水冲服，每日2～3次，连用2～3d。

（2）若有体温升高、全身症状者，可用地塞米松2～3mL，庆大霉素4万～6万U，维生素C2～4mL，分别肌内注射，每日2次，连用2d。

（3）口服土霉素、链霉素各0.125～0.25g，也可再加乳酶生1片，每日2次。

十六、羊链球菌病

[病原]

本病的病原是溶血性链球菌，本菌对外界抵抗力较强，而对一般的消毒药物抵抗力较差。

[流行特点]

本病主要传染源是病羊和带菌羊，病菌存在于病羊的各个脏器及分泌物、排泄物中。多发于冬春寒冷季节（每年11月至次年4月），主要通过消化道和呼吸道传染。

[临床症状]

羊发病初期精神不振，食欲减少或不食，反刍停止，行走不稳；结膜充血，流泪，后流脓性分泌物；鼻腔流浆液性鼻液，后变为脓性；口流涎，体温升高至41℃以上，咽喉、舌肿胀，粪便松软，带黏液或血液；怀孕母羊流产。有的病羊眼睑、嘴唇、颊部、乳房肿胀，临死前呻吟、磨牙、抽搐。急性病例呼吸困难，24 h内死亡；一般情况下2～3 d死亡。

[防制措施]

1. 预防　加强饲养管理，做好抓膘、保膘及保暖防风、防冻、防拥挤等工作。定期消灭羊体内外寄生虫；做好羊圈及场地、用具的消毒工作。入冬前，用链球菌氢氧化铝甲醛菌苗进行预防注射，羊不分大小，一律皮下注射3 mL，3月龄内羔羊14～21 d后再免疫注射1次。发病后，对病羊和可疑羊要分别隔离治疗，场地、器具等用10%石灰乳或3%来苏儿严格消毒，羊粪及污物等堆积发酵，病死羊进行无害化处理。

2. 治疗　每只病羊用青霉素30万～60万U，肌内注射，每日1次，连用3 d；或肌内注射10%的磺胺噻唑10 mL，每日1次，连用3 d；也可用磺胺嘧啶或氯苯磺胺4～8 g灌服，每日2次，连用3 d。病情严重食欲废绝的给予强心补液，5%葡萄糖盐水500 mL，安钠咖5 mL，维生素C 5 mL，地塞米松10 mL，静脉滴注，每日2次，连用3 d。

十七、羊沙门氏菌病

[病原]

本病的病原是鼠伤寒沙门氏菌、都柏林沙门氏菌和羊流产沙门氏菌。本菌抵抗力较强，60 ℃ 1 h、70 ℃ 20 min、75 ℃ 5 min 死亡。

[流行特点]

本病一年四季均可发生，但以冬春气候寒冷多变时节发生最多。舍饲时易发，常呈散发，有时呈地方性流行。主要传染源是病羊及带菌羊。各种年龄的羊均可感染发病，其中以断乳不久的羊最易感。病原菌通过羊的粪、尿、乳汁、流产胎儿、胎衣和羊水污染水源、土壤和饲料等，经消化道感染健康羊，也可通过交配或其他途径传播。

[临床症状]

本病多见于羔羊，病初排黄绿色粥样粪便，继则呈水样，有的粪便中混有肠黏膜，病羊食欲减退或废绝，精神萎靡，呈急性经过，常常突然死亡，死亡率高达 40% 以上。病羊表现精神沉郁，体温高达 40~41 ℃，腹泻严重的常常虚脱衰竭死亡，耐过的也很难恢复，往往发育迟缓，形成僵羊。有的怀孕母羊的最后 2 个月，出现流产或死产。

[防制措施]

1. 预防　注意环境卫生消毒，制造良好的饲养环境。冬天做好保温防风工作，秋季做好防潮工作。产羔房最好不连续使用，每次产羔完和临产前要彻底消毒，地面可铺撒石灰，并用 2%~4% 火碱水对地面、墙面彻底喷雾，然后密闭用福尔马林或过氧乙酸熏蒸消毒。产羔期最好能每天喷雾消毒一次，消毒药物选择 3~4 种轮流替换使用。发生本病后，对病羊及时隔离治疗；流产的胎儿、胎衣及污染物进行无害化处理，同时对流产场地、用具全面彻底进行消毒处理；对可能受传染的羊群注射相应的预防疫苗。

2. 治疗　土霉素或新霉素，羔羊按每日每千克体重 30~50 mg，分 3 次内服，成年羊按每次每千克体重 10~30 mg，肌内或静脉注射，每日 2 次。

十八、羊肉毒梭菌中毒病

[病原]

本病又称腐肉中毒，是由肉毒梭菌所产生的毒素引起的一种中毒性疾病。其特征是唇、舌、咽喉等发生麻痹。

[流行特点]

该菌存在于家畜尸体内和被污染的草料中，在适宜的条件下（潮湿、厌氧，18~37 ℃）繁殖，产生外毒素。羊吞食了含有毒素的草料或尸体之后，即会引起中毒。因此，本病常发生于雨量较多的时期，一般都是因为吃了腐败的青贮饲料或发霉腐烂的谷物、干草、蔬菜而受到感染。土壤中缺乏钙、磷的地区，羊容易发生异食癖，舔食野外有毒尸体而患病。

[临床症状]

本病的潜伏期变化颇大，由几小时到几天不等，一般为4～20 h，主要取决于动物种类和摄入毒素的量。最明显的症状为运动神经麻痹，病情初期症状从头开始，然后迅速向四肢和后躯发展。精神状态出现兴奋不安，步态僵硬，运动时头颈弯曲向一侧倾斜，作点头运动，尾巴向一侧摆动。流涎、流浆液性鼻汁，呼吸困难，最终因呼吸麻痹而死。羊患病以后，表现有最急性、急性和慢性三种类型。最急性型不表现任何症状而突然发生死亡。急性型突然发生吞咽困难，卧地不起，头向侧弯，颈部、腹部和大腿肌肉松弛；以后食欲及饮欲消失，舌尖露于口外，口流黏性唾液，多数发生便秘；但体温正常，知觉和反射活动仍存在；病情发展快者，1 d之内死亡，慢者可延至4～5 d。慢性型除有急性型的症状外，常并发肺炎，最后常因极度消瘦而死亡。

[防制措施]

1. 预防 不用腐败发霉的饲料喂羊，制作青贮饲料时不可混入动物（鼠、兔、鸟类等）尸体。经常清除牧场、羊舍和其周围的垃圾和动物尸体。如果发生可疑病例，应立即停喂可能受污染的饲料，必要时可变换牧场。

2. 治疗 注射肉毒梭菌抗毒素，用每毫升含1万U的抗毒素血清，静脉或肌内注射6万～10万U，可使早期病羊治愈。同时用盐类泻剂洗胃、灌肠，以促进消化道内的毒素排出。应用盐酸胍，每千克体重1 mg，可解除毒素引起的某些麻痹症状。若体温升高，注射抗生素或磺胺类药物，防止继发感染。

十九、羊衣原体病

[病原]

本病的病原是衣原体属鹦鹉热衣原体，是介于细菌与病毒之间的一类独特微生物。以流产或多发性关节炎为特征。

[流行特点]

病羊和带菌羊是主要传染源。通过粪便、尿、乳汁及流产的胎儿、胎衣和羊水排出病原菌，污染水源和感染饲料，也可由污染的尘埃和散布于空气的液滴，经呼吸道或眼结膜感染。羔羊关节炎和结膜炎常见于夏秋。本病的潜伏期一般为 2～3 个月。

[临床症状]

病羊最突出的症状是流产、死胎或分娩出体质虚弱的羔羊。流产通常是在产前 1 个月左右，初次流产在整个羊群中比率较高，占 20％～30％。以后每年母羊流产约有 5％左右，本病在羊群中长期存在。母羊流产后胎衣常常难以排出，并不断流出污浊不洁的炎性分泌物，继发细菌性感染后易引发子宫内膜炎。病羊可见发热，精神委顿，食欲减退。流产胎儿多为死胎。患病羔羊体温升高，体重增长缓慢。有的病羊呈现结膜炎症状，结膜充血、水肿、流泪。肠炎时病羊持久腹泻，精神不振，拒食，体温升高及白细胞增多。腹泻呈水样便并带有血液和黏液。

[防制措施]

1. 预防　防止引入病羊及带菌羊是预防本病的关键。预防羊衣原体性流产主要采用疫苗，可用羊流产衣原体卵黄囊甲醛灭活油佐剂苗，保护率可达 85％左右；对羔羊多发性关节炎病可试用羊地方性流行性流产疫苗预防。同时加强饲养管理，减少、消除各种应激因素，减少发病。

2. 治疗　本病暴发时，必须对所有流产羊、病弱羊及其同窝羔羊进行隔离饲养，用青霉素、四环素、红霉素、环丙沙星等药物治疗，一直到全部母羊子宫不再排出排泄物或全部存活羔羊健康为止。将感染的胎盘和流产的胎儿进行无害化处理，清扫后用 2％氢氧化钠消毒。

二十、羊放线菌病

[病原]

本病的病原主要是牛放线菌和林氏放线杆菌。

[流行特点]

放线菌病的病原不仅存在于污染的土壤、饲料和饮水中，而且还寄生于动物口腔、咽部黏膜、扁桃体和皮肤等部位，因此，黏膜或皮肤上只要有破损，便可以感染。该病一般为散发。

[临床症状]

病羊下颌部、面部、颈部或乳房处有肿块，有的较硬，有的柔软有波动感，无热无痛。有的脓肿部被毛脱落，皮肤变薄，之后自然破溃形成瘘管，流出大量脓性分泌物。病羊精神尚好，有的沉郁，食欲、反刍下降，严重的几乎不吃草料，仅舔食少量混合精料，体温升高不明显。

[防制措施]

1. 药物疗法　青霉素为首选药，用量和疗程依每只羊的病情轻重而定，每天每只静脉用药 100 万～200 万 U。在清除病灶、引流或切开排脓前二三天开始用药，术后再用药 3～4 d。患部可以用碘酒涂抹，也可以用 2 g 碘化钾溶于 1 mL 蒸馏水中再和 5% 的碘酒混合，一次注射于患部。也可选用红霉素、四环素、林可霉素、头孢菌素和利福平等广谱抗菌药物。

2. 手术疗法

（1）对于脓肿小的病羊采用封闭疗法，用青霉素 240 万 U、链霉素 200 万 U、0.5% 普鲁卡因 5 mL，分三五个点在脓肿周围分点注射，每日 2 次，连用 4 d。

（2）对于脓肿大的病羊，先在患部涂擦鱼石脂软膏，以促进脓肿早日成熟。2 d 后采用外科手术疗法，在脓肿部的最低位置处横向切开 1.5～2 cm 的开口，然后挤压脓肿壁将脓汁挤出，之后用灭菌生理盐水反复冲洗，最后用碘酒纱布填塞创口。注意创口外留有 2 cm 左右的纱布，便于脓汁的流出。每天更换 1 次纱布，并且在创口周围注射 10% 碘仿醚或 2% 鲁戈氏液，防止引起感染扩散。

（3）治疗期间，应注意补充营养和加强对伤口护理，防止感染。在抗生素广泛应用后，放线菌病的预后一般较好。对于严重、泛发感染的病羊，可考虑淘汰。

第三节　羊的常见寄生虫病

一、肝片吸虫病

[病因]

羊肝片吸虫病是由肝片吸虫寄生于肝脏、胆管内引起急性或慢性肝炎和胆管炎，同时伴发全身性中毒现象及营养障碍、水肿等症状的疾病。本病可导致羊大批死亡。马、牛、猪及人也可感染。

肝片吸虫的外观呈扁平叶状，体长 20～35 mm，宽 5～13 mm。虫卵金黄色，呈椭圆形，一端有卵盖，随胆汁进入消化道排出体外，在水中孵出毛蚴，钻入中间宿主（椎实螺）体内发育成尾蚴并离开螺体，随处漂游，附着在水草上或水面上变成囊蚴，羊吃了附着囊蚴的水草或饮水而感染。囊蚴进入羊的消化道，在十二指肠内形成幼虫并脱囊而出，穿过肠壁，进入腹腔，经肝包膜至肝实质，再进入胆管，发育成成虫。

[临床症状]

1. 急性症状　常发生于夏末秋初，是因为短期感染大量囊蚴所致。羊患病初期表现为发热，衰弱，易疲劳，离群；肝区压痛明显，随后出现贫血，黏膜苍白。严重者可在数天内死亡。

2. 慢性症状　多见于病羊耐过急性期或轻度感染之后，在冬、春季转为慢性。病羊主要表现为消瘦、贫血，黏膜苍白，食欲不振，异嗜，被毛粗乱、无光泽、易脱落，步行缓慢；眼睑、颌下、胸下、腹下出现水肿；便秘与下痢交替出现，粪便呈块状或丝状；病情恶化者，可导致死亡。

[防制措施]

1. 药物驱虫　急性病例一般在9月下旬幼虫期驱虫，慢性病例一般在10月成虫期驱虫。所有羊只每年在2—3月和10—11月应有两次定期驱虫。驱虫药物可在硝氯酚、氯氰碘柳胺钠、硫氯酚等药物中选择使用。

2. 粪便处理　每天清除粪便并堆肥，利用粪便发酵产热而杀死虫卵。对驱虫后排出的粪便，要严格管理，不能乱丢，集中起来堆积发酵处理，防止污染羊舍和草场及再感染发病。

3. 牧场预防

（1）放牧地选择　选择高燥地区放牧，不到沼泽、低洼潮湿地带放牧。

（2）轮牧　轮牧是防止肝片吸虫病传播的重要方法。把草场用网围栏、河流、小溪、灌木、沟壕等分成几个小区，每个小区放牧30～40 d，按一定的顺序逐区放牧，周而复始地轮牧，以减少肝片吸虫病的感染机会。

（3）放牧与舍饲相结合　在冬季和初春，气候寒冷，牧草干枯，大多数羊消瘦、体弱，抵抗力低，是肝片吸虫病患羊死亡数量最多的时期，因此在这一时期应由放牧转为舍饲，加强饲养管理，增强羊群抵抗力，降低死亡率。

4. 饮水卫生　在发病地区，尽量饮自来水、井水或流动的河水等清洁的水，不要到低洼潮湿、沼泽地带去饮水。

5. 消灭中间宿主　消灭中间宿主椎实螺是预防肝片吸虫病的重要措施。

在放牧地区，通过兴修水利、填平改造低洼沼泽地，改变椎实螺的生活条件，达到灭螺的目的。

6. 患病脏器的处理　不能将有虫体的肝脏乱弃或在河水中清洗，或把洗肝的水到处乱泼，造成病原人为扩散，对有严重病变的肝脏立即作深埋或焚烧等销毁处理。

二、脑多头蚴病（脑包虫病）

［病因］

脑多头蚴病常称脑包虫病，寄生于犬小肠内的多头绦虫的孕卵节片，随粪便排出，污染外界环境。羊吞食了虫卵后，卵内的六钩蚴经血液循环到达脑部，经 7～8 个月为多头蚴，寄生于羊脑及脊髓部。犬吃了有多头蚴的羊脑、牛脑后，幼虫的头节吸附在犬的肠黏膜上发育为成虫。

［临床症状］

多头蚴引起羊脑膜炎，表现精神沉郁，呆立离群，采食减少，流涎，磨牙、垂头呆立，躺卧不起，视力欠佳，有前冲、后退或躺卧等神经症状，可于几天内死亡。耐过急性期的病羊即转入慢性期。病羊可视黏膜苍白，逐渐消瘦，食欲不振，反刍减弱。行动不自主，有的病羊作转圈运动、向前狂奔或后退运动。对各种刺激，如光、声音不敏感，头下垂，向前做直线运动，脱离羊群，碰到障碍物不能回转，将头顶在障碍物上静止不动。头高举，做后退运动，倒地后头颈部肌肉强直性收缩，呈角弓反张。出现头向后仰、直向前冲、前肢蹬空、四肢痉挛，最后死亡。

［防制措施］

带有虫体的羊头、牛头必须销毁，不可用来喂犬。同时，不可用被犬粪污染的饲料、饲草喂羊，要定期给场区和牧区所养犬服用吡喹酮、氯硝柳氨（灭绦灵）、抗蠕敏等药物进行驱虫。粪便集中进行生物热处理。

三、羊绦虫病

［病因］

位于羊肠道内的羊绦虫成熟节片及虫卵随粪便排到体外后，被中间宿主地螨吞食，在地螨体内 1 个月左右发育为具有感染力的拟囊尾蚴，羊吞食这样的地螨，拟囊尾蚴即在宿主羊肠道内翻出头节，吸附在肠黏膜上发育成成虫，便以机械作用、毒素作用和夺取营养而使羊致病。

[临床症状]

感染绦虫的病羊一般表现为食欲减退，饮欲增加，精神不振，虚弱，发育迟滞，严重时病羊下痢，粪便中混有成熟绦虫节片。病羊迅速消瘦、贫血，被毛粗乱无光，喜躺卧，起立困难，体重迅速减轻。有时出现痉挛或回旋运动或头部后仰的神经症状，有的病羊因虫体成团引起肠阻塞产生腹痛甚至肠破裂，因腹膜炎而死亡。病末期，常因衰弱而卧地不起，多将头折向后方，经常作咀嚼运动，口周围有许多泡沫，最后死亡。

[防制措施]

1. 定期驱虫　在虫体成熟前，即羊放牧后 30 d 内进行第一次驱虫，15 d 后进行第二次驱虫。舍饲改放牧前对羊群驱虫，放牧 1 个月内两次驱虫。驱虫后的羊粪便要及时集中堆积发酵或沤肥，至少 2～3 个月才能杀灭虫卵；经过驱虫的羊群，不要到原地放牧，及时转移到清净的安全牧场，可有效地预防绦虫病的发生。

2. 加强管理　采取圈养的饲养方式，以免羊吞食地螨而感染。避免在低湿地放牧，尽可能地避免在清晨、黄昏和雨天放牧，以减少感染。

四、捻转胃虫病

[病因]

捻转胃虫病是由血矛线虫寄生于山羊真胃内引起的疾病。血矛线虫是一种纤细柔软淡红色的线虫，虫体长 10～30 mm。雌虫由于白色的生殖器官和红色的肠管相互扭转形成两条似红白纱绞成的线段。雌虫在羊胃内产卵，卵随粪便排出体外，在适宜的温度、湿度条件下，经 4～5 d 孵化发育成幼虫，羊吞食带有这种幼虫的草后，就会感染捻转胃虫病。

[临床症状]

病羊贫血，消瘦，被毛粗乱，精神萎靡，羞明流泪，眼下有湿润的泪痕斑。放牧时离群，严重时卧地不起。常见大便秘结，干硬的粪中带有黏液。一般病数月，最后十分消瘦而死亡。

[防制措施]

不要在低洼潮湿草地放牧，不吃露水草，不饮小坑死水。尽可能地将羊粪便堆积发酵。定期进行预防性驱虫。治疗可用左旋咪唑。

五、钩虫病

[病因]

钩虫白色，长 12～25 mm，主要寄生在羊的小肠内，雌虫在此产卵，虫卵排出体外后，一旦环境适宜就很快孵出幼虫，经二次蜕变成为有侵袭能力的幼虫。幼虫可以从羊的皮肤或消化道侵入羊体，最后寄生于小肠。

[临床症状]

造成肠黏膜溃疡，从而使病羊极度贫血和消瘦，下颌水肿，长期下痢，可引起山羊大群死亡。

[防制措施]

治疗可用左旋咪唑或四氯乙烯驱虫。

六、羊消化道线虫病

[病因]

羊消化道线虫种类很多，常见的有羊仰口线虫、奥斯特线虫、蛇形毛圆线虫、尖刺细颈线虫、食道口线虫和毛首线虫等。

[临床症状]

病羊的症状主要为消化功能紊乱，胃肠道发炎，拉稀，消瘦，下痢、眼结膜苍白，贫血。病情严重者下颌间隙水肿，少数病例体温升高，呼吸、脉搏加快。羊在严重感染的情况下，可出现不同程度的贫血、消瘦、胃肠炎、下颌间隙及颈胸部水肿。羔羊发育受阻，血液检查红细胞减少，血红蛋白降低，淋巴细胞和嗜酸性粒细胞增加。少数病羊体温升高，呼吸、脉搏增数，心音减弱，最后导致病羊衰弱而死亡。

[防制措施]

1. 预防　每年两次驱虫。加强饲养管理，注意饮水卫生，羊粪便发酵处理。
2. 治疗　选用抗蠕敏、左旋咪唑、复合阿维菌素进行驱虫。

七、羊肺线虫病

[病因]

羊肺线虫病是由网尾科网尾属和原圆科原圆属及缪勒属的线虫寄生于羊呼吸器官而引起的疾病。网尾科的虫体较大，引起的疾病又叫大型肺线虫病。原圆科的虫体较小，引起的疾病又叫小型肺线虫病。羊网尾线虫病是由网尾属的丝状网尾线虫寄生于羊引起的，它们寄生于气管、支气管内。

[临床症状]

感染初期，幼虫移行引起肠黏膜血管壁和淋巴管的损伤。成虫寄生于支气管和细支气管内引起发炎，炎症可扩散到支气管周围组织，并引起肺组织萎缩。大量的虫体及其炎性产物可阻塞细支气管，从而引起肺膨胀不全。

患病羊表现咳嗽，尤其是清晨和夜间明显，咳嗽时伴发啰音和呼吸迫促，多为阵发性，常咳出黏液性团块。患畜常以鼻孔中排出脓性分泌物，干燥后在鼻孔周围形成痂皮。病羊常打喷嚏，逐渐消瘦、贫血，头、脑及四肢水肿，被毛粗乱。呼吸加快或呼吸困难。羔羊症状明显，严重者死亡。

[防制措施]

1. 预防　不要在潮湿的沼泽地区放牧。注意饮水卫生，不要饮死水，要饮流水或井水。每年对羊群至少 3 次驱虫，及时治疗病羊。羊的粪便要堆积发酵，同时对圈舍环境消毒。

2. 治疗　阿苯达唑、伊维菌素或阿维菌素、左旋咪唑均有良好驱杀效果。

八、螨病

[病因]

本病的病原为疥螨和痒螨。疥螨主要寄生于皮肤角质层下，虫体小。痒螨寄生在皮肤表面，肉眼可见。一般在潮湿的环境中生存较久，而在干燥的环境中死亡较快。传染途径多为接触性传染，如健羊与病羊同群，或使用病羊用过的器具和圈舍，便会受到感染。也可由中间媒介物传染。主要发生于冬季和秋末春初，一般都在感染后 3～6 周发病。

[临床症状]

疥螨病一般始于羊被毛短且皮肤柔软部位，如嘴角、唇部、鼻、眼圈、耳根等处，皮肤炎症逐渐向周围蔓延。痒螨病则起始于被毛稠密和温度、湿度比较恒定的皮肤部分，并逐渐向体侧蔓延。病羊由于螨的刺咬和穿孔，奇痒无比，因而到处摩擦和用嘴啃咬，引起皮肤发炎和脓肿，最后使皮肤变厚，失去弹性，发皱并盖满大量痂片，以头部最为严重，很像结痂的"瘌痢头"。螨病在冬季蔓延最快，山羊极易感染，常因长期不安、消瘦致死。

[防制措施]

1. 预防　每年定期给羊进行药浴。加强检疫，经常保持圈舍卫生、干燥和通风，定期清洗消毒用具、羊舍。对病羊及时隔离治疗。

2. 治疗

（1）阿维菌素注射液，按说明用药。

（2）螨净，兑水外擦或原药液直接涂擦患部。

九、硬蜱

[病因]

绝大多数硬蜱生活在野外，尤其是未经开垦的山林和草地，但也有少数寄居在畜舍或畜圈周围，如残缘璃眼蜱等。羊被蜱侵袭，多发生于放牧采食过程中，寄生部位主要在被毛短少部位，特别是常密集于羊的耳壳内外侧、口周围和头面部，直至饱血后落地蜕化或产卵。

[临床症状]

硬蜱对羊的危害可归纳两个方面。

1. 直接危害　硬蜱侵袭羊体后，由于吸血时口器刺入皮肤可造成局部损伤，组织水肿，出血，皮肤肥厚。有的还可继发细菌感染引起化脓、肿胀和蜂窝组织炎等。当幼羊被大量硬蜱侵袭时，由于过量吸血，加之硬蜱唾液内的毒素进入机体后破坏造血器官，溶解红细胞，形成恶性贫血，使血液有形成分急剧下降。此外，由于硬蜱唾液内的毒素作用有时还可出现神经症状及麻痹，造成"蜱瘫痪"。

2. 间接危害　硬蜱可传播炭疽、布鲁氏菌病、野兔热、立克次氏体病等多种传染病。硬蜱也是各种家畜梨形虫病的必需宿主和传播媒介。

[防制措施]

1. 消灭羊体上的硬蜱

（1）人工捕捉　在饲养量少、人力充足的条件下，要经常检查羊的体表，发现硬蜱时应及时用手捉，并销毁。捉蜱时，手应与动物皮肤成垂直方向，将硬蜱往上拔取，这样才能使虫体完整地脱离畜体，不然硬蜱的口器很容易拔断而留在畜体皮下，引起局部炎症。

（2）药物注射和喷涂　长效阿维菌素注射液，皮下注射有效期可长达120 d，也可用0.2%杀螟松、1%马拉硫磷、0.25%倍硫磷、0.2%害虫敌等乳剂喷涂畜体，每次 200 mL，每隔 3 周处理一次。

（3）粉剂涂擦　可用 3％马拉硫磷、2％害虫敌、5％西维因等粉剂，涂擦体表，每羊每次 30 g，在硬蜱的活动季节，每隔 7～10 d 处理一次。

（4）药浴　可选用 0.1％辛硫磷、0.05％毒死蜱、0.1％马拉硫磷、0.05％地亚农、1％西维因等乳剂，对羊进行药浴。

（5）皮下注射阿维菌素，每千克体重 0.2 mg。

2. 消灭圈舍内的硬蜱　有些硬蜱如残缘璃眼蜱在圈舍的墙壁、地面、饲槽等缝隙中栖身，可选用上述药物喷撒或用水泥、石灰或黄泥堵塞。必要时也可隔离停用圈舍 10 个月以上或全面粉刷羊舍，使硬蜱自然死亡。

3. 防止外来的硬蜱　对引进或输出的羊均要检查和进行灭硬蜱处理，防止外来羊带进硬蜱或有硬蜱寄生的羊带出。

4. 消灭自然界的硬蜱　根据具体情况采取轮牧方式，间隔时间 1～2 年，牧地上的成虫即可死亡。有条件时，可选择上述有关杀虫剂的高浓度制剂或原液，超低量对草场喷雾。

十、羊毛虱病

[病因]

病原为羊虱。羊虱可分为两大类：一类是吸血的，另一类是不吸血的，为以毛、皮屑等为食的羊毛虱。毛虱是接触感染的，羊群过于拥挤和饲养管理不良，容易造成严重的虱病。秋冬季节，羊的绒毛浓密时，体表温度较高，有利于毛虱的发育，因此广泛散布。夏季羊体皮肤表面接受阳光较多，比较干燥，对毛虱的发育繁殖不利，羊体上的毛虱显著减少。毛虱离开羊体 2～3 d 后死亡。

[临床症状]

毛虱寄生于羊毛上，绒毛上可发现毛虱虫体。虱子分泌有毒的唾液，刺激皮肤的神经末梢而引起发痒。羊通过啃咬或摩擦而损伤皮肤，当大量虱聚集时，可使皮肤发生炎症、脱皮或脱毛，尤其是毛虱可使羊绒折断，对羊绒的质量造成严重的影响。由于虱的长期骚扰，病羊烦乱不安，影响采食和休息，以致逐渐消瘦、贫血。幼羊发育不良，羊体虚弱，抵抗力降低，严重者可引起死亡。

[防制措施]

1. 预防　加强饲养管理及兽医卫生工作，保持羊舍清洁、干燥、透光和通风，给予营养丰富的饲料，以增强羊的抵抗力。对新引进的羊只应加以检查，及时发现及时隔离治疗，防止蔓延。对羊舍要经常清扫、消毒，垫草要勤换勤晒，管理工具要定期用热碱水或开水烫洗，以杀死虱卵。及时对羊体灭虱，应根据气候不同采用洗刷、喷洒或药浴。可内服伊维菌素或阿维菌素，按内服剂量 7～10 d 重复一次。

2. 药浴治疗　50％辛硫磷乳油加水配制成 0.05％的药液，或 10％溴氰菊酯稀释 2 000～5 000 倍，对羊进行药浴。

第四节　羊的常见普通病

一、口炎

[病因]

口炎多是由外伤引起羊的口腔黏膜表层和深层组织的炎症，如采食尖锐的植物刺棘、混入饲料的尖锐铁器或秸秆刺伤口腔而发病。在口蹄疫、羊口疮、羊痘、霉菌性口炎、过敏反应和羔羊营养不良时，也可发生口炎症状。

[临床症状]

病羊表现食欲减少，口内流涎，咀嚼缓慢，欲吃而不敢吃，当继发细菌感染时有口臭。

卡他性口炎：病羊表现口黏膜发红、充血、肿胀、疼痛，特别在唇内、齿龈、颊部明显。

水疱性口炎：病羊的上下唇内有很多大小不等的充满透明或黄色液体的水疱。

溃疡性口炎：在黏膜上出现溃疡性病灶，口内恶臭，体温升高。

上述各类型口炎可以单独出现，也可相继或交错发生。在临床上以卡他性（黏膜的表层）口炎较为多见。继发性口炎常伴有关疾病的其他症状。

[防制措施]

1. 预防　加强饲养管理，防止外伤性原发口炎。传染病并发口炎，应隔离消毒，饲槽、饲草可用 2％的碱水刷洗消毒。

2. 治疗　喂给柔软富含营养易消化的草料，要补喂羊奶或奶粉；轻度口炎的病羊可选用 0.1％高锰酸钾、3％硼酸水、10％浓盐水、2％明矾水等反复冲洗口腔，洗毕后涂碘甘油，每日 1～2 次，直至痊愈为止；口腔黏膜溃疡时，可选用 5％碘酊、碘甘油、龙胆紫溶液、磺胺软膏、四环素软膏等涂拭患部；病羊体温升高，继发细菌感染时，可用青霉素 40 万～80 万 U，链霉素 100 万 U，肌内注射，每日 2 次，连用 2～3 d；或服用或注射磺胺类药物。

二、肺炎

[病因]

因天气变化，羊受寒感冒为主要原因；其次，灌药时不慎将药液误入气管中；圈舍潮湿、通风不良、卫生不佳均可成诱因。另外，也有因某些疾病（如喉炎、肺炎等）炎症的蔓延结果而继发。

[临床症状]

病羊精神沉郁，鼻镜干燥，体温升高，食欲减退，饮欲增强。初期疼痛干咳，后变为湿咳；鼻液初为浆液，后为脓液。呼吸困难，听诊肺部，病灶部分肺泡呼吸音减弱，其他健康部分肺泡呼吸音增强。羔羊大多急性发作，呼吸极度困难，由于细菌毒素大增，导致心肺功能衰竭而死。

[防制措施]

1. 预防　加强饲养管理，保持舍内通风干燥，增强羊的体质，预防羊只感冒。轻度感冒时用清瘟败毒散、荆防败毒散等中成药早治疗，防止引起肺炎。

2. 治疗

（1）青霉素 160 万～240 万 U，肌内注射。

（2）丁胺卡那霉素，每次 2 支，每日 2 次，肌内注射。

（3）鱼腥草注射液，每次 2 支，每日 2 次，肌内注射，连续数日。

（4）高热不降的病羊可肌内注射安乃近或复方氨基比林 5～10 mL。

三、支气管炎

[病因]

本病的病因与肺炎病因相同。由于急性支气管炎未能及时治疗，护理不周而转变为慢性。

[临床症状]

分急性支气管炎和慢性支气管炎。

1. 急性支气管炎　病初表现短促干咳，3～4 d 后连续湿咳，咳出痰液由两侧鼻孔流出。体温正常或稍升高 0.5～1 ℃，呼吸加快，听诊肺部有啰音，在气管和较大的支气管部，常可听到呼噜音。一般病羊全身症状轻微，但重症病羊表现食欲减退、精神萎靡、嗜睡。

2. 慢性支气管炎　常年咳嗽，特别在早上离开羊舍稍微运动或寒风袭击时，出现较剧烈的咳嗽，痰液不多，体温大多正常。当支气管狭窄时，呼吸困难。在温暖的气候环境中，咳嗽症状减轻或暂停。

[防制措施]

1. 预防　特别注重在冷暖交替季节，天气突变的时候等外界气候有较大变化时，增添防寒保暖或降温去暑的措施。若发生感冒，早治疗。

2. 治疗

（1）灌服感冒通 3 片、螺旋霉素 4 片、复方甘草片 6 片，每日 3 次。

（2）10％磺胺嘧啶钠注射液 10～20 mL，肌内注射。

（3）青霉素 120 万 U、链霉素 50 万 U、鱼腥草注射液 1 支，混合肌内注射。

四、瘤胃积食

[病因]

喂食精料过量，又大量饮水，导致饲料膨胀而发病。另外也可由前胃弛缓、瓣胃阻塞等病而继发。

[临床症状]

病羊食欲不振，反刍减少或废绝；腹围膨大，左肷充满，拱腰低头，摇尾顾腹不安，四肢颤动，体温正常，呼吸困难，常卧地不起。严重病羊呈急性，往往因脱水及酸中毒而死亡。

[防制措施]

1. 预防

（1）加强饲养管理　饲草、饲料过于粗硬，要经过加工再喂，防止羊只贪食与暴食，加强运动。

（2）加强护理　停喂草料，待积去胀消，才给少量易于消化的青绿多汁草料，同时给温盐水饮用。

2. 治疗

（1）洗胃法　胃导管插入瘤胃中，胃导管放低，让胃内容物外流，如遇外流不畅，可灌入适量温水并用手按摩瘤胃部，可使外流通畅；如此反复数次后，再灌入 50 片大黄苏打片。

（2）灌服大黄苏打片 0.3 g×50 片，鱼石脂 2 g、陈皮酊 30 mL、液状石蜡 150 mL。

（3）每天进行瘤胃按摩多次，每次 30 min，以促进瘤胃蠕动。

五、瘤胃臌气

［病因］

羊在短时间内一次性吃了过量像紫云英、萝卜菜等青绿多汁、容易发酵产气的饲料，也见于前胃弛缓、瓣胃阻塞等前胃疾病过程中。

［临床症状］

病羊食欲废绝、反刍和嗳气停止，腹围增大，腹痛明显，叫声凄惨，呼吸困难、快而浅，可短时间内死亡。

［防制措施］

1. 预防　防止羊过量食入青绿多汁、蛋白质含量高的牧草。在饲喂三叶草、紫花苜蓿等牧草时，可先将牧草晾晒一下，减少水分含量或加一些粗纤维含量较高的饲草。在饲喂精料时不能过量，并且要加粗料。不喂发霉或腐败饲料。

2. 治疗　应抓住排气、制酵、泻下、补液四个环节。

（1）急性臌气者，用套管针或针头缓慢放气，然后再用鱼石脂 5 mL 加水 150 mL，从套管针注入瘤胃。

（2）病轻时可按摩腹部，用臭氧水 2~4 mL，加水 20~40 mL，一次性灌服，治疗效果极好。

（3）用大蒜酊 15~25 mL，加水 4 倍，一次灌服。

六、前胃弛缓

［病因］

长期饲喂劣质粗硬的秸秆，精料过多，缺乏运动，草料变更过快等均可致病。

［临床症状］

食欲减退，甚至停食，反刍减少或中止，口色淡白，舌苔黄白，常常磨牙，粪便迟滞，其中混有消化不全的饲料，往往被覆黏液。饮欲减少，反刍不足（低于 40 次），嗳气酸臭，以后排稀粪、味臭。有的表现时轻时重，病程较长的，则逐渐形体消瘦、被毛粗乱、眼球凹陷、卧地不起、瘤胃按之松软等。出现间歇性瘤胃臌气，体温正常，听诊瘤胃蠕动音，初期减弱，后期变无。

[防制措施]

1. 预防　加强饲养管理，防止过食易于发酵的草料，初夏放牧时，应先喂部分干草再去放牧青草，禁止在雨天或在霜雪未化的地方放养。

2. 治疗

（1）龙胆酊 10 mL，加常水适量，灌服。

（2）灌服大黄苏打片 4～5 片，小羊酌减。

（3）饲喂或灌服健脾散。

七、肠胃炎

[病因]

饮水不洁或采食了大量冰冻或发霉的饲草、饲料，过食精料，受了风寒，长期饲喂含水量高的青草，肠道寄生虫或料中混有化肥或具有刺激性的药物等因素均可致病，也可因其他疾病继发。

[临床症状]

该病临床上主要特征是发热，腹痛，消化机能紊乱，腹泻，脱水及毒血症。病羊表现出精神萎靡，食欲不振或者完全废绝，明显口臭，且舌苔较重；发生腹泻，排出水样或者粥样粪便，散发腥臭味，且往往混杂黏液、脱落的黏膜组织以及血液，有时甚至混杂脓液；明显腹痛，肌肉不停震颤，肚腹蜷缩。发病初期，肠音有所增强，之后逐渐减弱，甚至完全消失；如果导致直肠发生炎症，会出现里急后重的排粪现象（发病后期，肛门明显松弛，排粪失禁甚至自痢）。体温明显升高，心率加速，呼吸急促，眼窝凹陷，眼结膜发绀或者暗红，皮肤弹性变差，尿液量减少。随着症状的加重，病羊体温开始逐渐降低，低于正常水平，四肢厥冷，体表静脉萎陷，精神萎靡，甚至陷入昏迷或者昏睡状态。病羊患有慢性胃肠炎，表现出食欲多变，时坏时好，或采食量不断减少，往往出现异食癖，从而出现经常舔食泥土或者舔厩舍墙壁的现象。

[防制措施]

1. 预防　饲喂品质优良且容易消化的草料，草料合理搭配，保证含有全面营养，同时供给清洁卫生的饮水，禁止饲喂混有发生霉变或者混杂腐蚀性、刺激性化学物质的饲草。保持栏舍干燥、卫生，严格消毒，羊场过道可定期使用 3％氢氧化钠溶液或者生石灰等进行消毒。

2. 治疗

(1) 0.5％痢菌净液 50～100 mL，一次内服。

(2) 止泻克痢粉 8～15 g，一次灌服，每日 2 次。

(3) 5％葡萄糖生理盐水 500 mL，庆大霉素 24 万 U、维生素 C 注射液 2 mL，静脉注射；严重的可静脉注射氯化钠 500 mL 或者 5％碳酸氢钠 100 mL，连续使用 2～3 d，防止酸中毒。

八、乳房炎

[病因]

本病的病原比较复杂，多见于外伤损伤了乳头、乳腺体；或因圈舍不卫生，使乳房受到细菌感染所致。亦可见于子宫炎、口蹄疫、结核病、脓毒败血症等导致发生本病。

[临床症状]

本病按病程可分为急性和慢性两种。

1. 急性乳房炎　患病乳区发热、增大、疼痛。乳房淋巴结肿大，乳汁变稀，混有絮状或粒状物。重症时，乳汁可呈淡黄色水样或带有红色水样黏性液。同时可出现不同程度的全身症状，表现食欲减退或废绝，瘤胃蠕动和反刍停滞；体温高达 41～42 ℃，呼吸和心搏加快，眼结膜潮红。严重时眼球下陷，精神委顿。患病羊起卧困难，站立不愿卧地，有时体温升高持续数天而不退，急剧消瘦，常因败血症而死亡。

2. 慢性乳房炎　多因急性型未彻底治愈而引起。一般没有全身症状，患病乳区组织弹性降低、僵硬；触诊乳房时，发现大小不等的硬块；乳汁稀、清淡，泌乳量显著减少，乳汁中混有粒状或絮状凝块。

[防制措施]

1. 预防　注意清除羊圈内的污物，让圈舍保持清洁卫生，使乳房经常保持清洁；对病羊要隔离饲养，防止病菌扩散；定期消毒圈舍。哺乳期母羊每天给羔羊哺乳 3 次为宜；产奶特别多而羔羊吃不完时，可人工将剩奶挤出和减少精料。

2. 治疗

（1）乳房炎初期可用冷敷，中后期用热敷。也可用10％鱼石脂酒精或10％鱼石脂软膏外敷。除化脓性乳房炎外，外敷前可配合乳房按摩。

（2）庆大霉素8万U，或青霉素40万U，蒸馏水20 mL，用乳头管针头通过乳头分两次注入，每日2次，注射前应用酒精棉球消毒乳头，并挤出乳房内乳汁，注射后要按摩乳房。或青霉素80万U，0.5％普鲁卡因40 mL，在乳房基底部或腹壁之间，用封闭针头进针4～5 cm，分3～4次注入，每两天封闭1次。

（3）对乳房极度肿胀、发高热的全身性感染者，应及时用卡那霉素、庆大霉素、青霉素等抗生素进行全身治疗。

九、瘫痪病

[病因]

饲草质量低劣，日粮配制不合理，缺乏营养，特别是蛋白质和矿物质严重不足，钙磷比例失调，导致羊体消瘦，软弱无力而瘫痪。此病多发于怀多羔母羊处于分娩前后时期。有些感染肝片吸虫而未驱虫的羊，长期营养不良，造成卧地不起，含草而死。

[临床症状]

病羊瘦弱、精神萎靡、后躯麻痹。初期，前肢尚能站立但不稳，随着病程的延长，四肢不能站立，长期躺卧在地，头向一侧弯曲，体温正常，若不及时治疗，也会衰竭而死。

[防制措施]

补充营养，如喂给优质的牧草，并配制全价日粮。静脉注射10％葡萄糖酸钙120～160 mL，注意缓慢推注，切忌注到皮下，每日2次。

十、便秘

[病因]

初生羔羊受到寒湿，未吃到初乳或吃入过多；吃干草过多而饮水不足，缺乏运动；或因肠管活动机能和分泌机能紊乱，使粪积滞而不能后移，长时间积聚，水分被吸收，而阻塞肠道，引起便秘。

[临床症状]

病羊体温不高，精神沉郁，食欲减少或废食，离群，常后顾腹部，有腹痛现象，起卧极不安宁，刚静卧下去又起来前行，无方向前行后又卧下，频频弯腰，努责而不见粪便排出。初期排少量坚硬而两头尖的粪球，以后排粪停止。

[防制措施]

1. 预防　平时应注意合理搭配粗、精饲料，供给充足的饮水，保持适当运动。

2. 治疗

（1）用温皂水或温水灌肠，用灌肠器直接向直肠进水，反复灌入，水量不限，到排出为止。

（2）若灌肠不能治愈，再给鱼石脂 8 g 或硫酸镁 80 g，兑温水 200 mL 内服。

十一、中暑症

[病因]

羊中暑主要是由于夏天高温酷暑，阳光太过毒辣，羊的头部遭到日光直射，引起脑膜急性充血造成的病变；另一种是由于羊舍内太过潮湿、闷热或拥挤、狭小等原因造成的通风不良，导致热量在羊的身体内大量蓄积，散发速度又不快而引起中枢神经系统紊乱，造成疾病。

[临床症状]

发病初期，病羊食欲减退，没有精神，走路摇摇晃晃，心跳快，呼吸困难，体温升高，可视黏膜潮红，肌肉震颤，全身出汗。后期常因虚脱而卧地不起，或突然倒地不动，呈昏迷状态，最后因心脏麻痹发生死亡。

[防制措施]

1. 预防　要做好夏天羊舍的防暑降温工作，严禁中午放牧，午间引导休息时到阴凉处或树荫下。同时，还要保证充足的饮水。

2. 治疗

（1）首先将病羊移到通风良好的阴凉处，用凉水灌肠。

（2）当病羊昏迷不醒时，可于颈静脉放血，一般放血 80～100 mL。然后补液：静脉注射生理盐水 500～1 000 mL，病羊心脏衰弱或严重水肿时，静脉

注射 10％安钠咖 4 mL。

十二、腐蹄病

[病因]

高湿度能使羊蹄壳的角质软化，便于细菌的侵入，是发生腐蹄病的主要原因。

[临床症状]

病羊食欲降低，精神不振，喜卧，走路跛。初期轻度跛行，趾间皮肤充血、发炎、轻微肿胀，触诊病蹄敏感。病蹄有恶臭分泌物和坏死组织，蹄底部有小孔或大洞。用刀切削扩创，蹄底的小孔或大洞中有污黑臭水迅速流出。趾间也常能找到溃疡面，上面覆盖着恶臭物，蹄壳腐烂变形，卧地不起，病情严重的体温上升，甚至蹄匣脱落，还可能引起全身性败血症。

病初轻度跛行，多为一肢患病。随着疾病的发展，跛行变为严重。如果两前肢患病，病羊往往爬行；后肢患病时，常见病肢伸到腹下。进行蹄部检查时，初期见蹄间隙、蹄匣和蹄冠红肿、发热，有疼痛反应，以后溃烂，挤压时有恶臭的脓液流出。更严重的病例，引起蹄部深层组织坏死，蹄匣脱落，病羊常跪下采食。

病程比较缓慢，多数病羊跛行达数十天甚至数月。由于影响采食，病羊逐渐消瘦。如不及时治疗，可能因为继发感染而造成死亡。

[防制措施]

1. 预防

（1）加强蹄的护理，及时处理蹄的外伤。注意圈舍卫生，保持清洁干燥，羊群不过度拥挤。

（2）避免用尖硬多荆棘的饲草喂羊，尽量避免或减少在低洼、泥泞、潮湿的地区放牧。

（3）当羊群中发现本病时，应及时进行全群检查，将病羊全部隔离并进行治疗。对健康羊全部用 10％硫酸铜或 10％福尔马林进行预防性蹄浴。对圈舍要彻底清扫消毒，铲除表层土壤，换成新土。对粪便、坏死组织污染的垫草焚烧处理。

（4）发现腐蹄病羊，要及时隔离治疗。健康羊关在一起或在同一草场放牧，病羊在另一区域放牧或饲养。病羊放牧区域禁用三个月后才能再利用。

2. 治疗

(1) 除去患部坏死组织，到出现干净创面时，用食醋、4％醋酸、1％高锰酸钾、3％来苏儿或双氧水冲洗，再用 10％硫酸铜或 6％福尔马林进行浴蹄。如为大批发生，可每日用 10％龙胆紫或松馏油涂抹患部。若脓肿部分未破，应切开排脓，然后用 1％高锰酸钾洗涤，再涂擦浓福尔马林，或撒以高锰酸钾粉。

(2) 除去坏死组织后，涂以 10％氯霉素酒精溶液，也可用青霉素水剂（每毫升生理盐水含 100～200U）或油乳剂（每毫升油含 1 000U）局部涂抹。对于严重的病羊，例如有继发感染时，在局部用药的同时，应全身用磺胺类药物或抗生素，其中以注射磺胺嘧啶或土霉素效果最好。

(3) 用浸透了 2％的福尔马林酒精液纱布塞入蹄叉腐烂处，用药用纱布包扎 24 h 后再解除包扎。重病患羊蹄叉内有流脓性分泌物，以高锰酸钾液洗净分泌物，用青霉素粉剂塞蹄叉内，用纱布包扎 24 h 后再解除包扎。

(4) 在肉芽形成期，可用 1∶10 土霉素、甘油进行治疗，为了防止硬物的刺激，可给病蹄包上绷带。

十三、有机磷中毒

[病因]

有机磷农药种类很多，常用的剧毒类有：对硫磷（1605）、甲基对硫磷（甲基 1605）和内吸磷（1059）；强毒类有：敌敌畏、乐果和甲基内吸磷（甲基 1059）等；弱毒类有：敌百虫和马拉硫磷等。羊误食喷过农药的饲草、误饮被有机磷杀虫剂污染的饮水、接触有机磷杀虫剂污染的各种工具器皿或过量应用敌百虫驱除寄生虫时，都可能引发有机磷中毒。

[临床症状]

病羊临床以流涎、腹泻和肌肉强直性痉挛等副交感神经系统兴奋为特征。常表现流涎，流泪，咬牙，瞳孔收缩，眼球颤动，个别羊严重拉稀，无食欲，反刍停止，全身发抖，步态不稳，卧倒在地，全身麻痹，呼吸困难，有的窒息死亡。病羊心跳 100 次/min 以上，呼吸 50 次/min 以上，体温正常。

[防制措施]

严格农药管理制度，不要在喷洒有机磷农药的地方放牧，拌过农药的种子不要喂羊，接触过农药的器具不能给羊应用等。发现病畜及时应用特效解毒剂，常用解磷定，剂量按每千克体重 15～30 mg，溶于 5％葡萄糖溶液 100 mL 内，静脉注射；或用硫酸阿托品 10～20 mg，肌内注射。症状未见减轻，可重复应用解磷定和硫酸阿托品。同时尽快清除胃内毒物，可灌服容积性泻剂，如硫酸镁或硫酸钠 30～50 g，加水适量，一次内服。

十四、氢氰酸中毒

[病因]

本病主要是由于羊过量采食过嫩含氰苷糖苷的高粱苗、玉米苗、高丹草苗等。氰苷糖苷通过酯解酶和瘤胃发酵作用，产生有毒的氢氰酸，进入动物血液内后氰离子迅速与氧化型细胞色素氧化酶的辅基三价铁结合，造成组织缺氧和窒息。此外，误食氰化物（氰化钠、氰化钾、氰化钙）也可引发本病。

[临床症状]

氢氰酸中毒发生迅速，病羊表现兴奋不安、呼吸困难并立即转入脉搏徐缓，瞳孔扩大，眼球震颤，可视黏膜呈鲜红色，肌肉痉挛和惊厥而死亡，或很快转入沉郁状态，表现极度衰弱，呼吸浅表，随即昏迷死亡。

[防制措施]

1. 预防　禁止在处于幼苗期或再生苗幼苗期的高粱、玉米、高丹草、苏丹草等地里放牧，刈割饲喂时，其株高应在 1.5 m 以上。若株高在 1.5 m 以下应晾晒后再饲喂，要少给、勤添。

2. 治疗　发病后迅速用 10％葡萄糖 50～100 mL，加入亚硝酸钠 0.2 g，缓慢静脉注射；然后再用 10％硫代硫酸钠溶液 10～20 mL，静脉注射。

十五、亚硝酸盐中毒

[病因]

白菜、萝卜叶、甜菜、莴苣叶、南瓜藤、甘薯藤，未成熟的燕麦、小麦、大麦、黑麦、苏丹草等幼嫩时硝酸盐含量高，如堆放过久、雨淋、发酵腐熟，或煮熟后低温缓焖延缓冷却时间，可使饲料中的硝酸盐转化为亚硝酸盐。在羊舍、粪堆、垃圾附近的水源，常有危险量的硝酸盐存在，如水中硝酸盐含量超过 200～500 mg/L，即可引起中毒。因此羊食了堆放过久、发酵腐熟或低温缓焖的牧草或硝酸盐污染的水源等可引起发病。

[临床症状]

最急性的还未有明显症状即死亡。急性表现症状：沉郁，流涎，呕吐，腹痛，腹泻（偶尔带血），脱水；可视黏膜发绀，呼吸困难，心跳加快，肌肉震颤，步态蹒跚，卧地不起，四肢划动，全身痉挛。慢性表现前胃弛缓，腹泻，跛行，甲状腺肿大。

[防制措施]

1. 预防 对叶菜类饲料要尽量摊开放置，严禁堆放。受雨淋、变质时要停喂。叶菜类（以青菜为例）在新鲜时含亚硝酸盐 $0\sim0.1\,mg/kg$，自然放置到第四天为 $2.4\,mg/kg$。对青贮料，饲喂前要敞开在空气中暴露一夜为妥。合理搭配饲料，要有丰富的碳水化合物。当硝酸盐或亚硝酸盐污染饮水时，应密切注意防范。

2. 治疗

（1）特效解毒剂——亚甲蓝（美蓝），配成 1% 溶液，按每千克体重 $1\,mg$ 用药，一次静脉注射。必要时在 $2\,h$ 后重复用药一次。

（2）甲苯胺蓝配成 5% 溶液，静脉、肌内或腹腔注射，按每千克体重 $5\,mg$ 用药。配合使用维生素 C 和高渗葡萄糖可提高疗效。特别是在无美蓝时，重用维生素 C 及高渗糖也可达治疗目的。

（3）其他对症疗法，如剪尾尖、耳尖或针刺山根穴（鼻尖）放血排毒，还可用泻剂，加速消化道内容物的排出，以减少羊体对亚硝酸盐及其他毒物的吸收。同时补氧、强心及解除呼吸困难。

第九章

山羊产品及加工研究

第一节 山羊产品及其品质特点

一、羊肉

随着现代生活品质不断提高，消费者对肉类需求逐渐由数量转变为质量。肉类品质的评定方法已经成为当前学者研究的重点。国外学者提出肉品品质主要包括四大方面：感官品质、营养品质、加工品质和安全品质。其中感官品质是影响消费者评价肉类产品品质的主要因素。感官品质如质构和风味是影响肉品质的重要指标，主要受物种、饲养方式、年龄、脂肪和组织部位以及烹饪方式等因素的影响。

羊肉嫩度采用剪切力的大小来判断。通常情况下，山羊肉的嫩度低于羔羊肉和牛肉。当羊肉剪切力超过 107.8 N 时，其硬度往往超过人们的接受程度。羊肉多汁性等与所含脂肪、水分比例有关，研究认为皮下脂肪 1～4 mm的羊肉有着最佳的风味。山羊肉的脂肪含量较绵羊肉略低，山羊肉及产品的多汁性不及绵羊。10～25 kg 胴体的羊肉比 15～30 kg 胴体的羊肉更具多汁性。也有研究表明，老龄山羊的肉较幼龄羊肉更加细嫩多汁、美味可口。

羊肉的粗脂肪含量、剪切力、肌纤维直径及眼肌面积均会随着年龄增加而增大。不同品种的羊肉之间风味差异较大，影响羊肉风味的最大因素是基因，其次是饲料类型。绵羊羊肉膻味物质主要是以 4-甲基壬酸和 4-甲基辛酸为主的脂肪酸。有研究比较云南 3 个山羊品种羊肉的脂肪酸中均含有支链脂肪酸，不饱和脂肪酸含量在 34.06%～41.92%。综合羊肉嫩度、色度、蒸煮损失等感官品质评价，羊肉背最长肌的肉质比其他部位更有优势，且其不饱和脂肪酸含量也是最高。

二、羊乳

羊乳是母羊分娩后从乳腺分泌的一种白色或稍带黄色的不透明液体。在整个泌乳过程中，乳成分随之发生变化，按成分变化情况将乳分为初乳、常乳和末乳。有时，由于受外界因素影响使乳产生特殊变化，这种乳称为异常乳。

初乳是母羊产羔后第一周所产的乳，是一种黄色而浓稠的乳汁，有特殊气味。初乳中干物质含量较高，尤以蛋白质和盐类含量为主。初乳加热时会凝固。常乳是母羊产羔1周以后到干奶前所产的乳汁。颜色一般为白色或微黄色，带有特殊的香味，其成分及性质基本稳定，是羊乳制品的主要加工原料。末乳是母羊停止泌乳前1周所产的乳汁，除脂肪外，末乳中其他成分的含量均比常乳高，由于乳中解酯酶增多，常带有油脂氧化味，味苦微咸。异常乳性质与常乳不同，不适于饮用或生产乳制品。

1. 羊乳基本成分　山羊乳的基本组成与牛乳类似，并随山羊品种、饲养条件、产次、环境、季节、地区和泌乳阶段而发生变化。一般而言，山羊乳含有12.2%的总固形物，其占比为灰分0.8%、乳糖4.1%、脂类3.8%、蛋白质3.5%。与牛乳相比，山羊乳中含有更为丰富的灰分、脂类和蛋白质，乳糖则含量较低（表9-1）。

表 9-1　山羊乳、牛乳和人乳基本组成（mg/100 g）

成　　分	山羊乳	牛乳	人乳
脂肪	3.8	3.6	4.0
蛋白质	3.5	3.3	1.2
乳糖	4.1	4.6	6.9
灰分	0.8	0.7	0.2
总固形物	12.2	12.2	12.3

山羊乳与牛乳相比，总酪蛋白略少，非蛋白氮较高。山羊乳和牛乳在蛋白质和灰分含量上高于人乳的3～4倍，这与特异性和物种后代的生长率有直接

关系。在总固形物和热量之间没有显著差异。

2. 脂肪组成 山羊乳和牛乳的脂肪对比数据显示，两种乳在理化性质和组成之间存在显著差异。山羊乳脂肪球粒径尺寸小于牛乳，与绵羊乳的粒径尺寸相当，较小的脂肪球尺寸可以使山羊乳中的脂肪更好地分散，容易得到更加均匀的山羊乳制品。从消化方面来讲，较小的脂肪球粒径加大了与脂肪酶的接触面积，提高了脂肪的消化率。从饮食健康方面来说，自然均质的山羊乳产品比机器均质的乳产品更容易消化和吸收。研究表明，山羊乳中缺乏凝集素，并且因较小的脂肪球粒径不易分层，而牛乳在较低温度环境下的存储和加工过程中更容易分层。山羊乳中的结合脂和游离脂比例与牛乳相似，游离脂类占97%～99%、结合脂类占1%～3%。羊乳的游离脂中含有约96.8%的甘油三酯、2.2%的甘油二酯、0.9%的甘油单酯，其组成成分与牛乳相似，而结合脂则含有中性脂肪46.8%、极性脂肪53.2%。通过对山羊乳和牛乳的脱脂乳粉研究发现，山羊乳的游离脂类含量约为牛乳组分的2倍，结合脂类则都呈现出相反的趋势。

山羊乳极性脂肪含有16%的糖脂，远超过牛奶的6%。通过对山羊乳结合脂进行定量分析发现，其中的不同磷脂组分差异不是很明显。山羊乳在4℃下环境储藏条件中1～2 d，磷脂和胆固醇组分的含量处于增长趋势，可能是因为羊乳脂肪球膜被破坏的缘故，这种趋势增加了中性脂肪在脱脂乳中的保留率。

山羊乳脂中短链和中链长度的脂肪酸（C4:0—C14:0）显著高于牛乳和人乳中的短中链脂肪酸含量。山羊乳中的己酸（C6:0）、辛酸（C8:0）和癸酸（C10:0）约为牛乳中相同物质的2～3倍，这与山羊乳的特征风味及膻味程度有直接关系。中短链脂肪酸直接或间接导致了山羊乳瘤胃肠道中的细菌产生的乙酸聚合物存在显著差异。人乳中的短链脂肪酸的含量明显小于山羊乳和牛乳。

山羊乳的特点是中低级脂肪酸（C2:0～C10:0）的含量较高，其中癸酸（C10:0）是羊乳中的特征脂肪酸，含量高达9.12%。而牛乳中癸酸含量仅为2.54%，这个含量可作为牛乳和山羊乳的检测依据。

3. 碳水化合物与蛋白质组成 山羊乳中的碳水化合物以乳糖为主，为0.2%～0.5%，比牛乳中的乳糖含量要低。山羊乳中蛋白质的种类与牛乳类似，主要为乳球蛋白、α-乳球蛋白、k-酪蛋白、β-酪蛋白以及α_{s2}-酪蛋白。与牛乳相比，山羊乳中的α_{s1}-酪蛋白含量略低，但是α_{s2}-酪蛋白的含量要高于牛乳。山羊乳和牛乳中的 β-乳球蛋白的含量相似，但山羊乳中的 α-乳球蛋白含量大约是牛乳的 2 倍。因此，山羊乳中的必需氨基酸同牛乳和人乳一样，能够满足世界粮农组织和世界卫生组织关于婴儿对氨基酸的要求。

4. 羊乳中的酶　山羊乳中的酶与牛乳中的酶分布不完全相同。山羊乳中的黄嘌呤氧化酶活性比牛奶要低 10% 左右。黄嘌呤氧化酶主要负责控制细胞内的各种氧化还原反应，并在促进氧化、铁吸收以及转铁蛋白结合铁等方面发挥重大作用，并且黄嘌呤氧化酶因为能够改善人类的动脉硬化被广泛关注。

脂肪酶是一种应用于脂肪自发水解和诱导水解的脂蛋白。山羊乳中的脂肪酶活性与自发性脂水解呈显著正相关，在此方面与牛乳中的脂肪酶特性作用相反。在乳制品的加工和贮存过程中，脂肪酶在乳和乳制品的风味变化中扮演重要角色。

5. 矿物质和维生素　山羊乳与牛乳相比，含有较高的钙、磷、钾、镁、氯以及少量钠和硫，因此在不发达国家和地区，牛乳、肉类消费量普遍较低的环境下，山羊乳就成了人们获取动物性蛋白质以及磷和钙的重要食物来源。山羊乳中含有钙约 134 mg/100 g 和磷 121 mg/100 g，而人乳中的钙磷含量却只能达到山羊乳的 1/6～1/4。法国阿尔卑斯山羊乳中铜、锌和铁的平均含量分别为 5、0.33 和 1.7 mg/L，而安格鲁努比亚山羊乳中的铜、锌和铁平均含量明显高于前者。山羊乳和牛乳中的锌和碘的含量比人乳高。这对人类来说，山羊乳在营养价值方面具有重要意义，因为碘在甲状腺激素与人体的生理功能代谢中发挥着重要的作用。

山羊乳中的维生素 A 含量远高于牛乳，山羊能够在饮食过程中将奶中的 β-胡萝卜素全部转化为维生素 A。山羊乳能够为婴幼儿的生长发育提供充足的维生素 A、尼克酸、维生素 B_1、泛酸以及核黄素。研究发现，只给婴幼儿喂山羊乳，就能够提供足够多的蛋白质、钙、磷、维生素群。但是与牛乳相比，山羊乳缺乏叶酸和维生素 B_2 等，这是山羊乳的最大缺陷。据报道维生素 B_2 的缺乏和"山羊奶贫血"有关，即引起婴幼儿中的巨幼细胞贫血。

三、羊骨

羊骨含有大量的矿物质、胶原蛋白、氨基酸和糖胺聚糖等功能活性物质，营养价值极高。按照羊骨占羊胴体重 24%～46% 计算，仅 2016 年，我国羊骨副产物总产量达 100 多万 t，产量巨大。然而，长久以来人们对羊骨副产物的了解匮乏，投入的研究和开发力度不够，使得我国在羊骨副产物综合加工利用上还处于初期阶段。目前我国羊骨加工利用率不足 30％，除熬骨汤外，主要被加工成骨粉和骨泥等低附加值产品，作为工业原料或动物饲料。废弃的羊骨不仅造成了资源浪费，而且引起了严重的环境污染，成为羊疫病的传染途径，为社会经济发展带来了负担。因此，加大羊骨精深加工程度，开发高附加值羊骨衍生品，提高羊骨副产物综合利用率，有利于促进和推动我国肉羊产业快速、健康、稳定发展。

近年来，我国对骨副产物加工利用愈加重视，各种骨衍生产品不断涌现，如骨素、骨油、骨炭和天然的表面活性剂等，具有较高的经济效益。其中，羊骨素作为一种天然调味料，营养丰富，风味天然，肉香醇厚，符合消费者对营养健康的需求，已成为科研和产业关注的热点和重点。羊骨中的蛋白质含量高达 18.6％，其中胶原蛋白占骨蛋白的 90％左右，是骨组织中含量最丰富的蛋白质。胶原蛋白具有优异的理化特性和生物学特性，已经被广泛应用于食品、化妆品、胶卷和皮革等行业。同时，由于其高度的细胞黏附性、生物相容性、生物可降解性和低免疫原性，以胶原蛋白为基质的生物材料已经逐步被应用于医药与组织工程等领域。因此，开发利用骨胶原蛋白对提高羊骨附加值和羊骨综合利用率具有重要意义。

四、羊血

羊血是肉羊屠宰后的主要副产物之一，约占肉羊活体重的 4.5％，组成成分中蛋白质所占比例较大。尽管羊血有丰富的营养和来源，但是由于规模化屠宰应用范围较小和加工技术落后，当前我国利用羊血液资源开发的产品种类比较单一，能够被利用的不足 30％。有的被加工成血粉或生产超氧化物歧化酶（Superoxide Dismutase，SOD）等，用于生化制药，相当大的一部分都被作为废弃物排放，既污染了环境又浪费了宝贵的蛋白质资源。畜禽血液的加工利用在国外的研究较早，持续时间较长，猪血是主要被研究的对象，并在食品、饲料、化工、制药等领域取得成功，形成了规模化生产。如美国 80％的畜禽血液被美国的 APC 公司回收利用，欧洲 80％的畜禽血液被荷兰的 SONAC 公司回收利用。瑞典、保加利亚等国家将血液添加到肉制品中，或利用血液生产乳酪，从而为羊血的加工利用提供了有效的途径和方法。中国对于动物血液副产物加工利用的研究尚处于起步阶段，研究出的成果在种类和技术上缺乏市场竞争力，创造的利润较低。因此，加大对羊血精深加工的研究和利用，开发具有高附加值的羊血衍生产品，提高羊血副产物综合利用率，有利于我国羊副产物综合利用关键技术研究及产业化发展，将对我国羊产业的发展起到带动示范作用。

羊血中蛋白质含量约占 20%，主要由血球蛋白、血浆蛋白和纤维蛋白原组成。其中血浆约占全血的 55%，血浆中富含多种蛋白质，血浆蛋白质包括清蛋白、球蛋白、纤维蛋白原三种，占血浆总量的 6%～8%。纤维蛋白原在血液凝固中起着重要作用。血浆中还含有无机盐、少量激素、酶、维生素和抗体等物质。随着我国集约化养殖业的发展，动物血液资源日益丰富，目前国内对动物血液利用率很低，主要用来制备纯血粉或发酵血粉。

血浆蛋白中氨基酸含量丰富且种类齐全，富含多种微量元素，且具有良好的起泡和乳化特性，已经被广泛应用于食品中，用作营养强化剂和乳化剂。小肽和氨基酸可以通过酶解等生物技术将羊血浆蛋白进行处理获得，更易被人体消化吸收，同时表现出抗氧化、抑制血管紧张素转化酶、减毒和抗菌等功能特性。以羊血为原料，研究开发具有功能性的活性肽，提取 SOD、血红素等高附加值产品，不仅有利于实现羊血副产物高值化利用和资源整合，还对减少污染、改善人类生存环境具有重要意义。

第二节　羊胴体分级

我国是羊肉生产和消费大国，但不是加工强国，羊肉产品良莠不齐，90%的产品没经过分级，优质不优价的现象普遍存在。其中一个很重要的原因就是我国尚无系统的羊肉等级评定标准和方法，没有对商品羊胴体进行合理的分级。本节对国内外羊胴体分级进行概述，为我国未来开展羊胴体分级模型与分级评定技术研究，建立快速、准确、客观的羊肉等级规格评定方法，完善我国羊胴体分级标准提供参考依据，促进羊产业的健康发展。

一、美国羊胴体分级标准

美国制定羊胴体分级标准比较早，于 1931 年就发布了关于羔羊肉、1 岁龄羊肉及成年羊肉的分级标准。此后经过十余次的修改和完善，到 1992 年形成了比较完备的国家标准并沿用至今。该标准由产量等级和质量等级构成，产量等级（YG）用于腿部、腰部、肋部和肩部的去骨零售切块肉；质量等级表示羊肉的适口性或食用特性。产量等级由高到低分五个等级，计算公式为：$YG=0.4+(10×脂肪厚度)$。产量等级和胴体出肉率的关系见表9-2。

表9-2　美国农业部羊胴体产量等级

产量等级	1	2	3	4	5
背膘厚度（in）	≤0.15	0.16～0.25	0.16～0.25	0.16～0.25	0.16～0.25
（cm）	≤0.38	0.41～0.64	0.41～0.64	0.41～0.64	0.41～0.64
胴体出肉率（%）	50.3	49.0	47.7	46.4	45.1

质量等级根据生理成熟度和肌间脂肪分为五个等级，见图9-1。生理成熟度分为四个级别，分别为小羔羊、大羔羊、青年羊和成年羊；肌间脂肪分为九个级别，分别是肌间脂肪很丰富、丰富、较丰富、多量、中等量、少量、微量、稀量、罕见。

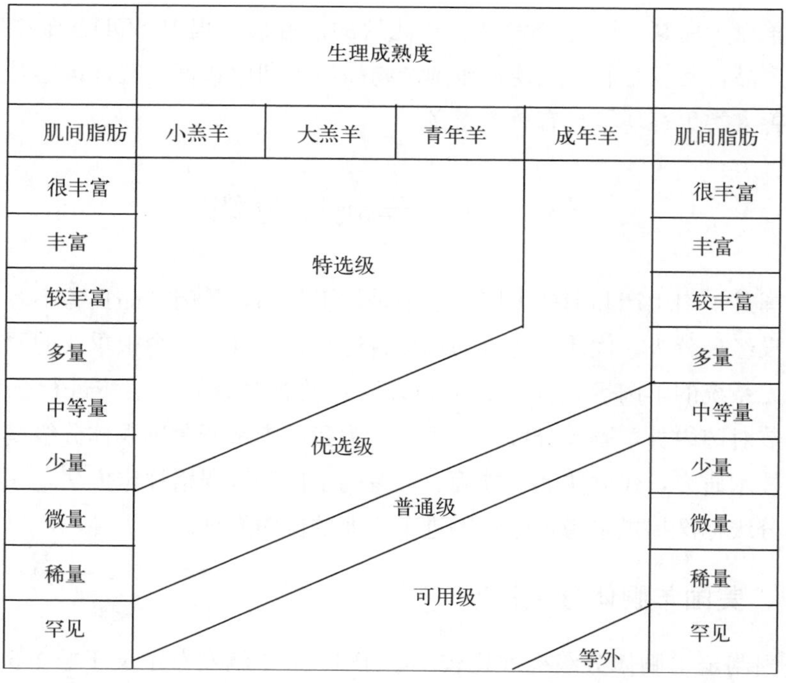

图9-1　生理成熟度、肌间脂肪与羊胴体质量等级的关系

二、我国羊胴体分级相关标准

为了规范羊肉市场及羊肉食用安全，我国制定了相关的国家标准和行业标准。1987 年国家颁布了我国第一个关于羊肉的标准《鲜、冻胴体羊肉》（GB 9961—1988），2001、2008 年修订《鲜、冻胴体羊肉》（GB 9961—2008），该标准根据生理成熟度将羊肉划分大羊肉、羔羊肉和肥羔羊，共有胴体重、肥度、肋肉厚度、肉质硬度、肌肉发育程度、生理成熟度和肉脂色泽 7 个指标，分别是特等级、优等级、良好级和可用级 4 个等级，见表 9 - 3。

表 9 - 3　我国羊胴体分级标准

级别	大羊肉胴体分级标准	羔羊肉胴体分级标准	肥羔羊肉胴体分级标准
特等级	胴体重 25～30 kg，肉质好，脂肪含量适中，背部脂肪厚度 0.8～1.2 cm，大理石花纹丰富，脂肪和肌肉硬实，肌肉颜色深红，脂肪乳白色	胴体重≥18 kg，背部脂肪厚度 0.5～0.8 cm，大理石花纹明显，脂肪和肌肉硬实，肌肉颜色深红，脂肪乳白色	胴体重≥16 kg，眼肌大理石花纹略显，脂肪和肌肉硬实，肌肉颜色深红，脂肪乳白色
优等级	胴体重 22～25 kg，背部脂肪厚度 0.5～0.8 cm，大理石花纹明显，脂肪和肌肉较硬实，肌肉颜色深红，脂肪白色	胴体重 15～18 kg，背部脂肪厚度 0.3～0.5 cm，大理石花纹略现，脂肪和肌肉较硬实，肌肉颜色深红，脂肪白色	胴体重 13～16 kg，无大理石花纹，脂肪和肌肉较硬实，肌肉颜色深红，脂肪白色
良好级	胴体重 19～22 kg，背部脂肪厚度 0.3～0.5 cm，大理石花纹略现，脂肪和肌肉略软，肌肉颜色深红，脂肪浅黄色	胴体重 12～15 kg，背部脂肪厚度 0.3 cm 以下，无大理石花纹，脂肪和肌肉略软，肌肉颜色深红，脂肪浅黄色	胴体重 10～13 kg，无大理石花纹，脂肪和肌肉略软，肌肉颜色深红，脂肪浅黄色
可用级	胴体重 16～19 kg，背部脂肪厚度 0.3 cm 以下，无大理石花纹，脂肪和肌肉软，肌肉颜色深红，脂肪黄色	胴体重 9～12 kg，背部脂肪厚度 0.3 cm 以下，无大理石花纹，脂肪和肌肉软，肌肉颜色深红，脂肪黄色	胴体重 7～10 kg，无大理石花纹，脂肪和肌肉软，肌肉颜色深红，脂肪黄色

第三节　南江黄羊初级产品

一、活羊屠宰

(一) 屠宰前的检验与处理

1. 屠宰前的检验

(1) 入场检验　运到屠宰场的活体羊，在未卸车之前，兽医检验人员要向押运员索阅检疫证件，核对数量，了解产地有无疫情、途中死亡等情况。如检疫证上注明产地有传染病疫情及途中病亡头数很多时，应采取应急措施，隔离观察，并根据疫病性质分别给予处理；经检验认为正常的活羊在卸车和往预检圈驱赶时，再逐只观察其外貌、步样、精神状态等，如发现异常，应立即剔出。验收后详细检查和处理，正常的畜禽也必须分批、分地区、分圈饲养，不可混杂。

(2) 送宰前的检验　经过预检的待宰活羊在饲养休息 24 h 后，再测体温，进行外貌检查，无异常情况即可送屠宰间屠宰。宰前检验发现病畜或疑似病畜时，应根据疫病的性质、病势的轻重以及隔离条件进行处理。

2. 发现病羊的处理　宰前检验发现病羊时，应根据疾病的性质、病势的轻重进行处理。

(1) 准宰　凡是健康合格、符合卫生质量和商品规格的活羊都准予屠宰。

(2) 禁宰　经检查确诊为炭疽、鼻疽、羊瘟（小反刍兽疫）、恶性水肿、气肿疽、狂犬病、羊肠毒血症等恶性传染病的活羊，采取不放血扑杀，对患有或疑为恶性传染病死亡的病羊尸体，不得食用。只能作为工业用或销毁。凡是政府禁宰或条令保护的种羊一律禁宰，暂时保留，并迅速报请有关部门处理。同群活羊必须严格控制、严格处理。

(3) 急宰　确认无碍肉食卫生的一般病羊有死亡危险时，立即急宰。凡确诊为口蹄疫的患病羊群，应立即急宰。患布鲁氏菌病、结核病、肠道传染病、乳房炎的家畜，须在指定地点急宰。

(4) 缓宰　确诊为一般传染病和其他疫病且有治愈可能者，或患有疑似传染病而未经确诊的活羊应予缓宰，要考虑有无隔离条件和消毒设备，以及病羊短期内有无治愈的希望，经济费用是否有利成本核算等。否则，只能送去急宰。

3. 宰前休息　肉羊运到屠宰场地之后，必须给予 1～2 d 的休息，给予充分饮水。因为环境的改变和各种外界因素的刺激，使羊只处于惊恐疲劳的极度紧张状态，扰乱了正常的生理机能，使血液循环加速，肌肉组织内毛细血管充满血液，易造成屠宰时放血不全，而且久处疲劳状态的畜禽，屠宰后肉品不耐储藏，容易腐败变质。因此活羊到屠宰场地应给予适当的休息，驱赶时禁止鞭打、惊恐及冷热刺激以恢复体质，有利放血和消除应激反应，并能提高肉的质量。

4. 宰前停食与饮水　待宰活羊应实行短期停食，最好是供给足量的 1% 食盐水。一般宰前停食时间 24 h，停食期间必须供给充足的饮水至宰前 2～4 h。

（1）宰前停食饮水的优点

① 充分利用残留饲料，降低肉品污染率。实践证明，饲料进入胃肠道 24 h 后，才开始被动物机体消化吸收，宰前停食可以使畜禽最后吃进的饲料得到充分的利用，避免饲料浪费，同时宰后肠胃内容物减少，从而减少粪便污染胴体、内脏的现象。

② 增进体内血液循环，提高胴体质量。宰前停食，充分饮水，可以稀释血液，增加血流量。宰杀时放血充分，肌肉红润正常，延长储存时间。否则，血液浓稠造成放血不良，肉色暗紫，影响外观，并且易于微生物的生长繁殖，缩短肉的储存期。

③ 加速肉品成熟，提高肉品质量。宰前停食使羊处于饥饿状态。肝脏内储存的糖原大量分解为葡萄糖和乳酸，并通过血液循环运送到机体各部，使肌糖原的消耗得到补充，加速宰后肉的成熟。与此同时，体内的部分蛋白质发生分解，增加了肉的滋味和香气，提高了肉的质量。

（2）停食过程中应注意的问题

① 停食时间要适当，不能过短或过长，若停食时间过短，达不到停食的目的，而且还会因饱食状态下能量蓄积较多，肌糖原多，加上宰杀应激，宰后易出现白肌肉（PSE 肉）。反之，宰前饥饿时间过长，体内消耗大，糖原耗尽，宰后糖酵解程度有限，肌肉中乳酸含量低，易出现暗干肉（DFD 肉），同时由于饥饿时间长，降低羊的抵抗力，增加待宰期的死亡。

② 供水要清洁卫生。羊在停食期间体能消耗大，易出现明显的掉膘损重，要供给足量的 1% 食盐水，保证正常生理机能活动，调节体温，促进粪便排

泄，以便放血安全，提高肉的品质。

③ 停食宜在候宰间进行，候宰间的场地、墙壁等宜用水泥灌砌而成。避免停食羊因饥饿而啃食泥砖、瓦砾之类的物质，而影响停食效果。

（二）屠宰过程

1. 致昏　致昏的目的是方便刺杀和充分放血。致昏方法主要有木槌击昏法和麻电法两种。木槌击昏法就是用比较重的木槌猛击被宰牲畜前额部，使其昏倒。打击力量要适当，以不打破头骨仅使被宰牲畜失去知觉为度，保证运动中枢神经完整，肌肉仍能收缩，容易放血。麻电法就是利用麻电器将被宰羊致昏。

2. 刺杀　活羊致昏后应立即刺杀。羊的刺杀部位在右侧颈动脉下颌附近，将刀戳入，刺断血管。比较传统的刺杀方法就是在羊的颈胸结合处用手触摸有一条缝隙，将刀戳入 10～15 cm 刺杀，切断心血管。

3. 放血　活羊刺杀后应立即放血。放血方式有水平放血、倾斜放血、倒挂垂直放血，以倾斜和倒挂垂直放血为佳，屠体放血充分，肌肉品质好，有利于后续加工。

4. 剥皮　活羊充分放血后应立即剥皮。剥皮技术的好坏直接关系到皮张质量和胴体卫生及羊肉品质。羊的剥皮方法可分人工剥皮法和机械剥皮法及带皮烫毛法。

（1）人工剥皮法　常用于小型屠宰场和家庭屠宰。其方法是将屠体平放，腹面向上，切开头部和四肢端部皮肤，沿腹部正中线和前后肢内侧中央将皮肤割开，用绳线扎紧食管，将后肢悬挂，用刀的钝端从上至下剥离直至整个皮肤脱离为止。剥皮时，要注意刀尖不要划破皮张，操作人员的手不能把羊毛粘连到胴体上，以免影响肉的品质。

（2）机械剥皮法　是一种现代化的剥皮方法，需要安装绞车、架空轨道和拉皮机械等，该方法效率高，能充分保证羊肉品质和卫生皮革质量。

（3）带皮烫毛法　目前，皮革工业十分萧条，加之人们比较流行吃带皮山羊肉，带皮羊肉十分畅销。带皮烫毛和刮毛与猪的方法相同，不同之处在于刮毛前需在皮下进行机械充气，便于去净被毛。

5. 开膛　将剥皮后的屠体倒挂进行。沿着屠体腹部正中线先割开腹壁肌肉，再用刀劈开耻骨联合处，然后用刀切开肛门周围（母羊含外生殖器），割断与内脏、肠道、生殖器和腹壁连接的组织结构，食管和肠道需要结扎，将整个胃肠拉出腹腔。然后，切开颈部食管和气管周围组织及横膈膜，将心脏、肺脏和肝脏一起拉出体外。在摘取内脏器官时，注意不要划破心脏和肠胃，以免血液和肠胃内容物污染肉体。取出的内脏器官必须与肌体统一编号备检。

6. 修整胴体　摘取内脏后，要对边肉进行修整，主要是割掉头、蹄、尾，对开膛的腹壁碎肉进行修整，若有被血液和肠胃内容物污染的胴体要用清水冲洗腹腔，不要冲洗肉体表面。

7. 整理内脏　经检验后的内脏，应及时处理，不得积压。割取胃时应将食道和十二指肠留有一定的长度，以免胃内容物流出。分离肠道时切忌撕裂，摘除附着在脏器上的脂肪和胰腺，除去淋巴结及寄生虫，整理好的胃肠、心、肝、肺应分开保管。

8. 整理皮张　将剥离下的皮张平铺在水泥地面上，刮净皮张内侧表面附着的血污及油脂、肌肉等。生皮防腐方法有盐腌法和干燥法。

二、羊肉初加工

（一）胴体分割

1. 常用分割法　一般将羊胴体分割为六部分（图9-2）。

（1）后腿肉　由腰椎与荐椎间垂直切下的后腿部分。

（2）腰肉　由最后一对肋骨间至腰椎与荐椎间垂直切下的部分。

（3）肋肉　由第四、五肋骨间至最后一对肋骨间垂直切下的部分。

（4）肩肉　由肩胛骨前缘至第四、五肋骨间垂直切下的部分。

（5）胸下肉　沿肩端到胸骨水平方向切割下的胴体肉，还包括腹下无肋骨部分和前腿腕骨以上部分。

（6）颈肉　切除头后由枕骨前缘至肩胛骨前缘间垂直切下的部分。

后腿肉和肩肉品质最好，是加工涮羊肉的上好原料。其次是腰肉和肋肉，胸下肉和颈肉属于三等肉。

2. 美国羔羊胴体分割法　美国通常把肥羔胴体分割为8块（图9-3）。

3. 英国羔羊胴体分割法　在英国，依据胴体大小习惯性分割成数量不等的肉块（图9-4、图9-5）。一般将胴体在0～4℃下冷却并悬挂数天完成排酸后进行分割。

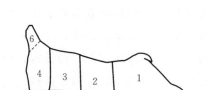

图 9-2　常用分割法

1. 后腿肉　2. 腰肉　3. 肋肉

4. 肩胛肉　5. 胸下肉　6. 颈肉

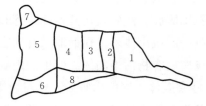

图 9-3　美国羔羊胴体分割法

1. 后腿肉　2. 上腰肉　3. 腰肉　4. 肋肉

5. 肩胛肉　6. 胫肉　7. 颈肉　8. 胸肉

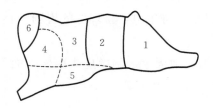

图 9-4　英国 13～16 kg 羊胴体分割法

1. 后腿肉　2. 腰肉　3. 上等颈肩肉

4. 肩胛肉　5. 胸肉　6. 颈肉

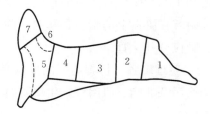

图 9-5　英国 16～18 kg 羊胴体分割法

1. 后腿肉　2. 腰臀肉　3. 腰肉　4. 上等颈肩肉

5. 肩胛肉　6. 颈肩肉　7. 颈肉

4. 南江黄羊分割法　在四川省南江县，根据当地习惯把胴体分割成颈肉、前腿肉、肩胸肉、腰臀肉、后腿肉、胸下肉 6 块，主要突出把羊胴体的前、后腿肉分割出来视为上等的优质羊肉。

（二）羊肉初加工

1. 带骨羊肉　羊胴体经过自然冷却排酸后，用刀劈开荐椎沿脊椎劈成两半边肉，再将边肉劈成若干小块，并将小块羊肉混合分装到食品袋，这种带骨羊肉品质均匀，优劣兼有。也有将边肉劈成若干大块包装，食用时，每次取出一块或几块再劈成若干小块烹饪。这种带骨羊肉的优点是能够区分出品质优劣，缺点是分次食用羊肉品质优劣不均。带骨羊肉可在冷藏（温度 0 ℃左右、相对湿度 85%）条件下保存 20 d 左右，在冷冻（−23 ℃冷冻 24～48 h 后，再保存在−18 ℃、相对湿度 95%的环境中）条件下可保存 5～12 个月。

2. 烟熏羊肉　这是一种比较传统的羊肉加工方法，将羊胴体分割成几块带骨羊肉，通过烟熏热熏而制成成品羊肉。烟熏是利用木材、木屑、柏树针、茶叶、米糠及植物秸秆等各种材料不完全燃烧所产生的熏烟慢慢热熏而成，不但能起到杀菌防腐的作用，而且使其具有特殊烟熏风味。有以下 3 种熏制法。

（1）冷熏法　将制品在 15～22 ℃温度的熏烟和空气下，经过 4～7 d 烟熏而成，羊肉可保存较长时间。

（2）温熏法　将制品在 30～50 ℃温度的熏烟和空气下，经过 1～2 d 烟熏而成，用这种温度烟熏制成的优点：重量损失少，风味好。缺点：脂肪易流失，部分蛋白质受热凝结，肉质稍硬，耐储藏时间不如冷熏。

（3）热熏法　制品在 50～80 ℃温度的熏烟和空气下，经过 4～6 h 烟熏而成。

第四节　羊肉保鲜技术

羊肉富含蛋白质，水分含量较高，在贮藏、运输和销售过程中微生物极易生长繁殖而使其腐败变质。为了保证羊肉的安全性、食用性和经济性，许多国家都在不断地研究羊肉的保鲜技术。在实际应用中，综合保鲜技术有利于发挥保鲜的互补优势，以确保羊肉的品质与安全。

一、低温贮藏保鲜技术

羊肉的腐败变质主要是由酶催化和微生物的作用引起。这种作用的强弱与温度密切相关，降低羊肉的温度，可有效减弱微生物和酶的作用，阻止或延缓羊肉腐败变质的速度，从而达到长期贮藏保鲜的目的。在肉类保鲜技术中，低温贮藏保鲜一直是最实用、最普及、最经济的技术措施。根据贮藏时的温度高低，又可将低温贮藏保鲜分为冷藏保鲜和冷冻保鲜。

（一）冷藏保鲜

羊肉的冷藏保鲜是先将羊肉冷却到中心温度 0～4 ℃，再于－1～1 ℃的条件下贮藏保鲜。具体如下：

将肉羊胴体吊在轨道上，胴体间保持 20 cm 的间隔，进入冷却间后，胴体在平行轨道上按"品"字形排列。在羊肉进入前冷却间的温度为－1～0.5 ℃，冷却中的标准温度为 0 ℃，冷却中的最高温度为 2～3 ℃。经 48 h 后，使后腿部的中心温度达到 0～4 ℃。冷却过程除严格控制温度外，还应控制好湿度和空气流动速度。在冷却开始的 1/4 时间内，维持相对湿度 95%～98%，在后期的 3/4 时间内，维持相对湿度 90%～95%，临近结束时控制在 90% 左右。空气流速采用 0.5 m/s，最大不超过 2 m/s。

羊肉的冷藏室温度为 −1～1 ℃，温度波动不得超过 0.5 ℃，进库的升温不得超过 3 ℃。相对湿度为 85%～90%，冷风流速为 0.1～0.5 m/s。冷藏室的容量标准为羊肉 400 kg/m³。在冷藏条件下，羊肉可贮藏保鲜 4～5 周，小羊肉可贮藏保鲜 1～3 周。

（二）冷冻保鲜

羊肉的冻藏保鲜是先将羊肉在 −23 ℃ 以下的低温进行深度冷冻，使肉中大部分汁液冻结成冰后，再在 −18 ℃ 左右的温度下贮藏保鲜。

肉的冻结方法根据冷却介质的不同，可分为空气冻结法、间接冻结法和直接接触冻结法三种。空气冻结法是以空气作为冷却介质，其特色是经济方便，速度较慢；间接冻结法是把羊肉放在制冷的冷却板、盘、带或其他冷壁上，使羊肉与冷壁接触而冻结；直接接触冻结是把羊肉与制冷剂直接接触，可采用喷淋或浸渍法，常用的制冷剂是盐水、干冰和液氮。羊肉的冻结最常采用空气冻结法。

我国羊肉冻结一般采用两阶段冷冻法。即羊屠宰后，羊胴体先进行冷却，然后将冷却的羊肉再进行冻结。一般冻结时间的温度为 −23 ℃ 或更低，相对湿度为 95%～100%，风速为 0.2～0.3 m/s。经 20～24 h 羊肉深层温度降至 −18 ℃，即完成冻结。冻结以后转入冷库进行长期贮藏保鲜。目前我国冻结的羊肉有两种，一种为羊胴体（四分体），另一种是分割冻羊肉。两种羊肉比较经济合理的冻藏温度为 −18 ℃，相对湿度维持在 95%～98%。冷藏室空气流动速度控制在 0.25 m/s 以下。

（三）冰温保鲜

冰温保鲜是指将生鲜食品置于 0 ℃ 以下、冻结点以上的温度范围内，使食品保持低温而不冻结的状态，其温度范围一般为 −2.8～−0.5 ℃。冰温保鲜能够对生物细胞起到低温胁迫作用，由糖、高级醇和蛋白质等组成的不冻液能防止细胞冻结，保持细胞的活体状态，同时低温能够抑制多数酶的活性和微生物代谢水平，因此能够较好地保持生鲜产品品质。生鲜羊肉营养物质丰富，是易腐败的产品。近年来众多学者认为 −1.5 ℃ 的非冻结条件是牛羊肉冰温保藏的最理想温度。实验发现，当高于这一温度后货架期（基于感官评定）逐渐缩短。此外，冰温保鲜还可降低能量消耗，缩短加工时间，减少劳动力和运输成本，使企业获得较高利润。

二、气调保鲜

气调保鲜是利用调整环境气体成分来延长肉品贮藏寿命和货架期的一种技术。其基本原理是：在一定的封闭体系内，通过各种调节方式得到不同于正常大气组成的调节气体，以此来抑制肉品本身的生理生化作用和抑制微生物的作用。在引起肉类腐败的微生物中，大多数是好氧性的，因而用低氧、高二氧化碳调节气体，可以使得肉类保鲜，延长贮藏期。

（一）充气包装保鲜

在密封性能好的材料中装进食品，然后注入特殊的气体或气体混合物，再进行密封，使其与外界隔绝，抑制微生物生长，抑制酶促腐败，从而达到延长货架期的目的。充气包装所用的气体主要为 O_2、N_2 和 CO_2。O_2 性质活泼，容易与其他物质发生氧化作用；N_2 惰性强，性质稳定；CO_2 对于嗜低温菌有抑制作用。在充气包装中，O_2、N_2、CO_2 必须保持合适比例，才能使肉品质保藏期延长，且各方面均能达到良好状态。欧美国家大多数以 $80\%O_2 + 20\%$ CO_2 方式零售包装，可使鲜羊肉的货架期延长到 $4 \sim 6$ d。充气包装与真空包装相比，并不会比真空包装货架期长，但会减少产品受压和血水渗出，并能使产品保持良好的色泽。

（二）真空包装保鲜

去除包装内部空气，然后进行密封，使包装袋内的食品与外界隔绝。由于除掉了空气中的氧气，因而抑制并减缓了好氧性微生物的生长，减少蛋白质的降解和脂肪的氧化腐败。真空包装后的鲜羊肉贮藏在 $0 \sim 4$ ℃ 的条件下，可以使货架期延长 $21 \sim 28$ d。

三、化学保鲜

化学保鲜是在肉类生产和贮运过程中，使用化学制品来提高肉的贮藏性和尽可能保持原有品质的一种方法。与其他保鲜方法相比，化学保鲜具有简便而经济的特点。由于所用的化学制剂只能推迟微生物的生长，并不能完全阻止其生长。因此只能在有限的时间内保持肉的品质。化学保鲜中所用的化学制剂，必须符合食品添加剂的一般要求，对人体无毒害作用。目前各国使用的防腐剂已超过 50 种，但迄今为止，尚未发现一种完全无毒、经济实用、广谱抑菌并适用于各种食品的理想防腐剂。因此，实际应用时，通常配合其他保鲜方法来实现肉质保鲜。

（一）有机酸保鲜

目前使用的化学保鲜剂主要是各种有机酸及其盐类，最常用的有醋酸、丙酸、乙酸、辛酸、乳酸、柠檬酸、山梨酸、苯甲酸、磷酸及其盐类。有机酸之所以有抑菌作用，主要是因为其酸分子能透过细胞膜，进入细胞内部而离解，改变微生物细胞内的电荷分布，导致细胞代谢紊乱而死亡。

（二）天然防腐剂保鲜

天然防腐剂保鲜是指从天然生物中提取的具有防腐作用的食品添加剂，其安全性较高，符合消费者需求，是今后保鲜剂发展的方向。天然防腐剂主要包括：乳酸链球菌素、溶菌酶及植物中的抗菌物质等。

第五节　羊肉加工制品

一、重组羊肉肉干

肉干是我国的传统肉制品之一。传统肉干是将瘦肉经预煮、切割、调味、复煮等工艺制成的干熟肉制品。随着人们生活水平的提高，对肉干制品的口感和营养要求也在逐步提高。传统肉干由于在加工煮制过程中营养成分流失，且产品质地坚硬、咀嚼困难，使得传统肉干制品越来越难以适应消费者的需求。为了解决传统肉干质地坚硬、咀嚼困难的缺陷，借鉴西式加工方法，采用重组肉制品加工技术将肌纤维打散并添加各种辅料进行重新组合，并与传统肉干加工方法结合，形成全新的重组肉干加工工艺。

（一）主要配料

羊前腿肉、鸡胸脯肉、大豆分离蛋白、复合磷酸盐、亚硝酸钠、海藻酸钠、食用盐及调料。

（二）工艺流程

原料预处理→加入配料（复合磷酸盐及调料）→腌制→制成肉糜→滚揉→装模→超高压处理→冷冻定型→烘焙→热风干燥→冷却→包装→杀菌→成品。

（三）操作要点

1. 原料肉预处理　选择经检验合格的鲜、冻肉为原料。剔除表面可见的脂肪，用清水清洗原料肉表面的污渍并沥干，用绞肉机绞碎至 5 mm 左右，在绞肉时加入 0 ℃的冰水，以防绞肉时产生大量热量造成肉糜温度上升，影响肉糜的品质。

2. 原料肉的腌制　将绞碎的肉进行称量，并将食盐、糖、亚硝酸盐、复合磷酸盐、香辛料、味精按照比例均匀添加到已绞好的肉糜中，在 0～4 ℃下腌制 18 h 入味。

3. 滚揉　将斩拌好的肉糜在 0～4 ℃下进行滚揉，以便进一步提取盐溶蛋白质。

超低温冷冻定型：将滚揉好的肉糜进行装模，随后放入超低温冰箱中，使海藻酸钠与肌原纤维蛋白之间形成凝胶网络，使得肉糜中的盐溶蛋白质之间发生交联，赋予重组肉干特有的质地和黏合特性。

4. 烘焙　将成型的重组复合肉干进行切块处理，置入烘箱进行烘焙，时间不宜过长，防止肉干表面出现焦煳现象。

5. 热风干燥　将烘焙好的重组复合肉干置入鼓风干燥箱中进行热风干燥，以去除肉干中多余的水分。

6. 冷却　将干燥好的重组复合肉干置入 0～5 ℃冷水浴中冷却 3～5 min。

7. 包装　将冷却后的重组复合肉干用真空包装机进行真空包装。

二、即食烤羊肉

烤羊肉历史悠久，是中国的一种传统烤肉制品，风味独特，深受大众的喜爱。烤羊肉的营养价值极高，且胆固醇含量比一般的肉类低，是一种理想的补充能量及各种营养元素的食品来源。人们对羊肉食品需求的不断增加，促进了研究者研制、开发新的羊肉生产工艺和羊肉食品，从而进一步促进了羊肉的消费，提高了羊肉的附加值。

（一）主要配料

羊肉、食盐及调料。

（二）工艺流程

分割羊肉→剔骨→漂洗脱膻→预煮脱膻→腌渍→调味焖煮→拉成丝绒状→切段→烘干→调味→微波烘烤→调味拌油→自动装袋→真空包装→微波杀菌→冷却擦干→吹干→成品。

（三）操作要点

1. 羊肉脱膻　选择经检验合格的鲜、冻肉为原料。采用肉水比 2∶1，预煮时间 40 min 以上，去除预煮液，总的脱膻率可以达到 65% 以上，显著降低羊肉的膻味。

2. 羊肉干制与微波烘烤　先采用干制法将羊肉水分降低到 30% 左右，再进行微波烤制进行增香处理。

3. 高温热力杀菌　随着微波杀菌时间的增加，产品的异味也随着增加，产品原有烤羊肉风味减弱。一般杀菌时间为 15~25 min。

三、羊肉软罐头

软包装罐头用复合铝箔蒸煮袋进行包装，并用温和的多阶段升温技术进行杀菌，不仅让羊肉罐头食用便捷，而且最大限度地保持了羊肉的营养价值，具有携带方便、制作成本低等优点。

（一）主要原料

羊肉、食盐及调料等。

（二）工艺流程

选料→修整→切丁→预煮→配料→炖肉→包装→杀菌→冷却→X 光检测→保温检验→成品。

（三）操作要点

1. 选料　原料应选择新鲜的山羊肉，且是经过动物检疫后合格的肉类。

2. 切丁　羊肉先必须经过修整，剔除骨头，去掉块状脂肪等，并且要剔除可见的筋膜；再接着清洗，清洗完成后沥干表面的水，再顺着肌肉形状将羊肉切成 1.5 cm×1.5 cm×1.5 cm 的块状，放入凉水浸泡 10 h，充分让肌肉当中的残留血液溶出。肉丁放入盛有饮用水的锅内，进行预煮，待水沸腾，立即去掉上层漂浮的膜液及血沫，确保汤色的清亮与肉丁的清洁。

3. 配料炖制　将辣椒、孜然、生姜等按比例装入不锈钢带孔的调料盒后，放入锅内，再加入适量的食盐、葱段后，继续进行炖制。

4. 包装　将羊肉炖至 5 成熟后（约 30 min），用准备好的复合薄膜蒸煮袋进行装袋，每袋净含量为（250±10）g。使用真空充氮包装机对装好袋的羊肉进行抽真空充氮包装，封口时的真空度控制在 0.06～0.09 MPa 内，充氮时气压控制在 0.03～0.06 MPa 范围内。

5. 杀菌　使用含气调理杀菌锅杀菌。首先在 5 min 内将杀菌锅的温度升至 100 ℃，保持 5 min；然后在 2 min 内，将杀菌锅的温度再升至 110 ℃后，保持 30 min；最后在 2 min 内，将杀菌锅的温度再升至 121 ℃，并保持 10 min。

6. 冷却　在负压 0.15 MPa 的条件下，用冷水喷淋，经过两阶段降温，使得产品的温度降到 40 ℃以下后出锅。

参 考 文 献

陈剑光，2005. 世界食品加工业发展态势及我国的对策 [J]. 农产品加工 (5).

陈丽，2011. 羊胴体分级模型与分级评定技术研究 [D]. 北京：中国农业科学院.

陈圣偶，2000. 养羊全书 [M]. 2 版，成都：四川科学技术出版社.

陈万选，2009. 羊病快速诊治指南 [M]. 郑州：河南科学技术出版社.

邓蓉，张存根，熊存开，2004. 中国畜产品生产与贸易研究 [M]. 北京：中国农业出版社.

段青河，2008. 浅谈格尔木市牛羊屠宰、交易、消费现状及存在问题 [J]. 青海畜牧兽医
(1)：1.

高玲玲，2017. 羊骨胶原蛋白结构解析、热稳定性与成膜应用研究 [D]. 北京：中国农业
科学院.

高巍，2010. 羊血超氧化物歧化酶 (SOD) 的分离纯化及化学修饰研究 [D]. 内蒙古农业
大学.

葛长荣，马美湖，2015. 肉与肉制品工艺学 [M]. 北京：中国轻工业出版社.

胡晓鹏，2005. 中国食品加工业的竞争力与发展出路 [M]. 北京：中国经济出版社 15-20.

贾正贵，2006. 南江黄羊生产与疫病控制技术 [M]. 北京：台海出版社.

孔凡真，2007. 澳大利亚牛羊加工产业有特点 [J]. 域外来风 (10)：50.

李春霞，2015. 羊猝狙的诊断与防治方法 [J]. 现代畜牧科技 (5).

李建国，2002. 肉羊标准化生产技术 [M]. 北京：中国农业大学出版社.

梁建文，2005. 食品加工业的现状和未来发展研究 [J]. 太原：山西食品工业 (1)：23.

刘浩，戴意强，吴叶，等，2019. 发酵剂种类对羊肉香肠理化性质的影响 [J]. 中国调味
品，44 (1)：82-84，88.

刘雨杨，2015. 重组复合肉干的品质改善及脂肪氧化控制研究 [D]. 银川：宁夏大学.

山西农业大学，1992. 养羊学 [M]. 2 版，北京：中国农业出版社.

孙马龙，2016. 山羊奶物理脱膻方法的研究 [D]. 烟台：烟台大学.

唐红，苏锡胜，2005. 实行牛羊定点屠宰、集中检疫刻不容缓 [J]. 肉品安全 (5)：21-22.

王惠生，2002. 波尔山羊科学饲养技术 [M]. 北京：金盾出版社.

王荣菊，2005. 浅谈西宁市牛羊屠宰检疫中存在的问题及对策 [J]. 现代畜牧兽医 (4)：23-24.

王维春，2003. 南江黄羊养殖与杂交利用 [M]. 北京：金盾出版社.

王雪，2015. 牛羊肉菜肴类方便食品的开发及品质控制 [D]. 哈尔滨：东北农业大学．

吴立国，2018. 羊血浆蛋白肽抗氧化功能评价与应用 [D]. 北京：中国农业科学院．

夏文水，2015. 食品工艺学 [M]. 北京：中国轻工业出版社．

徐薇薇，王振宇，倪娜，等，2015. 羊肉脉动真空腌制工艺参数优化及腌制模型建立 [J].
    食品科学，36（14）：29－33.

薛海阳，2013. 昌吉州牛羊屠宰及加工发展现状与对策研究 [D]. 乌鲁木齐：新疆农业大学．

冶青，2008. 加强牧区牛羊屠宰管理确保肉品卫生质量 [J]. 经营与理（5）：125－126.

尹长安，孔学民，陈卫民，等，2003. 无公害肉羊饲养综合技术 [M]. 北京：中国农业出
    版社．

于颖，2010. 羊血中超氧化物歧化酶提取工艺的优化研究 [D]. 宁夏：宁夏大学，DOI：
    10.7666/d. y1682185.

张凤宽，2011. 畜产品加工学 [M]. 郑州：郑州大学出版社．

张居农，2001. 高效养羊综合配套新技术 [M]. 北京：中国农业出版社．

张莉侠，孟令杰，2006. 我国食品加工业技术效率及影响因素的实证分析 [J]. 南京农业大
    学学报（社会科学版）6（2）.

张英杰，2002. 简明养羊手册 [M]. 北京：中国农业大学出版社．

郑江平，2007. 新疆羊产业发展研究 [M]. 乌鲁木齐：新疆人民出版社．

周瑞，刘莉莉，2008. 牛羊屠宰加工交易市场调查 [J]. 中国牛业科学（1）：34.

周瑞，刘莉莉，2007. 西北地区最大的村级牛羊屠宰加工交易市场调查 [J]. 农产品加工·
    畜产（10）：65－66.

后记

我国是世界养羊大国，山羊品种资源丰富，饲养量大。但是长期以来由于缺乏专门化的肉山羊品种，致使我国肉山羊产业生产水平低，主要表现为传统饲养品种生长速度缓慢、产肉力不强。

20世纪50年代以来，广大畜牧科技工作者在四川省南江县采用成都麻羊、金堂黑羊及含努比血缘公羊与大巴山本地羊进行多品种杂交选育，于20世纪90年代培育出我国第一个专门化的肉山羊新品种——南江黄羊，并通过快速扩繁推广到我国广大地区，先后累计推广种羊20余万只，对我国肉山羊业发展、带动广大贫困地区农民脱贫致富起到了巨大的推动作用。

本书具有一定理论深度，内容丰富，技术实用，语言通俗易懂，是从事肉山羊养殖者，特别是南江黄羊养殖者重要的参考文献，同时可供高等学校和科研院所相关科研人员科学研究参考。

四川省畜牧兽医学会养羊分会理事长　　熊朝瑞
四川省畜牧科学研究院研究员

2019年6月

250

图书在版编目（CIP）数据

南江黄羊 / 张国俊主编 . —北京：中国农业出版社，
2019.12
（中国特色畜禽遗传资源保护与利用丛书）
国家出版基金项目
ISBN 978 - 7 - 109 - 26379 - 6

Ⅰ.①南… Ⅱ.①张… Ⅲ.①黄羊－饲养管理－南江
县 Ⅳ.①S826.8

中国版本图书馆 CIP 数据核字（2019）第 293786 号

　　内容提要：本书分 9 章，主要从南江黄羊品种形成、品质特征和生产性能、品种选育、繁殖、营养需要及饲草饲料开发、饲养管理、羊场建设与环境控制、疫病防控、山羊产品及加工研究方面进行系统介绍，基本涵盖了整个生产环节和产业链全过程。全书力求图文并茂，行文方面注意科学规范、浅显易懂，使本书成为南江黄羊研究、推广和生产从业者的重要参考书和指导书。

中国农业出版社出版
地址：北京市朝阳区麦子店街 18 号楼
邮编：100125
责任编辑：黄向阳
版式设计：杨　婧　　责任校对：刘丽香
印刷：北京通州皇家印刷厂
版次：2019 年 12 月第 1 版
印次：2019 年 12 月北京第 1 次印刷
发行：新华书店北京发行所
开本：720mm×960mm　1/16
印张：17
字数：302 千字
定价：115.00 元